JN446572

이해하기 쉬운 개정판

HACCP

이론과 실제

머리말

우리나라 HACCP은 1995년에 시작되어 오늘날에 이르고 있는데 HACCP 시스템의 발전은 HACCP 적용 단계에서 HACCP 적용을 위한 법령을 개정하고, HACCP 정착기로 접어들면서 HACCP 의무적용 품목을 지정하여 식품산업에 HACCP 적용하였으며, 시작단계를 지나 HACCP 확대기로 접어들면서 HACCP 의무적용 지정 확대로 식품산업계에 HACCP 적용이 활발하게 이루어지고 있다. 외식산업의 성장과 발전의 한 축에 식품안전에 대한 관심과 필요성은 강조하여도 지나침이 없는 실정이므로 '이해하기 쉬운 HACCP의 이론과 실제'를 출판하는 바이다.

이 책은 급식·외식산업 관련 분야로 진출을 준비하는 식품영양(학)과와 외식 관련 학과 학생들을 위한 대학교재로 개발되었으며, 급식 및 외식 현장에 HACCP 시스템을 효과적으로 구축하기 위해 식품의약품안전처에서 인증하는 HACCP인 선행요건프로그램과 HACCP을 실제 적용 가능하도록 이론과 실무로 구성하였다. 또한 학교급식 분야로 진출하는 학생들을 위해 교육부에서 실시하는 학교급식 HACCP과 식품접객업소 중 소규모 HACCP 인증을 위한 식품접객업소 소규모 HACCP도 함께 설명하였다.

교재는 크게 2부로 구성하였는데, 1부는 HACCP 시스템의 기본개념을 6개의 장으로 나누어 서술하였다. 1장은 HACCP의 정의, 역사, 식품위생과 HACCP, 우리나라의 HACCP 적용 현황, 스마트 HACCP을 HACCP 시스템의 이해로 소개하였고, 2장은 HACCP 시스템의 적용 및 인증 절차, 도입 효과를 HACCP 시스템의 적용으로 제시하였으며, 3장은 HACCP 7원칙 중 위해요소분석(원칙 1)의 이해를 돕고자 생물학적·화학적·물리적 유해요소의 이해를 소개하였다. 4장은 선행요건프로그램에서 관리되어야 하는 일반적인 식품안전과 위생관리를, 5장은 HACCP을 자율적으로 수행하기 위해 수반되어야 하는 교육·훈련을, 6장은 HACCP을 적용하기 전에 선행되어야 하는 일반위생관리인 선행요건프로그램의 이해 및 적용을 제시하였다. 2부는 HACCP 시스템의 실무를 5개의 장으로 구성하였다. 7장은 HACCP 7원칙 전에 준비되어야 하는 HACCP팀 구성하고, 제품설명서 작성, 용도 확인, 공정흐름도 작성, 공정흐름도의 현장 확인에 해당하는 HACCP 시스템의 준비단계를 소개하였고, 8장은 HACCP 시스템의 7원칙을, 9장은 안전한 식품품질관리를 위한 식품위생검사를, 10장은 학교급식에서 준수하는 학교급식 HACCP을, 11장은 식품접객업소에서 준수해야 하는 소규모 HACCP인 식품접객업소 HACCP을 설명하였다. 또한 부록으로 HACCP 실시에 필요한 평가표를 제시하였다.

이 책이 완성되기까지 함께 애써주신 저자들께 감사드리며, 현장 자료를 제공해 주신 (주)마이크로진, (주)비엔에스, 한국쓰리엠(주) 식품안전사업팀 관계자 여러분들께도 감사드린다. '이해하기 쉬운 HACCP의 이론과 실제'가 발간될 수 있도록 지원해 주신 파워북의 유제구 사장님, 김재원 전무님, 편집·출판을 위해 애써주신 임직원 여러분들께도 감사드린다.

2023년 2월

저자 일동

차례

Part 1
HACCP 시스템의 기본개념

CHAPTER 1 HACCP 시스템의 이해

CHAPTER 2 HACCP 시스템의 적용

Part 2 HACCP 실무

CHAPTER 7 HACCP 시스템의 준비단계

CHAPTER 8 HACCP 시스템의 7원칙

Part 1

HACCP 시스템의 기본개념

Hazard Analysis and Critical Control Point

CHAPTER 1

HACCP 시스템의 이해

1. HACCP의 정의
2. HACCP의 역사
3. 식품위생과 HACCP
4. 우리나라의 HACCP 적용 현황
5. 스마트 HACCP

학습목표

1. HACCP의 기본개념과 기존의 식품위생제도와의 차이점을 알아본다.
2. HACCP 시스템이 개발된 배경과 우리나라의 HACCP 시스템 도입 현황에 대해 알아본다.

CHAPTER 1

HACCP 시스템의 이해

1. HACCP의 정의

HACCP은 위해요소분석hazard analysis, HA과 중요관리점critical control point, CCP의 영문 약자로 해썹 또는 식품안전관리인증기준이라고 한다.

위해요소분석HA이란 어떤 위해를 미리 예측하고 그 위해요인을 사전에 파악하는 것으로 원료와 공정에서 발생 가능한 생물학적, 화학적, 물리적 위해요소를 과학적으로 분석하는 것을 말한다. 중요관리점CCP이란 반드시 필수적으로 관리하여야 할 항목으로 위해요소를 예방, 제거 또는 허용 수준으로 감소시킬 수 있는 공정이나 단계를 중점적으로 관리하는 것을 말한다. 즉, HACCP은 식품을 만드는 과정에서 발생 가능한 생물학적, 화학적, 물리적 위해요인들이 발생할 수 있는 상황을 과학적으로 분석하고, 사전에 위해요인의 발생 여건들을 차단하여 소비자에게 안전하고 깨끗한 제품을 공급하기 위한 시스템적 규정을 말한다.

「식품 및 축산물 안전관리인증기준」(식품의약품안전처 고시 제2018-69호)의 법률적 용어의 정의는 다음과 같다.

- 식품 및 축산물 안전관리인증기준hazard analysis and critical control point, HACCP : 「식품위생법」 및 「건강기능식품에 관한 법률」에 따른 「식품안전관리인증기준」과 「축

산물 위생관리법」에 따른 「축산물안전관리인증기준」으로서, 식품(건강기능식품 포함)·축산물의 원료 관리, 제조·가공·조리·소분·유통·판매의 모든 과정에서 위해한 물질이 식품 또는 축산물에 섞이거나 식품 또는 축산물이 오염되는 것을 방지하기 위하여 각 과정의 위해요소를 확인·평가하여 중점적으로 관리하는 기준을 말한다.

- 위해요소hazard : 「식품위생법」 제4조(위해식품 등의 판매 등 금지), 「건강기능식품에 관한 법률」 제23조(위해 건강기능식품 등의 판매 등의 금지) 및 「축산물 위생관리법」 제33조(판매 등의 금지)의 규정에서 정하고 있는 인체의 건강을 해할 우려가 있는 생물학적, 화학적 또는 물리적 인자나 조건을 말한다.
- 위해요소분석hazard analysis, HA : 식품·축산물 안전에 영향을 줄 수 있는 위해요소와 이를 유발할 수 있는 조건이 존재하는지 여부를 판별하기 위하여 필요한 정보를 수집하고 평가하는 일련의 과정을 말한다.
- 중요관리점critical control point, CCP : 안전관리인증기준HACCP을 적용하여 식품·축산물의 위해요소를 예방·제어하거나 허용 수준 이하로 감소시켜 당해 식품·축산물의 안전성을 확보할 수 있는 중요한 단계·과정 또는 공정을 말한다.
- 한계기준critical limit : 중요관리점에서의 위해요소관리가 허용 범위 이내로 충분히 이루어지고 있는지 여부를 판단할 수 있는 기준이나 기준치를 말한다.
- 모니터링monitoring : 중요관리점에 설정된 한계기준을 적절히 관리하고 있는지 여부를 확인하기 위하여 수행하는 일련의 계획된 관찰이나 측정하는 행위 등을 말한다.
- 개선조치corrective action : 모니터링 결과 중요관리점의 한계기준을 이탈할 경우에 취하는 일련의 조치를 말한다.
- 선행요건prerequisite program : 「식품위생법」, 「건강기능식품에 관한 법률」, 「축산물 위생관리법」에 따라 안전관리인증기준을 적용하기 위한 위생관리 프로그램을 말한다.
- 안전관리인증기준 관리계획HACCP plan : 식품·축산물의 원료 구입부터 최종 판매까지 이르는 전 과정에서 위해가 발생할 우려가 있는 요소를 사전에 확인하여

허용 수준 이하로 감소시키거나 제어 또는 예방할 목적으로 안전관리인증기준에 따라 작성한 제조·가공·조리·소분·유통·판매 공정 관리 문서나 도표 또는 계획을 말한다.

- 검증verification : 안전관리인증기준 관리계획의 유효성validation과 실행implementation 여부를 정기적으로 평가하는 일련의 활동(적용 방법과 절차, 확인 및 기타 평가 등을 수행하는 행위를 포함한다)을 말한다.
- 안전관리인증기준 적용업소 : 「식품위생법」, 「건강기능식품에 관한 법률」에 따라 안전관리인증기준을 적용·준수하여 식품을 제조·가공·조리·소분·유통·판매하는 업소와 「축산물 위생관리법」에 따라 안전관리인증기준을 적용·준수하고 있는 안전관리인증작업장·안전관리인증업소·안전관리인증농장 또는 축산물안전관리통합인증업체 등을 말한다.
- 관리책임자 : 「축산물 위생관리법」에 따른 자체안전관리인증기준 적용 작업장 및 안전관리인증기준 적용 작업장 등의 영업자·농업인이 안전관리인증기준 운영 및 관리를 직접 할 수 없는 경우 해당 안전관리인증기준 운영 및 관리를 총괄적으로 책임지고 운영하도록 지정한 자(영업자·농업인을 포함한다)를 말한다.
- 통합관리 프로그램 : 「축산물 위생관리법」 시행규칙 제7조의3제4항제3호에 따라 축산물안전관리통합인증업체에 참여하는 각각의 작업장·업소·농장에 안전관리인증기준을 적용·운용하고 있는 통합적인 위생관리 프로그램을 말한다.

식품 및 축산물 안전관리인증기준은 전 세계적으로 가장 효과적이고 효율적인 식품안전관리 체계로 인정받고 있으며, 미국, 일본, 유럽연합, 국제기구(Codex, WHO, FAO) 등에서도 모든 식품에 HACCP을 적용하도록 적극 권장하고 있다.

2. HACCP의 역사

HACCP는 1960년대 미국 항공우주국NASA, 식품 제조회사인 필스버리Pillsbury사 및 미국 육군 실험실US Army Natick Laboratories이 공동으로 만든 것으로 미래의 우주 탐사에 사용될 우주인 식량을 미생물학적으로 100% 안전하게 제공할 수 있도록 고안되었으며 그 내용은 1971년 미국 식품보호위원회National Conference of Food Protection에서 처음 공표되었다.

우주인 식량의 개발과정에 참여한 미생물 분야 전문가들은 완제품의 검사와 분석에 의존하는 전통적 품질관리 방식으로는 식품의 안전성 확보에 적절치 않다는 것을 인식하였다. 기존의 방식으로 식품의 안전성 보장을 위해서는 너무 많은 제품이 테스트에 소요되어 실제 소비될 식품이 얼마 남지 않게 되기 때문에 이에 대한 개선안으로 NASA의 공학적 업무에 의무적으로 적용하고 있던 'Critical Control PointsCCPs'의 관리방법을 식품 제조에 동일하게 적용하는 안을 제시하였다. 미국 육군의 Natick 연구소Natick Laboratories에서 무기 등을 개발할 때 사용하는 'mode of failure(실패의 방식)'의 개념에 포함된 것이다. 이러한 개념을 식품체계에 도입하기 위해 NASA에서는 필스버리사와의 계약 내용에 식품 생산에 발생 가능한 잠재적 위해와 이를 감소시키기 위한 방안을 제시하도록 구체화하였으며, 필스버리사에서는 CCP 관리에 근거한 HACCP 시스템을 개발하고 자사 제품의 생산에 적용하였다.

표 1-1 HACCP의 역사

시기	주요 내용
1959년~1960년대	미국 우주인 식량용 식품 제조를 위하여 필스버리사가 모델이 될 수 있는 위생관리방법을 찾게 됨
1971년	미국 국립과학원National Academy of Science, NAS 식품보호위원회에서 최초로 개요가 공표됨
1973년	FDA에 의하여 저산성 통조림에 GMP가 도입됨
1985년	식품보호위원회가 이 방식의 유효성을 평가하고, 식품 생산자가 스스로 이 방식에 의한 위생관리와 품질관리에 적극적인 도입과 행정 당국에 대해서는 법적 강제력이 있는 HACCP 도입을 각각 권고함
1988년	국제미생물식품규격위원회International Commission on Microbiological Specifications for Foods, ICMSF가 WHO에 의해 국제 규격의 HACCP 도입을 권고함
1989년	식품미생물기준국가자문위원회National Advisory Committee on Microbiological Criteria for Foods, NACMCF가 HACCP 지침을 제시하였고, 이 중에서 HACCP 7원칙을 최초로 제시함
1992년	NACMCF가 HACCP 지침의 수정판을 제시함
1993년	FAO/WHO가 HACCP 적용을 위한 가이드라인을 제시함
1995년 12월	우리나라의 「식품위생법(제32조의2)」에 HACCP 규정을 신설함

이 방식은 미국 FDA에 의해 1973년 저산성 통조림식품의 GMPgood manufacture practice에 도입되었으며, 그 후 미국의 모든 식품업계에서 신중하게 도입이 논의되었다. 1987년에는 NASA의 식품보호위원회로부터 HACCP 채택을 권고 받아 미국 농무부 식품안전검사국, 미국 수산국, 미국 FDA, 미국 육군의 Natick Laboratories, 대학 및 민간 전문가로 구성된 식품미생물기준국가자문위원회National Advisory Committee on Microbiological Criteria for Foods, NACMCF가 설치되어 검토를 거친 결과로 1989년 HACCP 지침이 설정되어 HACCP의 7원칙을 제시하게 되었다.

많은 나라에서 식품의 안전성 확보를 위해 HACCP을 도입하였으며, 1993년 7월 국제식품규격위원회CODEX의 제20차 총회에서 'HACCP 시스템의 적용지침'을 채택하여 각국에 HACCP 도입을 권고하여 전 세계에서 적용되고 있다.

3. 식품위생과 HACCP

1) 기존 식품위생제도와 HACCP 시스템의 비교

과거의 식품 품질·위생관리 제도는 위생관리 규정에 의한 방식으로 업체의 특성과 원료·제조 공정 및 제품의 특성이 반영되지 않고 업계 전반에 적용되었으며, 품질관리를 위하여 실험실에서 최종 제품 위주의 검사로 위생관리가 어려운 사후관리적 제도였다. 그러나 HACCP 시스템은 사전에 원료와 공정별로 위해분석을 통해 발생 가능한

표 1-2 기존 식품위생제도와 HACCP 시스템의 차이

구분	기존 위생관리	HACCP 시스템
조치단계	문제 발생 후 개선	문제 발생 전 예방적 관리
위해관리 범위	규정상의 위해요소	위해 분석 결과 선정된 위해요소
신속성	원인 분석에 장시간 소요	즉각적 조치 가능
공정관리	현장 및 실험실 관리	현장관리
위해관리 방법	육안 평가, 시료 분석	CCP 관리
소요비용	제품 분석에 고비용	시스템 적용 이후 운영비 저렴
관리자 숙련도	숙련자 필요	비숙련자도 가능

위해를 중점적으로 관리하도록 하는 사전예방적 관리 시스템으로 경험적인 관리보다는 과학적 데이터에 의한 관리방법이다.

제품의 문제가 발생했을 경우, 식품의 생산자와 가공업자, 유통업자, 소비자 등이 제조에서부터 소비에 이르는 전 과정을 통해 축산물의 안전성 문제가 어디에서 발생하는지, 왜 발생하는지를 명확하게 파악하고 규명할 수 있다. 따라서 HACCP 시스템은 그 어느 관리체제보다 효과적인 식품안전 관리 시스템인 것이다.

4. 우리나라의 HACCP 적용 현황

1) 우리나라 HACCP 시스템의 발전

우리나라에서는 1995년 「식품위생법」에 HACCP 규정을 처음 신설하였다. 우리나라의 HACCP 시스템의 특징은 다른 나라와 달리 일반위생GMP 수준이 취약한 식품산업의 특성에 따라 정부 주도의 HACCP이 요구되었으며, 이에 따라 식품의약품안전처에서 2006년 12월부터 2014년까지 위해성이 큰 다소비식품(어묵류, 냉동수산식품, 냉동식품, 빙과류, 비가열음료, 레토르트 식품, 김치류 등 7개 식품군)을 대상으로 HACCP 의무적용을 실시하게 되었다.

2) 우리나라의 현황

우리나라 HACCP 시스템은 크게 세 단계로 구분할 수 있다. 첫 번째 단계는 HACCP 적용 단계로 HACCP 적용을 위한 법령 개정 등이 이루어진 시기이다. 우리나라에서는 1993년 CODEX의 권고에 따라 1995년 12월 「식품위생법」에 HACCP 시스템 도입을 위한 법적 근거를 명시하였으며, 1996년 12월 '식품안전관리인증기준'을 도입하였다.

두 번째 단계는 HACCP의 정착기로 HACCP 의무적용 품목을 지정하는 등 식품산업계의 HACCP 적용이 시작되는 단계라 볼 수 있다. 2003년 8월 위해성이 큰 다소비식품(어묵류, 냉동수산식품 중 어류·연체류·조미가공품, 냉동식품 중 피자류·만두류·면류, 빙과류, 비가열음료, 레토르트 식품 등 6개 품목)을 지정하여 2006년 12월부터 시행하도록 하

표 1-3 1990년대 이후 HACCP 적용 관련 국내·외 진행 상황

국외 진행 상황	연도	국내 진행 상황
	1992	• 국내 HACCP 적용 관련 연구 개시
CODEX 각국에 HACCP 권고 : FAO/WHO 적용을 위한 가이드 라인 제시	1993	
미국 : 유·육가공, 수산제품 강제 적용	1995	• 「식품위생법」 근거 마련 : 식품위해요소중점관리기준 제정 고시
	1996	• HACCP 적용업소 지정·운영을 위한 세부 운영규정 마련('식품위해요소중점관리기준' 개정 고시)
	1997	• 「축산물가공처리법」 근거 마련 : 축산물위해요소중점관리기준 제정 고시
일본 : HACCP 지원법 제정	1998	
	1999	• HACCP 전문팀 신설
	2001	• 해양수산부 : 「수산물품질관리법」 개정 • HACCP 지도관 제도 도입(식품의약품안전청)
미국 : 주스류 강제 적용	2002	• 의무적용에 대한 법적 근거 마련(「식품위생법」 제32조의2)
EU : HACCP 적용 확대 선언	2006	• 배추김치 의무적용 법적 근거 마련
	2007	• HACCP 지원기관 설립(한국보건산업진흥원 내 HACCP 지원사업단)
	2008	• 의무적용 품목 재평가 및 확대
	2010	• 의무적용 품목 소규모 HACCP 관리기준 마련
	2011	• HACCP 지정 신청 절차 간소화 • 자율적용 품목 소규모 HACCP 관리기준 적용 및 식품접객업 관리기준 개선
	2012	• HACCP 정기 조사·평가 차등관리 시행
	2013	• 어린이기호식품 등 의무적용 확대 시행 • HACCP는 식품의약품안전처가 총괄관리 : 농산물(축산), 수산물(수출) 부분은 농림축산식품부, 해양수산부가 위탁 관리
	2014	• HACCP 의무적용 확대 • HACCP 인증업무 한국식품안전관리인증원으로 위탁
	2015	• HACCP 적용 부실업체 행정조치 강화(one-strike-out제 시행) • 검체 채취 규정 신설(식약처 고시)
	2016	• 인증업체 3년 주기 연장심사제 도입

표 1-4 HACCP 적용가능 영업의 종류, 의무적용 및 자율적용 유형

적용가능 영업의 종류	의무적용대상	자율적용유형
〈식품위생법〉 • 식품(식품첨가물 포함) 제조·가공업소 • 건강기능식품제조업소 • 집단급식소식품판매업소 • 집단급식소 • 식품접객업소(위탁급식영업) • 운반급식(개별 또는 벌크 포장) • 기타식품판매업소 • 즉석판매제조가공업소 • 식품소분업소 • 식품접객업소(일반음식점·휴게음식점·제과점) • 식품냉동·냉장업 〈축산물위생관리법〉 • 축산물가공업(유가공업, 알가공업, 식육가공업) • 식육포장처리업 • 식용란선별포장업 • 식육즉석판매가공업 • 축산물보관업 • 축산물운반업 • 축산물판매업(식육판매업, 식용란수집판매업 등) 〈축산법〉 • 가축사육업 • 종축업 • 부화업 〈사료관리법〉 • 사료공장	• 수산가공식품류의 어육가공품류 중 어묵·어육소시지 • 기타수산물가공품 중 냉동 어류·연체류·조미가공품 • 냉동식품 중 피자류·만두류·면류 • 과자류, 빵류 또는 떡류 중 과자·캔디류·빵류·떡류 • 빙과류 중 빙과 • 음료류[다류(茶類) 및 커피류는 제외한다] • 레토르트식품 • 절임류 또는 조림류의 김치류 중 김치 • 코코아가공품 또는 초콜릿류 중 초콜릿류 • 면류 중 유탕면 또는 곡분, 전분, 전분질원료 등을 주원료로 반죽하여 손이나 기계 따위로 면을 뽑아내거나 자른 국수로서 생면·숙면·건면 • 특수용도식품(특수영양식품, 특수의료용도식품) • 즉석섭취·편의식품류 중 즉석섭취식품 • 즉석섭취·편의식품류의 즉석조리식품 중 순대 • 식품제조·가공업의 영업소 중 전년도 총 매출액이 100억원 이상인 영업소에서 제조·가공하는 식품	• 기타수산물가공품 유형에 속하는 패류, 갑각류, 냉장제품 등 • 다류의 침출차 및 액상차 • 커피류(액상, 분말, 원두 등 형태) • 김치류의 기타김치 유형에 속하는 깍두기, 갓김치 등 • 간편조리세트 • 신선편의식품 • 소스류 • 절임류 • 생식류 • 기타가공품 • 두부 • 즉석조리식품 • 기타 HACCP의무에 해당하지 않는 식품

[참고]

ㅇ 어린이 기호식품 등 8개 식품 대상 HACCP 의무적용 추진('14.12.~'21.12.)

의무대상 품목	단계	시행일	기준
①과자·캔디류, ②빵류·떡류 ③초콜릿류, ④어육소시지 ⑤음료류, ⑥즉석섭취식품 ⑦국수·유탕면류, ⑧특수용도식품	1단계	'14.12	연매출('13) 20억 이상, 종업원 51인 이상
	2단계	'16.12	연매출('13) 5억 이상, 21인 이상
	3단계	'18.12	연매출('13) 1억 이상, 6인 이상
	4단계	'21.12	1~3단계에 해당하지 않는 모든 업체

였다. 2008년 4월에는 김치류 중 배추김치에 대한 HACCP 의무적용을 실시하였다.

세 번째 단계는 HACCP 확대기로 HACCP 의무적용 지정 확대 등 식품산업계의 HACCP 적용이 활발하게 이루어지기 시작하였다. 2010년 11월에는 소규모 HACCP 관리기준 개정고시를 통해 해당 품목의 연매출액이 5억 원 미만이거나 종업원 수가 21명 미만인 식품제조·가공업소 및 건강기능식품 제조업소를 위한 소규모 업소 HACCP 관리기준을 마련하였다. 2013년 10월에는 식품제조·가공업체 중 2013년 매출액 1억 원 이상이고 종업원 6명 이상인 영업소가 제조·가공하는 어린이기호식품 등 어육소시지, 과자·캔디류, 음료류, 빵·떡류, 초콜릿류, 국수·유탕면류, 특수용도식품, 즉석섭취식품 등 8개 품목에 의무적용 품목을 확대하여 2014년 5월부터 시행토록 하였다. 2017년 12월부터는 식품제조·가공업의 영업소 중 전년도 총 매출액 100억 원 이상인 업체 전체 생산식품 및 즉석조리식품(순대), 축산물가공업 중 알가공업, 유가공업체에 대해 HACCP 의무적용을 시행하였다.

① 식품

식품의약품안전처에서는 부정 불량식품을 척결하기 위한 HACCP 적용 확대를 국정과제로 선정하여 추진하고 있으며, 식품산업 분야는 2018년까지 6,000개소 인증을 목표로 HACCP 인증 확대를 추진하였다. 2021년 12월 31일 기준으로 식품분야의 HACCP 인증은 15,525건(7,685개소)이 받았으며, 품목별로는 의무적용 7,650건(5,115개소), 자율적용 7,875건(4,342개소)이 지정을 받았다.

지속적인 HACCP 인증 확대 추진으로 시중에 유통되는 가공식품 및 축산물가공품 10개 제품 중 8개 이상이 해썹을 적용하는 것으로 나타났으며, 2022년까지 HACCP제품 생산비율 90.1%를 목표로 해썹 제도를 활성화할 예정이다.

표 1-5 추가 HACCP제품 생산비율

(2021.12.31. 기준, 단위: %, 출처: 식품안전인증과)

구분	2016	2017	2018	2019	2020	2021	2022 목표
HACCP제품 생산비율(%)	68.7	83.9	85.2	86.5	87.5	89.6	90.1

※ 2019년 식품 및 축산물 제조업체 총 생산량 32,905천 톤 대비 29,479천 톤 HACCP제품 생산(2021년 말 기준)

표 1-6 식품 HACCP 인증업체 현황

(단위 : 품목수(개소), 누계, 2021년 12년 31일 기준)

구분	2011년	2012년	2013년	2014년	2015년	2016년	2017년	2018년	2019년	2020년	2021년
합계	1,837 (1,163)	3,029 (1,809)	4,074 (2,408)	5,242 (3,029)	6,776 (3,734)	8,197 (4,358)	10,035 (5,031)	11,838 (5,762)	13,358 (6,566)	15,525 (7,685)	18,591 (9,251)
의무적용	845 (703)	1,448 (1,130)	1,887 (1,417)	2,995 (2,056)	3,758 (2,450)	4,448 (2,885)	5,072 (3,247)	5,667 (3,719)	6,473 (4,242)	7,650 (5,115)	9,362 (6,464)
자율적용	992 (618)	1,581 (1,008)	2,187 (1,397)	2,247 (1,500)	3,018 (1,995)	3,749 (2,321)	4,963 (2,826)	6,076 (3,278)	6,885 (3,787)	7,875 (4,342)	9,229 (5,020)

② 축산물

축산물의 HACCP은 가축의 사육·도축·가공·포장·유통의 전 과정에 걸쳐 축산식품의 안전에 해로운 영향을 미칠 수 있는 위해요소를 분석하고, 이러한 위해요소를 방지·제거하거나 안전성을 확보할 수 있는 단계에 중요관리점을 설정하여 과학적·체계적으로 중점관리하기 위한 것으로, 도축장은 HACCP을 의무적용토록 하고 있다. 최근 달걀에서 살충제 성분이 검출됨에 따라 축산농장의 HACCP 인증기준 위해요소 평가항목에 동물용 의약외품(살충제 등) 및 농약(제초제 등)을 추가하여 안전한 제품 생산을 위한 노력을 기울이고 있다.

축산물 HACCP은 2021년 12월 31일 기준으로 가공업(4,937개소), 축산물 및 식용란 선별포장업(2,555개소), 가축사육업(7,160개소), 사료(235개소), 도축업 및 집유업(201개소) 등 총 15,088개소에서 인증을 받았다.

표 1-7 축산물 HACCP 인증업체 현황

(단위 : 개소, 2021년 12월 31일 기준)

구분	2011년	2012년	2013년	2014년	2015년	2016년	2017년	2018년	2019년	2020년	2021년
합계	4,688	6,352	8,057	8,995	10,257	11,208	12,121	12,729	12,947	14,205	15,088

③ 급식 및 외식

학교에서 음식을 제공하는 학교급식은 1981년에 제정된 「학교급식법」에 기초하고 있으며, 1992년부터 정책적으로 학교급식사업이 추진되어 2002년에 종료되었다. 2011년까지 학교급식률은 99.9%의 적용률을 보였으나, 2012년부터는 전체 학교의 학교급식률이 100%에 달하기 시작하여, 2017년 기준으로 전국 초·중·고·특수학교 전체 11,800개교에서 100% 급식을 실시하고 있다. 이 중 직영급식 학교는 11,542교(97.8%), 위탁급식 학교는 258교(2.2%)이다. 학교급식의 규모가 커지면서 학교급식의 위생관리가 매우 중요하게 대두되어 학교급식에 HACCP 시스템을 도입하는 계기가 되었다.

교육부는 학교급식의 위생과 안전성 확보를 위하여 1999년에 '학교급식에 HACCP 시스템 도입 및 위생관리시스템 구축'에 관한 특별정책연구를 실시하여 학교급식 HACCP 시스템 일반모델의 개발·보급을 시작으로 2001년부터는 규모가 큰 학교에서 조리실이 설치된 모든 급식학교로 점진적 적용을 확대하였다.

학교급식의 HACCP 시스템 적용은 교육부와 학교, 업체가 성장기 학생을 대상으로 하는 학교급식의 위생 및 안전성 확보를 위해 채택해야 하는 학교 단위의 자율적 위생관리 수단으로서 식품안전관리인증기준 적용업소로 지정을 신청하거나 표시 또는 광고를 하지 않는다.

2022년 11월 30일 기준 HACCP 인증을 받은 식품접객업소는 61개소이며, 집단급식소는 10개소이다.

표 1-8 HACCP 인증 식품접객업소 및 집단급식소 현황

(단위 : 개소, '22년도 11월 30일 기준)

구분 \ 연도	2016년	2017년	2018년	2019년	2020년	2021년	2022년
식품접객업소	169	177	184	181	148	83	61
집단급식소	19	16	14	15	12	10	10

5. 스마트 HACCP

1) 스마트 HACCP의 개념

스마트 HACCP이란, 식품제조 공장에 IoTInternet of Things: 사물인터넷. 각종 사물에 센서와 통신 기능을 내장하여 인터넷에 연결하는 기술 등 기술을 활용, 식품 안전 정보를 디지털화하고 중요관리점 모니터링을 자동화하는 등 HACCP 관련 데이터 수집·관리·분석을 총망라한 디지털 기반 HACCP 종합관리 시스템을 말한다(관련 근거 : 「식품 및 축산물 안전관리인증기준」(식품의약품안전처 고시) 제10조, 제11조의2).

그림 1-1 **스마트 HACCP의 개념**
출처 : 식품안전관리인증원

2) 스마트 HACCP 신청절차

「식품 및 축산물 안전관리인증기준」 별지 제9호 서식 '자동기록관리시스템 적용업소 등록 신청서'와 영업등록증(또는 허가증, 또는 신고증 사본), 안전관리인증 적용업소 인증서 사본(HACCP 적용업소에 한함), HACCP관리 계획서HACCP Plan를 한국식품안전관리인증원에 제출한다. 접수된 서류는 서류 검토와 현지 확인 및 평가를 통해 등록 여부를 결정하고, 최종적으로 인증서에 중요관리점별로 등록 여부를 기재하게 된다.

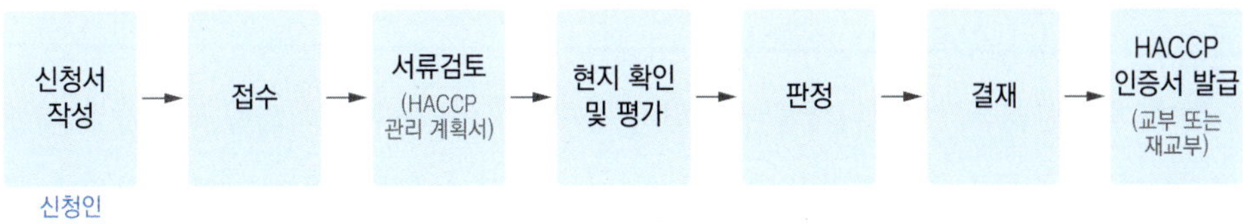

3) 스마트 HACCP의 우대혜택

스마트 HACCP 적용업소는 자동기록관리시스템 적용업소의 경우 그 사실에 대한 표시 또는 광고가 가능하며, 이 경우 모든 중요관리점CCP에 자동기록관리시스템을 적용한 업소에 한하여 그림 1-2의 심벌 표시 또는 광고를 허용한다[관련 근거 : 「식품 및 축산물 안전관리인증기준」(식품의약품안전처 고시) 제15조, 제27조].

- HACCP 인증평가 시 가점기준으로 자동기록관리시스템 적용업소로 등록된 업소(모든 중요관리점CCP에 자동기록관리시스템을 적용한 업소에 한함)에 대해서는 총점에서 6점을 가산한다.
- 모든 중요관리점CCP에 자동기록관리시스템을 적용한 업소에 대해서는 정기 조사·평가를 하지 아니할 수 있으며, 이 경우 해당 업소가 자체적으로 조사·평가를 실시해야 한다.

그림 1-2 **자동 기록관리 시스템(스마트 해썹, Smart HACCP) 심벌**

4) 자동기록관리시스템 도입 시 효과

자동기록관리시스템을 도입하는 경우 다음과 같은 효과가 있다.

첫째, 모니터링 데이터의 신뢰가 보증된다. 정확한 시간에 정해진 절차에 따라 자동적으로 데이터가 측정되고, 기록된다.

둘째, 중요관리점CCP 모니터링과 관련한 실수가 사라진다. 모니터링 일지가 서버에 저장되어 있어 서류를 잃어버리거나 못 찾는 등의 모니터링 일지 관리의 어려움과 실수가 사라진다.

셋째, 중요관리점CCP 모니터링 관리 강화로 식품안전관리가 향상된다. 기존 작업자가 수행해야 했던 모니터링을 시스템으로 대체하면서 더 많은 빈도로 중요관리점을 관찰 기록할 수 있다. 보다 많은 빈도로 공정을 관찰할 수 있다면, 문제점을 보다 세밀하게 확인할 수 있고, 예측하지 못했던 문제를 찾아 낼 수 있다.

넷째, 중요관리점CCP 모니터링 관리가 더 쉬워진다. 작업자가 정해진 주기에 따라 중요관리점의 한계기준 값을 측정, 관찰하고, 기록을 수행할 때에는 생산에 집중하기 어렵다. 중요관리점을 시스템이 대신 모니터링 하면 작업자는 생산에 더욱 집중할 수 있다.

그림 1-3 **기존 HACCP과 스마트 HACCP의 기록 관리 방법 비교**
출처 : 식품안전관리인증원

참고

HACCP 용어 정리

건물 제품의 조리시설과 식재료 및 제품의 보관, 폐기물 저장 등과 부대시설이 포함된 건축물을 말한다.

조리장 전처리 또는 조리하기 위한 단위 공정의 장소로서 검수실, 전처리실, 조리실, 식기세척실 등을 말한다.

- 검수실 : 원·부자재의 입고 전 관능검사가 수행되는 공간
- 전처리실 : 식재료 비가식 부위를 제거, 애벌세척 등을 실시하는 공간
- 조리실 : 식재료를 혼합하여 제품을 조리하는 공간
- 식기세척실 : 식기를 세척하는 공간

부대시설 조리장, 용수시설을 제외한 출입구(위생전실), 창고, 홀, 탈의실, 화장실, 쓰레기 처리장 등을 말한다.

일반구역 조리 중에 있어서 위생 및 안전에 직접적인 영향을 주지 않는 장소로서 정기적인 청소가 필요한 장소이다.

청결구역 오염에 극히 민감하여 제품의 위생 및 안전에 직접적인 영향을 미치는 장소로서 미생물 관리가 필요한 장소를 말하며, 필요에 따라 청결구역과 준청결구역을 둘 수 있다.

- 청결구역은 제품의 위생 및 안전에 직접 영향을 미치는 곳으로 현장 소독 및 미생물 관리가 특히 요구된다.
- 준청결구역은 제품의 위생 및 안전에 영향을 미칠 수 있는 곳이지만, 청결구역보다는 다소 덜 민감한 구역으로 현장 소독 등 관리가 필요한 구역이다.

교차오염 일반구역과 청결구역 간에 사람 또는 물건의 이동에 따른 오염의 전이가 발생하는 것을 말한다.

기구 조리, 저장, 운반 또는 섭취에 사용되는 것으로 제품에 직접 접촉하는 기계·도구 등 기타의 물건을 총칭한다.

검사 식재료, 공정품, 조리 완제품, 식기 등을 관능검사와 측정 또는 계측 및 분석 실험결과가 설정된 규격·기준에 적합한지 여부를 비교하여 판정하는 활동이다.

시험 선정된 검사 대상의 관능적·이화학적 또는 생물학적 품질 특성을 평가하는 활동이다.

검수 식재료 등이 설정한 규격·기준에 적합한지 여부를 판정하기 위해 입고시점에서 실시되는 검사이다.

공정검사 공정 단계별로 해당 공정품이 설정한 규격·기준에 적합 여부를 판정하기 위하여 해당 공정·단계의 진행 중 또는 종료시점에서 실시되는 검사를 말한다.

최종 조리완제품 검사 조리 완제품이 법적 요건을 포함한 당사가 설정한 규격·기준에 적합한지 여부를 판정하기 위해 실시되는 검사를 말한다.

검사규격 식재료의 구입부터 조리공정을 거쳐 조리 완제품이 완성되기까지의 각 단계에서 얻은 결과를 미리 정한 기준과 비교하여 합격·불합격의 판정을 내릴 수 있도록 구체적인 검사방법의 기준을 말한다.

로트(LOT) 검사의 대상이 되는 원료의 입고 단위를 말한다.

선별 검사 결과가 설정된 규격·기준을 충족시키지 못한 모집단에 대해 설정된 규격·기준을 충족시킨 개체를 구분하는 조치를 말한다.

재작업 검사 결과가 설정된 규격·기준을 충족시키지 못한 모집단에 대해 설정된 규격·기준을 충족시킬 수 있도록 다시 작업을 실시하는 것이다.

폐기 검사 결과가 설정된 규격·기준을 충족하지 못한 상태에서 특별한 조치를 취할 수 없는 경우 취하는 조치를 말한다(단, 원료 등을 공급자에게 반품시키는 것도 포함됨).

관능검사 제품 고유의 성상, 맛, 풍미, 조직감(텍스처), 색깔, 외관 등을 육안으로 식별하여 종합적으로 그 적·부를 판정하는 검사를 말한다.

검사장비 조리 및 품질을 관리함에 있어 필요한 검사 측정, 계량 및 시험 장비를 총칭하며 단위량을 기준으로 원료 및 공정품, 조리 완제품의 품질 척도를 판정하는 기기를 말한다.

표준기 일반 검사설비의 검·교정의 기준이 되는 국가 검·교정 공인기관에서 검·교정을 받은 검사 설비를 말한다.

냉장·냉동 설비 제품 냉각 및 제품 창고 온도를 유지하기 위한 냉장·냉동 시설을 말한다.

- 원료 보관 창고(냉장·냉동고) : 원재료를 저온으로 보관할 수 있게 해주는 공간으로 냉장·냉동고
- 원료 보관 창고(냉장) : 0~10℃ 이하의 냉장실로 원재료를 보관하는 저온 냉장 창고
- 원료 보관 창고(냉동) : -18℃ 이하의 냉동실로 원재료를 보관하는 냉동 창고

제상 증발기관 내의 냉매액과 냉장·냉동 창고 내의 습·공기와 열교환으로 공기 중의 수분이 응결되어 냉각관에 부착되면 전열 효율을 현저히 저하시켜 냉장·냉동고 내 온도를 낮추기 어려우므로 냉각관(핀)에 성에가 많이 부착되면 수시로 성에를 제거시켜 주어야 한다.

감온봉 온도계에서 온도를 감지할 수 있는 부위를 말한다.

원료 조리 시 조리 완제품을 구성하는 주원료를 말한다.

공정품 원료를 처리하여 조리 진행 중인 또는 대기 중인 단계의 물품을 말한다.

조리 완제품	원료를 조리하여 배식을 목적으로 만들어진 것을 말한다.
입고	검사에 합격한 원료를 보관 창고에 적재하는 것을 말한다.
부적합품	검사 규격 특성 및 판정기준을 만족시키지 못하여 품질에 영향을 주는 원료, 공정품 및 조리 완제품을 말한다.
협력업체	제품 생산에 필요한 원료를 공급하는 모든 업체를 일컫는다.
식별 표시	타 물품과의 구분 및 물품의 현 상태를 인식할 수 있도록 꼬리표 부착 등의 적절한 수단으로 표시하는 것을 말한다.
용수	조리 시 사용되는 물로 「먹는물관리법」의 기준에 적합한 물을 말한다.
상수도	「먹는물관리법」의 기준에 적합하도록 정부기관에서 관리되어 일반 가정이나 공장으로 공급되는 음용수를 말한다.
개인위생	작업자의 건강 상태와 두발, 손톱, 손 세척·소독 등의 청결 상태를 말한다.
복장위생	위생복, 위생모, 위생화, 앞치마, 위생장갑 등의 복장규격과 착용방법, 청결 상태 등을 말한다.
환경위생	구충, 구서, 방제, 음용수 수질관리, 미생물 등의 오염 방지를 말한다.
건강진단	작업자 건강 상태를 국가 지정기관에서 정기적으로 확인하는 것이다.
세척	조리장 내·외부의 모든 곳을 깨끗이 쓸고, 닦고, 털어 내어 항상 청결을 유지하는 것을 말한다.
소독	소독약제, 열탕으로 제품을 유해한 세균으로부터 보호하기 위하여 병원균을 사멸하는 것을 말한다.
세정	제조 설비가 위생적으로 관리되어 제품에 교차오염이 되지 않도록 세제로 조치하는 수단을 말한다.
위생 점검	작업자의 개인위생 및 현장위생 상태를 주기적으로 점검하여 지적 내용을 조치하는 수단을 말한다.
폐기물	부산물을 포함한 쓰레기 및 폐자재 등 다른 용도로 활용할 수 없는 물질을 말한다.
방제·방역 작업	제품을 생산하는 데 있어 제품의 오염이나 소비자 클레임이 발생할 수 있는 쥐나 해충의 서식을 방지하거나 없애는 작업이다.
해동	냉동 원료를 조리하기 위하여 식재료의 품온을 8℃ 이하가 되도록 녹이는 과정이다.
냉각	가열조리가 끝난 식품을 필요에 의하여 4시간 이내에 10℃ 이하의 온도로 낮추는 것을

말한다.

재가열 조리가 완료되어 온장 보관 중인 음식의 온도가 60℃ 이하로 떨어졌거나, 냉각된 음식을 필요에 의하여 다시 가열하고자 할 때 75℃ 이상에서 1분 이상 가열하는 것이다.

잔식 조리 후 고객에게 제공되지 않고 남은 음식을 말한다.

잔반 조리 후 고객에게 제공되어 식사 후 퇴식대에서 수거되는 음식을 말한다.

위험온도대 미생물의 증식이 용이한 온도대로서 식품 안전을 위하여 피해야 하는 온도범위를 말한다(통상적으로 5~60℃).

기구 등의 살균소독제 식품과 접촉하는 기구, 용기 등을 살균, 소독하는 화학물질로서 식품첨가물 범주에 속한다. 단, 채소·과일 소독 등 식품에 직접 첨가하여 사용할 수 있는 '식품첨가물 혼합제제'와 혼용할 수 없다.

보존 식중독이나 감염병 등의 사고가 발생하였을 때 그 원인을 규명하기 위한 검사용으로 −18℃ 이하에서 144시간 이상 완제품을 보관하는 것을 말한다.

Hazard Analysis and Critical Control Point

CHAPTER 2

HACCP 시스템의 적용

1. HACCP 시스템의 적용 절차
2. HACCP 인증 절차
3. HACCP 시스템의 도입 효과
4. HACCP 관련 규정

학습목표

1. HACCP 시스템을 적용하기 위한 절차 및 인증 절차, 평가기준에 대해 알아본다.
2. HACCP 시스템 도입 효과에 대해 알아본다.
3. HACCP과 관련된 ISO 22000(식품안전경영시스템)과 제조물책임법(PL법)에 대해 알아본다.

CHAPTER 2

HACCP 시스템의 적용

1. HACCP 시스템의 적용 절차

HACCP을 운영하기 위해서 가장 먼저 할 일은 2가지(소규모 업체의 경우 1가지)의 관리기준서[현장의 특성에 맞는 선행요건 관리기준서와 HACCP 관리기준서(소규모 업체의 경우 '소규모 업체를 위한 HACCP 관리기준서')]를 작성하고, 그 영업장의 관리기준에 따라 실제 현장 근무자가 실행할 수 있는 시스템을 만드는 것이다.

1) HACCP 추진팀 구성 및 역할 분담

HACCP 시스템의 확립과 운용을 주도적으로 담당할 해썹HACCP 팀을 구성한다. 품질관리, 생산, 공무, 연구개발 등 다양한 분야의 직원으로 구성되며, 팀장 및 팀원별로 각각 구체적이고 실질적 역할을 분담한다.

2) 현장 위생점검 및 시설·설비 개보수

식품을 위생적으로 생산·조리하기 위한 기본 위생 시설·설비 및 위생관리 현황을 점검한다. 기본적인 우수제조기준good manufacture practice, GMP, 표준위생관리기준sanitation standard operation procedure, SSOP 구축·운영에 필요한 문제점을 개선·보완한다.

3) 선행요건프로그램 기준서 작성 및 현장 적용

영업장관리, 위생관리, 제조 시설·설비 관리, 냉장·냉동 시설·설비 관리, 보관·운송 관리, 검사관리, 회수 프로그램 관리 기준을 수립하여 선행요건프로그램 기준서를 작성하며, 현장 적용 후 실행상의 문제점·개선점을 파악하여 기준서를 개정한다.

4) 제품설명서, 공정흐름도면 등 작성

제품 성분, 규격, 유통기한, 사용 용도 등을 포함하는 제품설명서를 작성한다. 제조·가공·조리공정도, 작업장 평면도, 공조시설 계통도, 용수 및 배수 처리 계통도 등을 작성한다. 이러한 자료는 위해분석의 기초자료로 활용한다.

5) 위해요소분석 및 HACCP 관리계획 수립

원료별 제조공정별 발생 가능한 위해요소들에 대한 위해 평가를 실시한다. 중요관리점, 한계기준, 모니터링 방법, 기준 이탈 시 개선조치 방법 등을 포함하는 HACCP 관리계획을 수립한다.

6) HACCP 관리기준서 작성

해썹 팀 구성, 제품설명서, 공정흐름도, 위해요소분석, 중요관리점 결정, 한계기준 설정, 모니터링 방법의 설정, 개선조치, 검증, 교육훈련, 기록유지 및 문서화 등을 포함하는 해썹 관리기준서를 작성한다.

7) HACCP 교육·훈련 및 시범 적용

현장 종업원, 관리자, HACCP 팀원 등을 대상으로 수립된 HACCP 관리계획에 대한 교육·훈련 후 현장에 시범 적용한다. 실제 수립된 계획이 현장에 적용하였을 경우에

효과적으로 적용·운영되는지 반드시 확인한다(유효성 평가 실시).

8) HACCP 시스템의 본가동

유효성 평가 결과를 HACCP 관리계획에 반영하여 문제점을 개선하고, HACCP 시스템을 본격적으로 운영하여 지방식품의약품안전청에 HACCP 적용업체 인증을 신청한다.

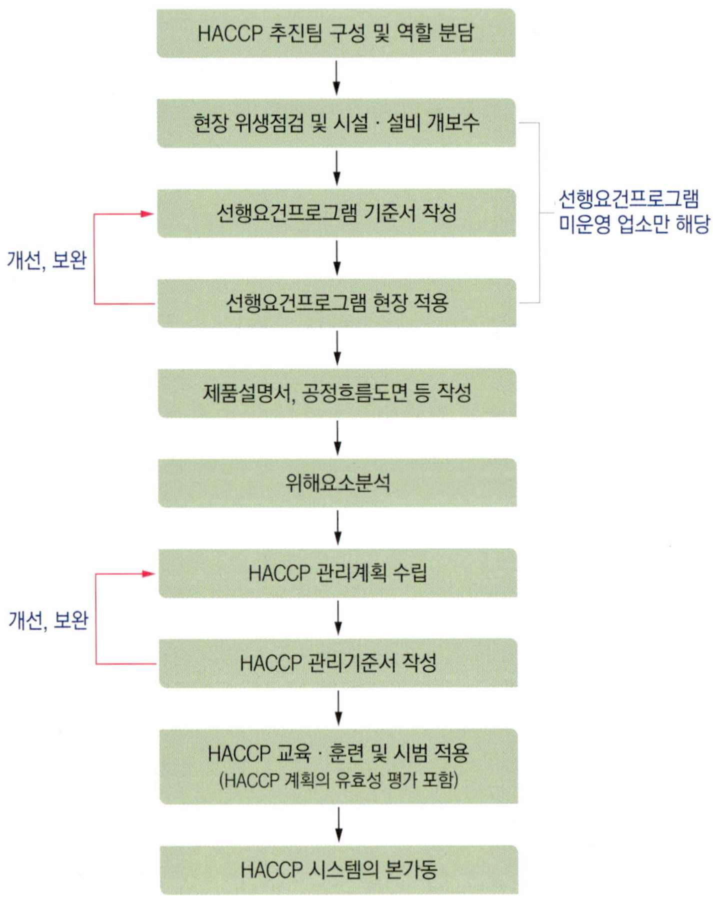

그림 2-1 HACCP 적용 추진 절차

2. HACCP 인증 절차

HACCP 인증은 「식품위생법」 제48조제3항·제48조의2제2항 및 같은 법 시행규칙 제63조제1항·제68조의2제2항에 따른 것으로 인증을 받기 위해서는 「식품위생법」 제48조제1항에 따라 작성한 적용대상 식품별 식품안전관리인증계획서(중요관리점의 한계기준, 모니터링 방법, 개선조치 및 검증 방법을 기술한 자체 계획서 등)를 작성하여 HACCP 적용업소 인증 단당부서에 제출하여야 한다. HACCP 적용 대상업소는 다음의 표 2-1과 같다.

표 2-1 HACCP 적용 대상업소

적용 법	대상업소
식품위생법	식품(식품첨가물 포함) 제조·가공업, 집단급식소식품판매업, 집단급식소, 식품접객업(위탁급식영업), 운반급식(개별 또는 벌크 포장), 기타식품판매업, 즉석판매제조가공업, 식품소분업(HACCP 인증 제품을 소분하는 경우에 한함), 식품접객업소(일반음식점·휴게음식점·제과점), 식품냉동·냉장업
축산물 위생관리법	축산물가공업(유가공업, 알가공업, 식육가공업), 식육포장처리업, 식용란선별포장업, 식육즉석판매가공업, 축산물보관업, 축산물운반업, 축산물판매업(식육판매업, 식용란수집판매업 등)
건강기능식품에 관한 법률	건강기능식품제조업
축산법	가축사육업, 종축업, 부화업
사료관리법	사료공장

1) 법적 근거

「식품위생법」 제48조 및 「식품위생법」 시행규칙 제63조에 명시되어 있다.

2) 민원서류 접수

민원인이 한국식품안전관리인증원 지원에 민원서류를 접수한다.

- 방문, 우편, 팩스, 전자 민원 접수 : E-mail(지원별@haccp.or.kr)
- 한국식품안전관리인증원 지원
  - 서울지원(haccp1@haccp.or.kr)
  - 부산지원(haccp2@haccp.or.kr)
  - 경인지원(haccp3@haccp.or.kr)
  - 대구지원(haccp4@haccp.or.kr)
  - 광주지원(haccp5@haccp.or.kr)
  - 대전지원(haccp6@haccp.or.kr)

3) 확인서류

(1) HACCP 적용업소 인증 신청 민원

- 식품

① 「식품위생법 시행규칙」 [별지 제52호서식] 식품안전관리인증기준HACCP 적용업소 인증(연장)신청서

② 「식품위생법」 제48조제1항에 따라 작성한 적용대상 식품별 식품안전관리인증계획서(중요관리점의 한계 기준, 모니터링 방법, 개선조치 및 검증방법을 기술한 자체 계획서)

- 축산물

① 「축산물 위생관리법 시행규칙」 [별지 제1호의2서식] 안전관리인증[작업장, 업소, 농장HACCP(인증, 인증연장)]신청서

② 축산물 가공업의 경우 식육가공업, 유가공업 및 알가공업의 영업장별로 구분하여 작성한 자체안전관리인증기준 또는 그 밖에 경우 인증받으려는 작업장·업소·농장에 대하여 작성한 자체 안전관리인증기준

(2) '식품 및 축산물 안전관리인증기준' 제13조제1항에 의한 동일 공정의 유사 유형인 식품을 HACCP 적용 유형으로 추가하고자 하는 민원

- 식품(또는 축산물)안전관리인증기준 적용업소 인증서 사본
- 영업등록증 사본(앞면, 뒷면) 및 사업자등록증 각 1부
- 식품안전관리인증 계획서HACCP Plan
- 선행요건관리기준서(인증 유형 및 추가 유형 포함)
- HACCP 관리기준서(인증 유형 및 추가 유형 포함)
- 품목제조보고서

(3) HACCP 적용업소 지정사항 변경 신청 민원(변경사항 발생 후 30일 이내, 식품의 경우)

- 「식품위생법 시행규칙」 [별지 제54호서식] 식품안전관리인증기준HACCP적용업소 인증사항 변경신청서

- 식품안전관리인증기준HACCP적용업소 인증서 원본
- 중요관리점CCP 변경내용 설명서(공정에 대한 위해평가 및 한계기준 설정 근거 자료 포함)
- 소재지 이전을 확인할 수 있는 관련 서류〔예, 영업등록(신고)증 사본 등〕

(4) 서류 확인 시 주의사항

- 수수료 납부(인증 20만 원, 변경 10만 원)
- 민원 처리기한의 산정(인증 40일, 인증 연장 60일, 변경 15일)

  ※ 토요일, 법정공휴일은 제외
- 집단급식소 인증 신청인의 주체는 설치신고자〔위탁급식을 하는 경우 「소재지」 항목의 공장(사업장)란에 업체명, 소재지, 신고번호를 기재했는지 확인〕
- 식품 유형별로 신청하는 것을 원칙

(5) 민원서류가 접수되면 담당자는 구비서류를 확인하고 서류 미비 시 보완 또는 반려 조치

4) 민원서류 처리 절차

(1) HACCP 적용업소 인증 신청 민원

- 서류 검토(적용대상 식품별 식품안전관리인증계획서 : 중요관리점의 한계기준, 모니터링 방법, 개선조치 및 검증 방법을 기술한 자체계획서 등)
- 신청서류 보완 요구(해당사항이 있는 경우에 한함) : 보완기간 10일 이내
- 현장심사 실시
- 보완 요구(보완 후 적합의 경우에 한함) : 보완기간 3개월 이내
- 보완결과 현장 조사 및 결과 보고(보완 후 적합의 경우에 한함)
- 인증서 발급(적합) 또는 부적합 통보
- '식품안전관리인증기준' 제13조제1항에 의한 동일 공정의 유사유형인 식품을 HACCP 적용 유형으로 추가하고자 하는 민원인이 제조공정도, 공정흐름도, 원료 및 공정시험, CCP, 한계기준 등 위해평가 자료를 첨부하여 유형 추가를 요청하면

서류 검토 후 추가가 가능함

- 서류 검토(유사유형·동일 공정 증명서 등 검토)
- 보완 요구 및 완료 보고(해당사항이 있는 경우에 한함)
- 인증서 발급(적합) 또는 부적합(현장 조사) 통보

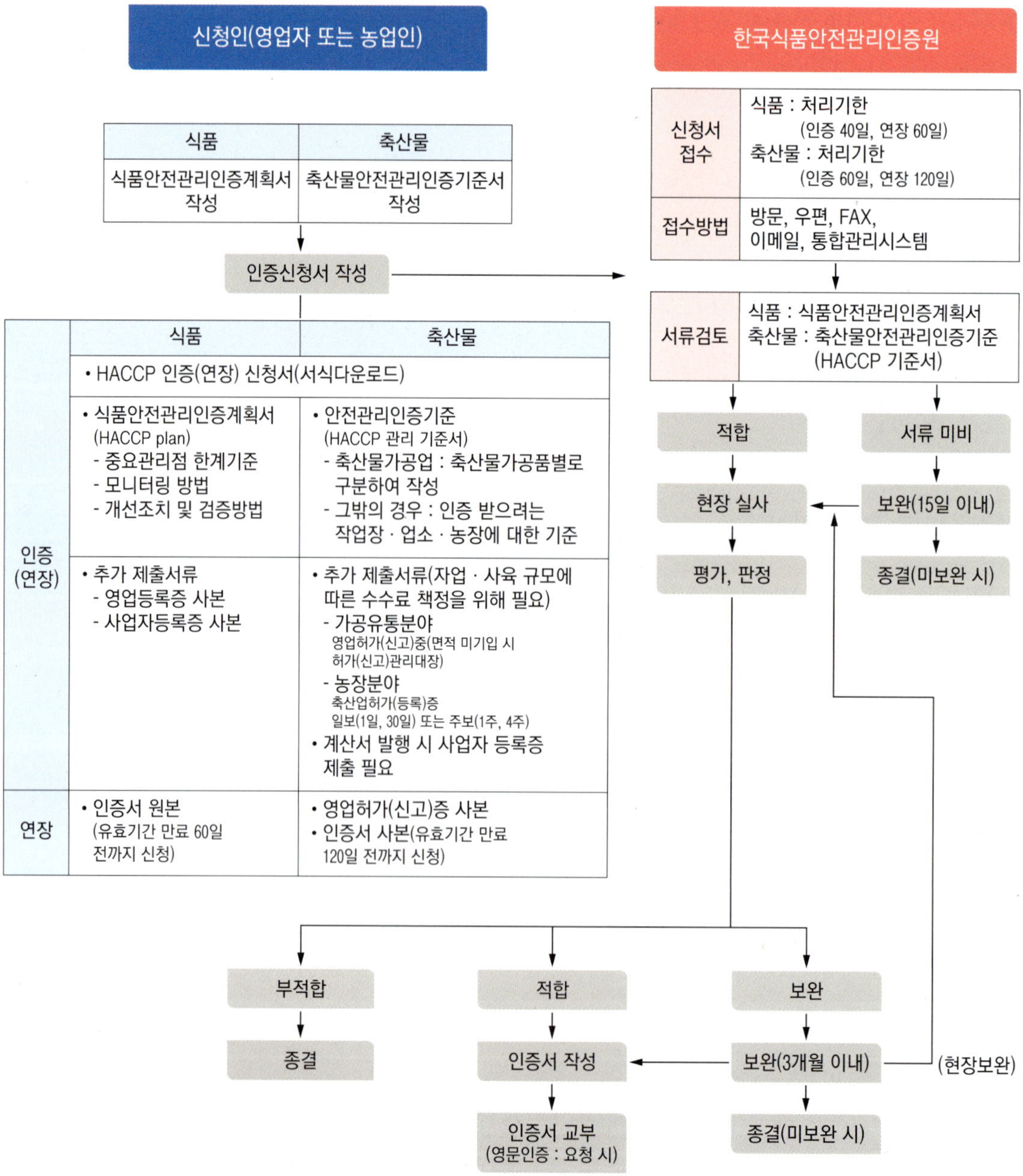

그림 2-2 HACCP 지정 절차

(2) HACCP 적용업소 인증 변경신청 민원(식품의 경우)

- 소재지 또는 중요관리점CCP 변경 시
  - 서류 검토 및 현장 조사(변경신청서 등 검토)
  - 인증서 변경 발급(적합) 또는 부적합 통보
- 단순 상호명, 대표자명, 행정구역상 지번이 도로명으로 변경 등의 경우 별도 양식 없이 민원인이 공문으로 변경 요청하면 인증서를 변경하여 발급

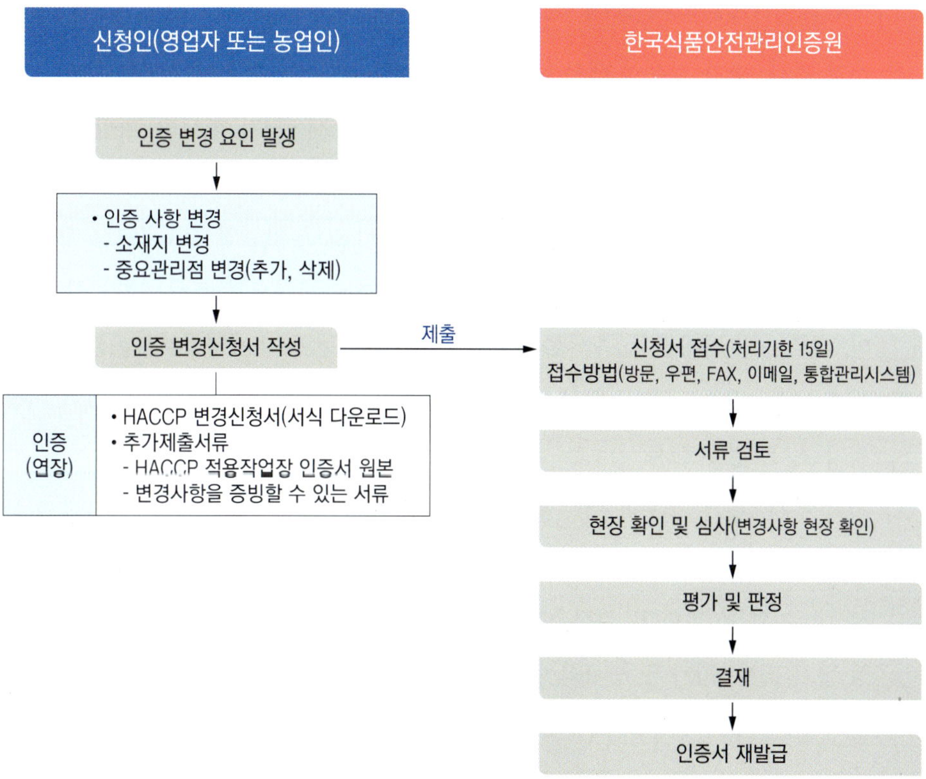

그림 2-3 HACCP 적용업소 인증사항 변경 처리 절차

5) 정기평가

(1) 법적 근거 : 「식품위생법」 제48조의3 및 동법 시행규칙 제66조

지방식품의약품안전청장은 법 제48조제8항에 따라 식품 및 축산물 안전관리인증기준 적용업소로 인증받은 업소에 대하여 식품 및 축산물 안전관리인증기준의 준수 여부 등에 관하여 매년 1회 이상 조사·평가할 수 있다.

(2) HACCP 적용업소의 조사·평가 점수에 따른 차등 관리

- 정기 조사·평가 점수의 백분율이 95% 이상인 경우 2년간 정기 조사·평가를 하지 아니할 수 있으며, 해당 업소가 자체적으로 조사·평가 실시함. 다만, 배추김치, 기타김치, 즉석섭취식품, 신선편의식품 등 비가열섭취식품은 제외
- 정기 조사·평가 점수의 백분율이 95% 미만에서 90% 이상인 경우 1년간 정기 조사·평가를 하지 아니할 수 있으며, 해당 업소가 자체적으로 조사·평가 실시. 다만, 배추김치, 기타김치, 즉석섭취식품, 신선편의식품 등 비가열섭취식품은 제외
- 정기 조사·평가 점수의 백분율이 90% 미만에서 85% 이상인 경우 연 1회 이상 정기 조사·평가 실시
- 정기 조사·평가 점수의 백분율이 85% 미만에서 70% 이상인 경우 연 1회 이상 정기 조사·평가 및 연 1회 이상 기술지원(이하 "HACCP 지원사업 위탁 기관에서 실시하는 지원"을 말한다) 실시. 다만, 학교 집단급식소에 납품하는 경우 연 2회 이상 정기 조사·평가 및 연 1회 이상 기술지원 실시
- 정기 조사·평가 점수의 백분율이 70% 미만인 경우 연 1회 이상 정기 조사·평가 및 연 2회 이상 기술지원 실시. 다만, 학교 집단급식소에 납품하는 경우 연 2회 이상 정기 조사·평가 및 연 2회 이상 기술지원 실시

(3) HACCP 적용업소 조사·평가의 구분

- 정기(수시)조사·평가 : 지방청 식품안전관리과에서 연 1회 이상 실시
- 특별(수시)조사·평가 : 본처 식품안전표시인증과에서 무작위로 실시

(4) HACCP 적용업소 조사·평가 절차

- 정기 또는 특별(수시)조사·평가 계획 수립
- 현장 평가 실시
- 시정 행정조치(부적합 판정의 경우) 또는 개선 요구(적합 판정의 경우)
- 부적합 내용에 대한 보완 완료 보고(1월 이내)
- 보완 완료 보고 내용에 대한 현장 확인 : 확인 결과 보완 완료 시 종결/시정사항 미이행 시 행정조치(지정 취소)

3. HACCP 시스템의 도입 효과

1) 식품업체 측면

- 자율적으로 위생관리를 수행할 수 있는 체계적 위생관리 시스템의 확립이 가능하다.
- 예상되는 위해요소를 사전에 과학적으로 분석하여 이를 제거함으로써 위생적이고 안전성이 확보된 식품의 제조가 가능하다.
- 위해 발생 가능성이 있는 단계를 사전에 집중적으로 관리함으로써 위생관리체계의 효율성을 극대화시킬 수 있다.
- HACCP 적용 초기에는 시설의 보완 및 인력관리를 위한 소요예산이 증대되나, 장기적으로 관리인원 감축, 관리요소의 감소 가능성이 있으며, 소비자 불만, 폐기·반품 물량 등의 감소로 경제적인 이익이 증대된다.
- HACCP 적용업체에서는 HACCP 인증마크 부착과 대상품목에 대한 홍보효과로 소비자에게 신뢰성을 주어 경쟁력이 강화된다.

2) 소비자 측면

- HACCP 시스템이 적용된 식품은 최대한 식품의 안전성이 확보된 것이므로 소비자들이 안전한 음식의 섭취가 가능하다.

- 제품에 부착된 HACCP 인증마크를 확인하고 소비자가 스스로 제품을 판단하여 안전한 식품을 선택할 수 있다.

4. HACCP 관련 규정

ISO 22000(식품안전경영시스템)은 식품안전에 관한 요구사항을 정한 국제 표준으로서, 식품 공급사슬에 속하는 모든 조직이 자율적으로 식품의 안전관리에 필요한 모든 요소를 통합하는 식품안전경영시스템을 구축함으로써 식품 안전을 개선하기 위하여 제정되었으며, ISO 22000의 근간은 HACCP과 ISO 9001(품질경영시스템)이다.

소비자의 피해가 발생하면 직접적인 계약관계가 없더라도 결함이 있는 제조물로부터 발생한 손해에 대하여 제조업자가 직접적으로 손해배상책임을 부담하도록 하는 「제조물책임법product liability, PL법」이 2001년 제정되어 2002년 7월부터 시행되었다. 식품산업은 업종의 특성상 소비자의 클레임이 빈발하고 제조과정 중의 부주의가 소비자에게 치명적인 위해를 끼칠 뿐 아니라 대형사고로 이어질 수 있다. 그러나 식품산업계에는 제품의 결함 예방을 위한 도구는 아니지만, 위생적이고 안전한 식품을 제조하고 자주적 위생관리 도구인 HACCP 시스템을 갖추고 있기 때문에 제조물책임법에 대비할 수 있다.

HACCP 시스템과 밀접한 관련이 있는 ISO 22000(식품안전경영시스템)과 제조물책임법에 대해 더 알아보고자 한다.

1) ISO 22000(식품안전경영시스템)

2000년대 초반까지 전 세계 여러 민간 및 국가 기관에서 다양한 표준을 개발했으며, 이로 인해 기업들은 자체적으로 개발한 규범을 사용하여 공급업체를 감사하면서 공급업체들은 많은 어려움을 겪었다. 감사기준이 다르기 때문에 공급업체가 시장의 모든 요구사항을 충족시키는 것이 거의 불가능하기 때문이었다.

2001년 국제표준화기구International Organization for Standardization, ISO는 식품안전경영시스템food safety management system, FSMS에 대한 감사기준 작업을 시작하여 2005년 9

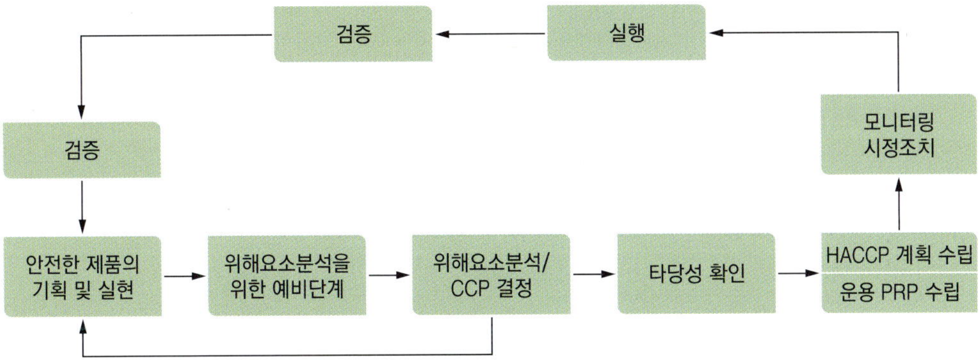

그림 2-4 ISO 22000의 기본 모델
출처 : 한국생산성본부 인증원 홈페이지(http://www.kpcqa.or.kr/manage/iso22000.asp)

월에 ISO 22000으로 알려진 국제식품안전경영시스템을 완성하였다. ISO 22000은 식품 공급사슬상의 모든 이해관계자를 위한 규격의 부재, 식품 안전문제의 국제적 중요성의 증대, 경영 시스템으로의 식품안전 통합 필요성, 국제교역 증가로 인한 국제적 공통 기준 제정의 필요성이 대두되면서 등장하였다. 식품의 위해, 위험 방지를 HACCP 원칙으로 적용하여 식품 공급사슬 전 과정의 식품안전성 확보를 위해 식품 분야의 국제 규격으로 개발되어 식품산업의 위생관리를 품질경영시스템quality management systems, QMS 차원에서 접근하여 국제표준화한 규격으로 국제적으로 인정받는 식품안

표 2-2 선행요건프로그램과 ISO 22000 비교

선행요건프로그램		ISO 22000:2005	
1	영업장관리	7.2	선행요건프로그램(PRPs)
2	위생관리		
3	제조 시설·설비 관리		
4	냉장·냉동 설비 관리		
5	용수관리		
6	보관·운송 관리		
7	검사관리		
8	회수 프로그램 관리	7.9	추적성 시스템
		7.10.4	회수

출처 : 식품의약품안전청 연구보고서, HACCP 적용업소 지정관리체계 개선방안에 관한 연구, 2006

전경영시스템이다.

국제식품규격위원회Codex Alimentarius Commission, CAC에서 사전 예방활동에 중점을 두는 HACCP 지침을 제공하였고, 이후 ISO/TC 34(식품기술위원회)에서 식품 공급사

표 2-3 HACCP 원칙 및 적용 단계와 ISO 22000 조항 간 비교

HACCP 원칙	HACCP 적용 단계		ISO 22000	
	HACCP 팀 편성	1단계	7.3.2	식품안전팀
	제품 기술	2단계	7.3.3	제품 특성
			7.3.5.2	프로세스 단계 및 관리수단 기술
	의도하는 용도 확인	3단계	7.3.4	의도하는 용도
	흐름도 작성	4단계	7.3.5.1	흐름도
	흐름도 현장 확인	5단계		
원칙 1 위해요소분석	모든 잠재적 위해요소 목록화 위해요소분석 실시 관리수단 고려	6단계	7.4	위해요소분석
			7.4.2	위해요소 파악 및 허용 가능 수준 결정
			7.4.3	위해요소 평가
			7.4.4	관리수단의 선택 및 평가
원칙 2 중요관리점(CCPs 결정)	CCPs 결정	7단계	7.6.2	중요관리점(CCPs) 파악
원칙 3 한계기준 수립	각 CCP에 대한 한계기준 수립	8단계	7.6.3	중요관리점의 한계기준 결정
원칙 4 CCP 관리를 모니터하는 시스템 수립	각 CCP에 대한 모니터링 시스템 수립	9단계	7.6.4	중요관리점의 모니터링 시스템
원칙 5 모니터링이 특정 CCP가 관리에서 벗어났음을 나타낼 때 취할 시정조치 설정	시정조치 설정	10단계	7.6.5	모니터링 결과 한계기준이 초과되었을 경우의 조치
원칙 6 HACCP 시스템이 효과적으로 작용함을 확인하기 위한 검증절차 수립	검증절차 수립	11단계	7.8	검증기획
원칙 7 이들 원칙 및 그 적용에 적합한 모든 절차 및 기록에 대한 문서화 수립	문서화 및 기록관리 수립	12단계	4.2	문서화 요구사항
			7.7	예비정보 및 선행요건프로그램과 HACCP 계획을 규정한 문서의 갱신

출처 : 식품의약품안전청 연구보고서, HACCP 적용업소 지정관리체계 개선방안에 관한 연구, 2006

슬의 모든 단계의 조직을 대상으로 하는 국제규격인 HACCP과 ISO 9001(품질경영시스템)에 근거한 ISO 22000(식품안전경영시스템)을 제정하여 2005년 공표하였다.

식품 공급사슬 전반에 걸친 식품 안전을 보장하기 위한 핵심요소로 상호 의사소통, 시스템 경영, 선행요건프로그램prerequisite programs, PRP's 및 HACCP 원칙을 규정하고 있다.

- 상호 커뮤니케이션 : 식품 공급사슬에 따른 커뮤니케이션은 식품 공급사슬 내에서 모든 관련된 식품 안전 위해요소를 확인하고 각각의 단계를 적절히 통제하기 위해 필요하다. 이것은 식품 공급사슬 내에서 상급자와 하급자들 간의 커뮤니케이션을 암시한다.
- 시스템 경영 : ISO 22000은 다른 관리 시스템 표준과 독립적으로 적용될 수 있다. ISO 22000은 기존의 관련된 관리 시스템의 요구사항과 병행되거나 연계되거나 통합될 수 있지만, 조직은 기존의 관리 시스템을 활용하여 ISO 22000의 요구사항을 준수하는 식품안전관리시스템을 구축할 수 있다.
- 선행요건프로그램과 HACCP 원칙 : ISO 22000은 HACCP 시스템의 원칙과 통합하고, 시스템의 원칙을 통합하며 감사 가능한 요구사항을 통해 HACCP 계획과 선행요건프로그램을 결합한다. 선행요건프로그램은 안전한 최종 제품의 생산, 취급 및 제공에 적합한 식품 사슬 전체에 위생 환경을 유지하는 데 필요한 모든 기본 조건과 활동으로 구성된다.

2) 제조물책임법(PL법)

제조물 책임은 제조물의 결함으로 인해 소비자에게 발생한 손해에 대해 제조업자가 배상을 해야 한다는 것을 말한다(「제조물책임법」 제1조 및 제3조제1항). 회수제도(리콜제도)가 결함 제품 등을 미리 회수해서 전체 소비자의 위해危害를 방지하는 사전적 피해 예방제도인데 반해, 제조물책임제도는 결함제품 등의 사용 등으로 인해 피해를 입은 개별 소비자의 손해를 배상해 주는 사후적 피해 구제제도로 2002년 7월부터 시행되었다.

직접적으로는 피해 구제절차에 있어서 피해자의 부담을 완화시킴으로써 제품의 결함에 의하여 피해를 입은 피해자를 보호하고, 안전한 제품에 대한 기업과 소비자의 인식을 제고시키며 기업의 국제 경쟁력을 강화하여 국민생활의 안정과 국민경제의 건전한 발전에 기여하기 위한 것이다.

기업의 입장에서 「제조물책임법」은 단순히 안전기준을 준수하기보다는 자주적으로 제품의 안전성 확보 및 향상을 위해 노력하고, 선진화된 제품에 대한 안전성 관리나 이와 관련한 기업의 전략을 수립할 수 있게 한다. 또한 기업의 국제 경쟁력 강화에도 도움이 된다. 제조물책임법의 도입은 제품의 특성, 사용상의 주의·경고 등 안전에 관한 정보 등을 정확하게 소비자에게 제공하게 함으로써 기업의 공정한 경쟁을 촉진시킨다.

소비자 측면에서는 대량생산·판매라는 유통구조, 소비자와 기업 간의 정보·능력 등의 격차, 현대적 법률문제에 대한 근대적 민사책임법리의 한계 등의 현대 산업사회의 특성을 반영한 새로운 민사책임법으로, 제품의 결함으로 인한 피해를 신속·충실하게 구제함으로써 소비자의 보호에 기여할 목적으로 제정된 것이다.

식품업체에서 제조물책임법에 대응하기 위하여 제품의 안전성에 관한 측면을 강조하는 품질관리시스템을 구축하는 것이 필요하며, 이를 위해서는 제품의 안전에 대한 공적기준을 능가하는 자가안전기준을 설정하고, 또한 오해를 가능한 한 줄이기 위해 소비자에 대한 설명서 제공 및 경고 부착 등에 세심한 주의를 기울여야 하는 것이 필요한데, HACCP 시스템 적용을 통해 제조물책임법에 대응할 수 있다.

식품과 관련된 제조물 책임의 유형은 ① 제조상의 결함(원료 및 제조·조리상의 결함), ② 설계상의 결함(점포 설계/메뉴·제품 개발상의 결함), ③ 경고·표시상의 결함(안전·위험 표시의 결함)의 세 가지로 구분할 수 있다. 제조상의 결함으로는 오염된 식재료·원료의 사용, 미생물에 오염된 식품, 이물질 혼입, 용기·포장 불량, 제조품질관리 불충분, 원·부자재의 보관, 유통안전관리 불충분이 해당된다. 미국의 경우, 이물질과 식중독이 PL 소송이 가장 많은 부분을 차지한다. 설계상의 결함으로는 불충분한 제품안전 설계, 식품안전 기술 수준의 미흡, 용기·포장 설계 결함으로 인한 식품 오손, 용기 파열 등이 해당된다. 경고·표시상의 결함으로는 성능·기능 표시 불량, 첨가물, 유통기한, 보존과 사용법 표시불량, 과대효능과 기능 선전, 취급설명서와 경고 표시 미비, 표기사항 불충분이 있으며, 다른 결함보다 표시 및 경고상의 결함 소송이 증가하는 추세를 보이고 있다.

미국에서는 독립된 제조물책임법이 성문화되어 있지 않으나 판례를 통해 1960년대 초부터 불법행위법리를 확대하여 엄격한 책임원칙을 정착시켰으며, 유럽 국가들은 1985년에 제조물책임법에 관한 EC 지침을 채택하고 1987년부터 영국을 시작으로 대부분의 EU 회원국들이 제조물책임법을 제정하였다. 일본은 1994년 6월에 제조물책임법을 제정하여 1995년 7월부터 시행하고 있다.

참고

지정심사 선행요건 평가표

구분	식품 HACCP		
	식품(식품첨가물 포함)제조·가공업, 건강기능식품제조업, 집단급식소식품판매업, 축산물가공업	집단급식소, 식품접객업(위탁급식영업), 운반급식(개별 또는 벌크 포장)	기타식품판매업
선행요건 항목	• 영업장 관리 • 위생관리 • 제조·가공·조리 시설·설비 관리 • 냉장·냉동시설·설비 관리 • 용수관리 • 보관·운송 관리 • 검사 관리 • 회수 프로그램 관리	• 영업장관리 • 위생관리 • 제조·가공·조리 시설·설비 관리 • 냉장·냉동 시설·설비 관리 • 용수관리 • 보관·운송 관리 • 검사관리 • 회수 프로그램 관리(시중에 유통·판매되는 포장제품에 한함)	• 입고관리(하차, 검품) • 보관관리 • 작업관리(농·임·수산물 작업장) • 포장관리 • 진열판매관리 • 반품 처리 및 회수 관리
선행요건 수	8	8	6
전체 항목 수 및 배점	52(문항별 0~3점)	71(문항별 0~3점)	36(문항별 0~4점)
평가기준	**인증평가** 각 항목에 대한 취득점수의 합계가 85점 이상일 경우에는 적합, 70점 이상에서 85점 미만은 보완, 70점 미만이면 부적합으로 판정한다. 다만, 평가 제외 항목이 있을 경우 평가제외 항목을 제외한 총 점수 대비 취득점수를 백분율로 환산하여 85%(소수첫째자리 반올림 처리)이상일 경우에는 적합, 70%에서 85%미만은 보완, 70%미만이면 부적합으로 판정한다. **정기 조사·평가** 각 항목에 대한 취득점수의 합계가 85점 이상일 경우에는 적합, 85점 미만이면 부적합으로 판정한다. 다만, 평가 제외 항목이 있을 경우 평가제외 항목을 제외한 총 점수 대비 취득점수를 백분율로 환산하여 85%(소수첫째자리 반올림 처리)이상일 경우에는 적합, 85%미만이면 부적합으로 판정한다.		

인증평가용 및 사후관리용 HACCP 관리 평가표

구분	식품(식품첨가물 포함)제조·가공업, 건강기능식품제조업, 집단급식소, 집단급식소식품판매업, 식품접객업(위탁급식영업), 운반급식(개별 또는 벌크 포장), 축산물가공업				
평가내용	평가항목(문항 수)	인증평가용		사후관리용	
		문항 수	평가결과	문항 수	평가결과
	1. HACCP 팀	3	0~15	3	0~15
	2. 제품설명서 및 공정흐름도	3	0~15	2	0~15
	3. 위해요소분석	6	0~45	4	0~20
	4. 중요관리점의 결정 및 한계기준의 설정	5	0~45	3	0~20
	5. CCP의 모니터링 및 개선조치	6	0~45	6	0~50
	6. HACCP 시스템 검증	3	0~20	5	0~50
	7. 교육·훈련	2	0~15	3	0~30
종합평가		총 28문항 200점		총 26문항 200점	

평가기준

※판정기준

① 평가항목의 배점에 대한 점수는 아래 평가점수표에 따라 부여한다.

구분	배점	
	0~5	0~10
평가점수	0	0
	1	2
	2	4
	3	6
	4	8
	5	10

② 인증평가인 경우, 총점수 200점 중 170점 이상을 적합, 140점 이상 170점 미만은 보완, 140점미만이면 부적합으로 판정한다.
사후관리인 경우, 총점수 200점 중 170점 이상이면 적합, 170점 미만이면 부적합으로 판정한다.

식품은 3단계(적합, 보완, 부적합)로 선행요건 85점 이상 및 HACCP 관리 170점 이상을 적합으로 판정하고, 선행요건 70점 이하 및 HACCP 관리 160점 미만을 부적합으로 판정한다. 중간 점수(선행요건 71~85점 미만, HACCP 관리 160~170점 미만)를 받는 경우에는 보완 판정을 하고, 3개월 이내에 보완한 다음 그 결과를 제출하여 평가를 받도록 하고 있다.

HACCP 인증평가 판정 기준

구분	식품 HACCP		
	적합	보완	부적합
선행요건	85점 이상	71점 이상~85점 미만	70점 이하
HACCP 관리	170점 이상	160점 이상~170점 미만	160점 미만

Hazard Analysis and Critical Control Point

CHAPTER 3

위해요소의 이해

1. 생물학적 위해요소
2. 화학적 위해요소
3. 물리적 위해요소

학습목표

1. 식품위생의 개념을 이해하고 위해요소를 분류해 봄으로써 식품위생에 대해 이해할 수 있다.
2. 미생물학적 · 화학적 · 물리적 위해인자를 숙지하고, 위해요소들이 식품위생에 미치는 영향을 이해하여 식중독의 예방 등 식품을 위생적으로 취급하는 방안에 활용할 수 있다.
3. 식품 오염물질의 오염원, 종류, 화학적 특징, 인체에 미치는 영향을 이해함으로써 인체에 발생될 수 있는 위해성을 이해하고 이를 방지할 수 있는 방법을 숙지할 수 있다.

CHAPTER 3

위해요소의 이해

위해요소란 소비자가 식품을 섭취했을 때 건강적 위해 및 심리학적으로 부정적 영향을 초래한다. 식품 등의 제조·가공·조리·유통 과정에서 정상적으로 사용된 원료 또는 재료가 아닌 것으로 생물학적·화학적·물리적 위해요소가 있으며, 식품 원료 및 가공 중 잠재적 위해요소로 작용한다.

표 3-1 위해요소의 구분

구분	위해요소의 종류
생물학적 위해요소	원충류 및 기생충, 위생해충, 세균, 바이러스, 곰팡이 등
화학적 위해요소	동식물성 자연독, 농약 및 중금속, 화학약품 및 유해 식품첨가물, 항생제, 동물 성장제 등
물리적 위해요소	돌, 고무류, 유리, 금속, 플라스틱, 클립, 철사 등 3 mm 이상 크기의 물질

1. 생물학적 위해요소

생물학적 위해요소Biological hazards는 기생충, 원충 등의 생물체 위해요소와 세균, 효모 및 곰팡이, 바이러스 등의 미생물 위해요소가 있다. 생물학적 위해요소는 원료의 생산 및 유통 과정에서 세균의 오염 및 증식이 일어날 수 있으며, 이는 작업장의 환경, 종업원의 개인위생 및 식품 취급 부주의, 식품 성분 제조·가공 공정 중 오염에 의해 위

표 3-2 생물학적 위해요소의 종류

구분	생물학적 위해요소의 종류		
해충	파리, 모기, 바퀴벌레, 유충 등		
기생충	• 채소류 : 회충, 요충, 십이지장충, 편충, 동양모양선충 등 • 육류 : 민촌충(무구촌충), 갈고리촌충(유구촌충), 선모충 등 • 어패류 : 간디스토마(간흡충), 폐디스토마(폐흡충), 요코가와흡충, 아니사키스, 유극악구충, 광절열두조충 등		
세균, 바이러스 및 곰팡이	세균	감염형	*Salmonella*균, 장염*Vibrio*균, 병원성대장균, *Campylobacter*균, *Yersinia*균, *Listeria*균
		독소형	*Staphylococcus aureus*, *Clostridium botulinum*
		감염독소형	*Clostridium perfringens*, *Bacillus cereus* 등
	바이러스		Norovirus, Astrovirus, Adenovirus, Rotavirus, Hepatitis A & E virus 등
	곰팡이		*Fusarium moniliforme*, *Aspergillus flavus*, *Penicillium islandium* 등

해를 일으킬 수 있다. 특히 대부분의 식중독은 세균 등 미생물 때문이므로 위생 안전에 만전을 기해야만 한다.

특히 미생물 위해요소는 식품의 안전을 위협하는 가장 중요한 위해요소의 하나로 미생물의 주요 특징에 대해 숙지하여 사전에 예방하는 것이 중요하다. 식품 및 인체에 위해를 일으키는 미생물은 성장과 사멸의 생육곡선을 나타내며, 죽거나 휴면 상태에서 숙주를 감염시킬 수 있고, 미생물이 생성하는 독소에 의해 식중독 및 급·만성적 인체 위해를 일으킬 수 있다.

생물학적 식중독을 일으키는 원인을 살펴보면, 다량의 미생물에 오염된 식품을 섭취하여 발생하는 감염형 식중독과 미생물 증식 시 생성된 독소가 함유된 식품을 섭취하여 발생하는 독소형 식중독 등이 있다.

1) 세균성 식중독균

(1) 감염형 식중독균

① 살모넬라속(*Salmonella* spp.)

감염형 식중독균 중 우리나라에서 많은 환자를 발생시키는 식중독균의 하나로 주로 여름철인 6~9월에 많이 발생하며, 우리나라에서 가장 많이 발견되는 살모넬라균은 *S. typhimurium*, *S. enteritidis*균이다. 이 균은 그람음성 무아포 간균, 통성혐기성으로 주

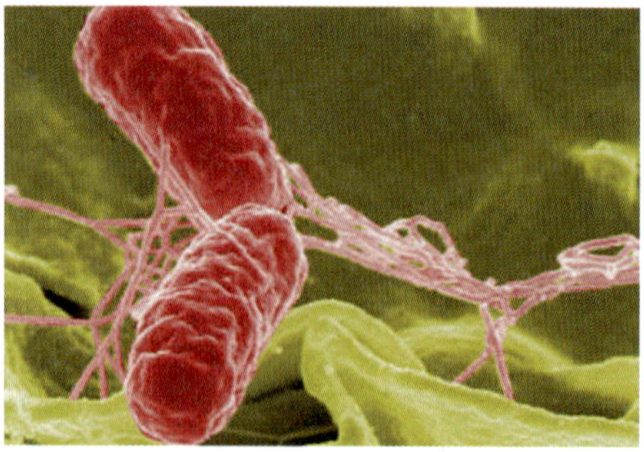

그림 3-1 *Salmonella*

모성 편모를 가져 운동성이 있는 것이 특징이다. 살모넬라균은 이질균이나 대장균군과 같은 장내세균과에 속하는 세균으로 주로 사람이나 가축의 분변에 널리 산재되어 있고, 달걀과 같은 알류와 닭 등 식육류 식품, 분변에 오염된 식품, 쥐 및 파리 등 위생곤충에 의해 오염이 된다.

살모넬라 식중독을 예방하기 위해서는 달걀 및 가금류 등 육류 등의 생식을 자제하고, 60℃에서 20분 이상 가열하면 사멸되므로 식품을 섭취하기 전 반드시 가열 조리하여야 한다. 또한 주 감염원인 쥐, 파리 등 위생곤충에 의해 일어나므로 조리장 및 저장고의 방충·방서 시설을 철저히 해야 하며, 유통 시 콜드 시스템을 이용하여 세균의 증식을 방지하고, 2차 오염을 예방하기 위하여 조리에 사용된 기구 등의 세척 및 소독을 통하여 교차오염을 예방하는 것이 중요하다.

② 장염비브리오(*Vibrio parahaemolyticus*)

비브리오균은 2~5%의 염도에서 잘 자라는 호염성 세균으로 수온이 상승하는 6~10월에 많이 발생하는 식중독균이다. 이 균은 그람음성, 무아포 간균으로 편모를 가지고 있으며, 10% 이상의 식염 농도에서는 성장이 정지되나 보통 배지에서는 발육하지 않는다. 호염성인 비브리오균은 여름철 바다에서 채취한 어패류와 생선류가 대표적인 원인식품으로, 특히 어패류의 표피, 내장, 아가미 등에 부착된 장염비브리균이 어패류를 만진 작업자의 손이나 조리 시 사용된 도마, 행주, 칼 등의 조리기구가 다른 식품에 교차오염을 일으키면서 식중독을 일으킨다. 비브리오균의 잠복기는 6~36시간으로 일반적으로 10~20시간 내에 대부분 발생하나, 수일이 경과한 후에 발생하는 경우도 있다.

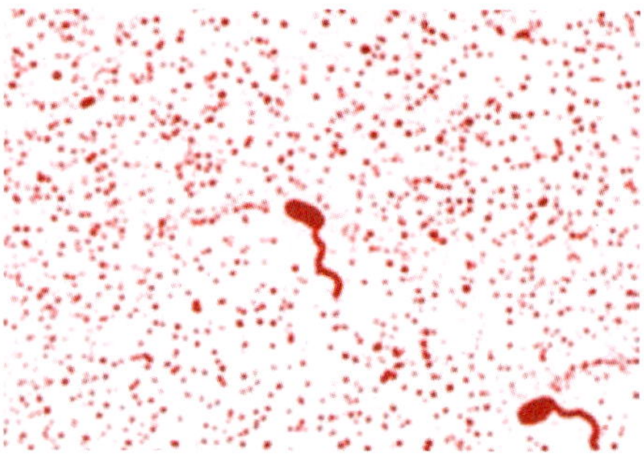

그림 3-2 *Vibrio*

식중독을 예방하기 위해서는 수온의 온도가 올라가는 여름철인 6~10월에 특히 어패류의 생식을 자제하고, 민물에 약하므로 섭취 전 민물(상수도, 지하수)에 잘 씻어 균의 증식을 억제하며, 열에 약하기 때문에 60℃에서 5분 이상 가열 조리 후 섭취함이 바람직하다. 특히 어패류 전용 칼과 도마를 구분하여 사용하고, 사용한 조리기구는 잘 씻은 후 뜨거운 물 또는 약품으로 소독하여 사용함으로써 교차오염을 방지하여야 한다.

③ 병원성대장균(Pathogenic *E. coli*)

일반적으로 대장균은 사람이나 동물의 장관 내에 상시 서식하는 세균으로 자연계에도 널리 분포되어 있으며, 비타민을 합성하거나 장내 유해세균 등을 억제하는 역할을 수행하기도 한다. 이러한 대장균은 식중독의 직접적인 발병 원인은 되지 않으나, 대장균 중 2~5% 정도가 설사, 혈변 등의 심각한 소화기계 증상이나 질병을 유발하는데 이를 '병원성대장균'이라 한다. 특히 병원성대장균 중 장출혈성 대장염 증상을 일으키는 O-157:H7은 독소를 생산하여 용혈성 요독증을 일으킴으로써 사망의 원인이 되기도 하므로 주의가 필요하다.

이 균은 그람음성, 무포자 주모성 간균으로 일반적으로 유당을 분해하고, 산과 가스를 발생시키는 통성혐기성균이다. 그 종류는 항원 성분의 면역학적 특이성에 의해 O항원 180여 종, K항원 90여 종, H항원 50여 종으로 분류하고 있다. 이러한 항원 성분의 면역학적 특이성에 따라 베로독소Verotoxin를 생성하는 장관출혈성 대장균, 장관독Enterotoxin을 생성하는 장관독소원성 내장균, 대상 섬막의 상피세포에 침입하여 조직 내 감염을 일으키는 장관침투성 대장균, 성인에게 급성위장염을 일으키는 장관병원성 대장균으로 분류한다.

- 장관출혈성 대장균Enterohemorrhagic *E. coli*, EHEC : 인체 내에서 베로독소를 생성하여 식중독 증상을 나타내며, 이 균에 감염되면 심한 복통과 혈변 증상을 보이나, 발열이 없거나 적은 것이 특징이다. 심할 경우 용혈성 요독증, 신부전증을 유발하여 사망의 원인이 되기도 한다.
- 장관독소원성 대장균Enterotoxigenic *E. coli*, ETEC : 엔테로톡신Enterotoixn이라는 장관독을 생산하며, 이 균에 감염되면 콜레라와 비슷한 설사증이 나타난다. 오염된 물과 음식물에 의해 집단적으로 발병할 수도 있으며, 설사, 복통, 구토, 산성혈증, 탈수가 주요 증상으로 나타난다.
- 장관침투성 대장균Enteroinvasive *E. coli*, EIEC : 대장 점막의 상피세포에 침입하여 감염증을 일으켜 혈액과 점액이 섞인 설사를 유발하며, 발열과 복통이 주 증상이다.

- 장관병원성 대장균Enteropathogenic *E. coli*, EPEC : 오염된 신생아용 분유와 유아 음식이 원인식품이다. 주로 1세 이하의 신생아에게 발생한다.

병원성대장균에 의한 식중독은 계절과 관계없이 발생하지만, 주로 여름철에 많이 발생한다. 식중독의 원인식품은 나라마다 다소 차이가 있으나, 햄, 치즈, 소시지, 크로켓, 샌드위치, 동물의 간, 채소샐러드 등 다양하게 나타나며, 유아에게는 오염된 분유 및 우유가 원인이 되기도 한다. 또한 식품에 오염을 일으키는 것은 환자와 동물의 분변에 직·간접적으로 오염된 식품으로, 특히 건강보균자가 식품 조리에 종사할 경우에 손을 통하여 감염되는 경우가 많으므로 주의가 필요하다. 이를 예방하기 위해서는 개인위생관리 철저, 생육과 조리된 음식의 구분 보관 및 조리기구(칼, 도마 등) 등을 구분하여 사용함으로써 2차 오염을 방지한다. 또한 O-157균은 75℃에서 1분간 가열 처리로 사멸 가능하므로 다진 고기와 같은 식육식품은 중심 온도를 74℃ 이상이 되도록 충분히 가열하여 조리하여야 한다.

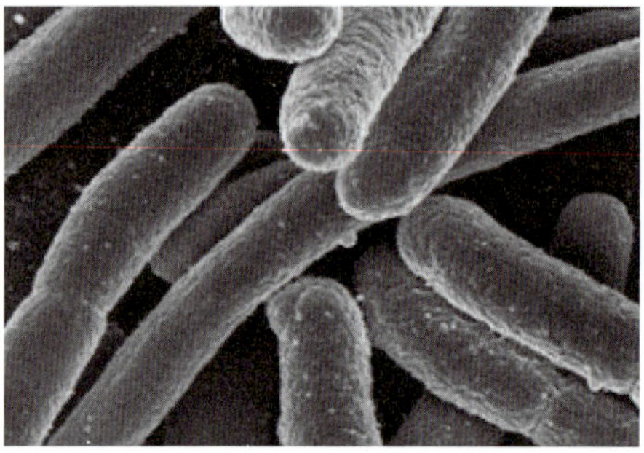

그림 3-3 *E. coli* O-157

④ 캄필로박터균(*Campylobacter*)

캄필로박터균은 미국 등과 같은 선진국에서 많이 발생하는 식중독균으로 그 원인 세균은 *C. jejuni*와 *C. coli*가 있지만 주로 *C. jejuni*로 인해 식중독이 발생한다. 이 균은 5~10%의 산소 존재하에서도 잘 생육하는 미호기성균으로 발육 최적온도는 37~46℃로 다른 식중독균이 증식 가능한 25℃ 정도의 실온에서는 거의 증식할 수 없는 특징을 가지고 있다. 캄필로박터균은 사람, 가축, 가금류 및 야생동물의 장관과 어패류, 하천 등 자연환경에 널리 존재하며, 미국 FDA에서는 원인식품으로 버섯, 익히지 않은 생선, 조개와 같은 패류 등을 들고 있다. 이를 예방하기 위해서는 식육의 생식을 피하고 음식을 74℃ 이상에서 1분 이상 충분히 가열 처리하여 섭취하고, 이 균은 물속에서도 장시간 생존할 수 있으므로 음료수도 지하

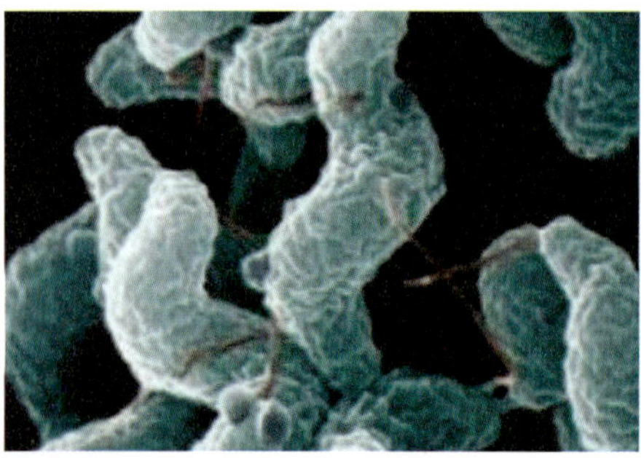

그림 3-4 *Campylobacter*

수보다 수돗물을 끓여서 마셔야 한다. 또한 생고기와 조리 완료된 다른 식품이 섞이지 않도록 분리 보관하고, 개인위생관리 철저, 조리 용기 및 기구를 철저히 소독하여 관리함으로써 교차오염을 방지하여야 한다.

⑤ 여시니아균(*Yersinia enterocolitica*)

여시니아균은 저온 세균으로 냉장온도(0~5℃) 및 진공포장 상태에서도 증식 가능하기 때문에 식품위생상 중요한 의미를 가지며, 다른 장내세균과 달리 기온이 낮은 가을과 겨울철에 주로 발생한다. 이 균은 그람음성, 무아포성 간균으로 편모를 가지고 있는 것이 특징이며, 냉장온도 및 진공포장 상태에서도 발육이 가능하므로 식품의 취급과 보존에 관리를 철저히 해야 한다. 원인식품으로는 소, 돼지, 가금류 등의 식육식품 및 소독되지 않은 물 등에 오염된 식품으로 추정되므로, 특히 학교 급식시설에서 식품의 처리 및 보존에 각별한 주의가 필요하다. 이를 예방하기 위해서는 오염된 하수가 유입되지 않도록 관리해야 하며, 저온에서 성장 및 증식이 가능하기 때문에 음식의 냉장고 보관을 과신하지 말고 주의하여 사용해야 한다. 63℃에서 30분간의 저온살균에 의해 사멸되므로 식품 조리 시 75℃에서 3분 이상 가열 처리하여 예방할 수 있으며, 무엇보다 식품 처리 종사자들의 철저한 개인위생관리가 필요하다.

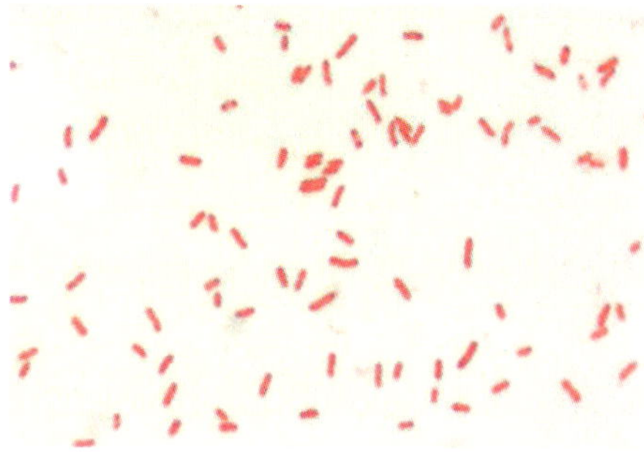

그림 3-5 *Yersinia*

⑥ 리스테리아 모노사이토제네스(*Listeria monocytogenes*)

리스테리아균은 그람양성, 통성혐기성균으로 무아포 단간균이다. 1~4개의 편모를 가지고 있어 운동성이 있는 것이 특징이며, 4℃의 저온에서도 생육 가능한 저온성 세균이다. 특히 5%의 낮은 산소 농도 및 6% 이상 식염 농도에서도 생존하는 특징을 가지고 있다. 리스테리아 식중독의 원인식품으로는 살균 처리가 미흡한 식육 및 알류와 치즈를 비롯한 유제품, 연어와 같은 생선류가 주요 원인식품으로 알려져

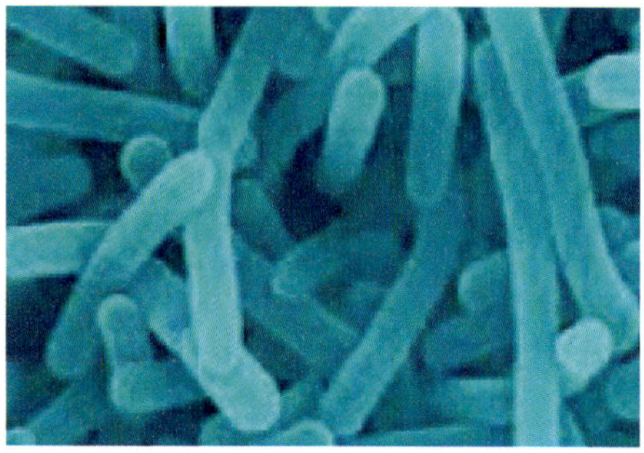

그림 3-6 *Listeria*

있다. 식중독을 예방하기 위해서는 불충분한 살균 우유의 섭취를 피하고, 치즈와 같은 유제품과 식육식품의 보관과 섭취에 주의가 필요하며, 중심온도가 74℃ 이상이 되도록 충분히 가열 처리하여 섭취하여야 한다.

(2) 독소형 식중독

① 황색포도상구균(*Staphylococcus aureus*)

황색포도상구균은 식품 중에 증식하여 생성된 장독소Enterotoxin에 의해 일어나는 독소형 식중독이다. 이 균은 불규칙적인 포도송이 모양의 전형적인 구균으로 무아포성 그람양성, 편모가 없어 비운동성의 통성혐기성균이다. 주로 사람 및 동물의 화농성 질환을 일으키는 원인균으로 사람과 동물의 피부와 점막 등에 널리 존재한다. 원인식품으로는 미국과 유럽의 경우 우유와 유제품, 알류, 식육제품 등 주로 단백질 식품에 분포되어 있고, 우리나라는 김밥, 도시락, 떡 등의 전분질 식품에 분포되어 있다. 황색포도상구균은 80℃에서 30분간 가열 처리로 사멸되지만, 장독소는 내열성으로 120℃에서 20분간 가열해도 완전 파괴되지 않고 210℃ 이상에서 30분 이상 가열해야 활성을 잃기 때문에 일반 조리과정을 통해서는 장독소를 파괴할 수 없다. 이 독소는 단백질이지만 트립신Trypsisn, 키모트립신Chymotrypsin, 파파인Papain 등의 단백질분해효소에 의해 분해되지 않는다.

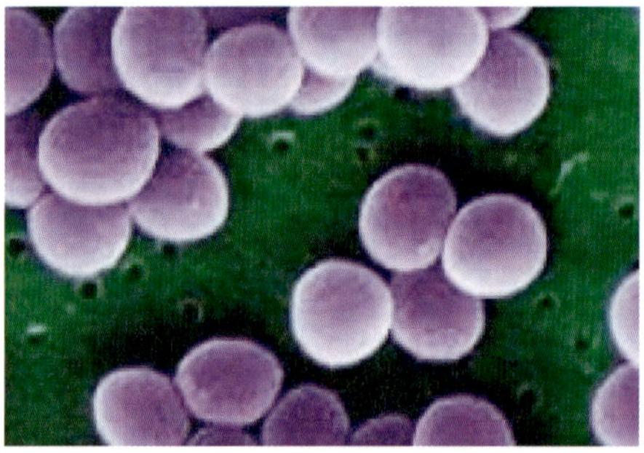

그림 3-7 *Staphylococcus*

이를 예방하기 위해서는 손에 창상이나 화농성 질환이 있는 조리종사자는 조리작업에서 참여하지 않으며, 모든 조리종사자는 손의 청결을 비롯하여 개인위생에 각별히 신경을 써야 한다. 또한 식재료 및 용기, 기구 등의 철저한 세척 소독 및 음식은 충분히 가열 조리 후 섭취하여야 하며, 조리된 음식은 5℃ 이하의 저온에 보관하여 균의 증식을 억제한다.

② 보툴리누스균(*Botulinus*)

보툴리누스 식중독은 보툴리누스균에 오염된 식품이 혐기성 상태로 보관될 때 보툴린Botulin이라는 신경독소가 발생하여 일어나는 식중독으로 세균성 식중독 중에서 치

사율이 가장 높다. 이 균은 그람양성의 편성혐기성 간균으로 내열성 아포를 형성하며, 주모성 편모가 있어 활발한 운동성을 나타내는 독소형 식중독균이다. 독소는 면역학적 특이성에 따라 A~G형의 7가지 유형으로 분류되나, 이 중 사람에게 식중독을 일으키는 것은 A, B, E, F형 균이다. A, B, F형 균의 아포는 내열성·내구성이 매우 강하여 100℃에서 6시간, 120℃에서 4분 이상 가열해야 사멸되나, E형 균의 아포는 비교적 약하여 90℃에서 5분, 80℃에서 20분 가열로 사멸되며, 대부분의 균은 중온균인데 반해 E형 균은 5℃의 저온에서도 생육하는 특징을 가지고 있다. 원인식품은 대부분 통조림, 병조림, 레토르트 식품, 식육 및 육가공품, 생선 등이다.

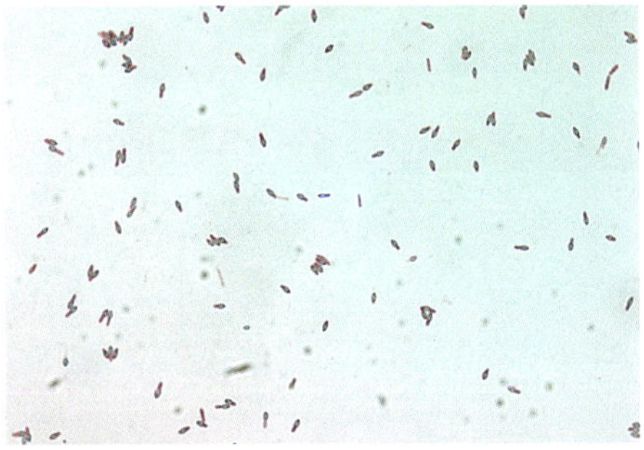

그림 3-8 *Clostridium botulium*

식중독을 예방하기 위해서는 통조림 및 병조림 제조 시 120℃에서 30분 가열로 포자를 완전히 사멸시키며, pH 4.5 이하, A_w 0.94 이하, 냉장·냉동 보관 및 아질산나트륨과 같은 항균제 등을 첨가하여 균의 증식을 방지할 수 있다. 무엇보다 식재료 및 용기, 기구 등을 철저히 세척·소독하고 음식은 충분히 가열 조리하여 섭취한다.

(3) 감염·독소형 식중독

① 바실러스 세레우스(*Bacillus cereus*)

바실러스 세레우스는 토양세균의 일종으로 자연계에 널리 분포하며, 내열성 포자를 가진 그람양성 간균, 통성혐기성균이다. 주모성 편모가 있어 운동성이 있다. 135℃에서 4시간 가열하여도 사멸되지 않는 내열성 아포를 가진 균으로 장독소Enterotoxin에 의해 식중독이 발병한다. 원인식품으로는 동·식물성 단백질 식품과 전분질 식품에 의한 것으로 주로 설사형은 식육제품, 수프, 향신료를 사용한 소스 등이 원인이고, 구토형은 쌀가공품, 볶음밥, 스파게티, 면류 등 전분질 식품이 원인이다.

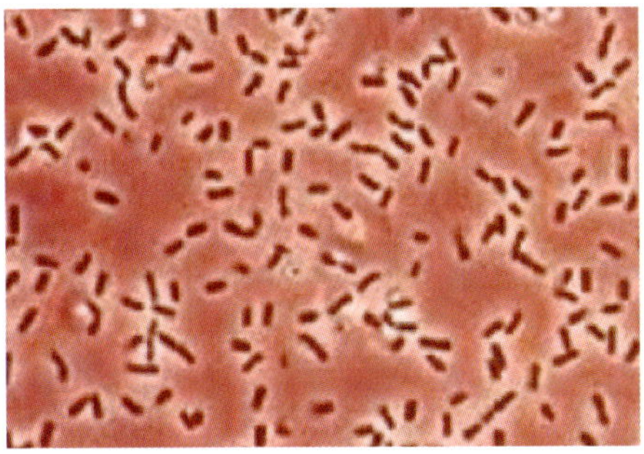

그림 3-9 *Bacillus*

식중독을 예방하기 위해서는 곡류, 채소류의 철저한 세

척·소독과 독소 또한 열저항성에 약하기 때문에 음식은 충분히 가열·조리하여 섭취하며, 조리된 음식은 장시간 실온 보관을 금지하고, 5℃ 이하의 냉장 보관을 하도록 한다.

② 클로스트리디움 퍼프린젠스(*Clostridium perfringens*)

과거에 일명 '웰치Welchii균'으로 불렸던 이 균은 사람이나 동물의 장관에 상재하는 균으로 물, 토양 등 자연계와 식품 등에 널리 분포되어 있다. 이 균은 그람양성의 편성 혐기성 간균으로 아포를 형성하며, 이 아포는 100℃에서 4시간 가열하여도 사멸되지 않는 내열성이다. 발육 최적온도는 일반 세균보다 높은 37~45℃로 독소 생성능에 따라 A~F형의 6가지 유형으로 분류되며, 식중독 중 약 99%가 내열성인 A형 균이 생성하는 레시틴이스Lecithinase C(α독소)가 식중독의 주요 원인이다. 원인식품은 육류, 동·식물성 단백질과 미리 가열 조리된 후 실온에서 5시간 이상 방치된 식품에서 주로 발생한다.

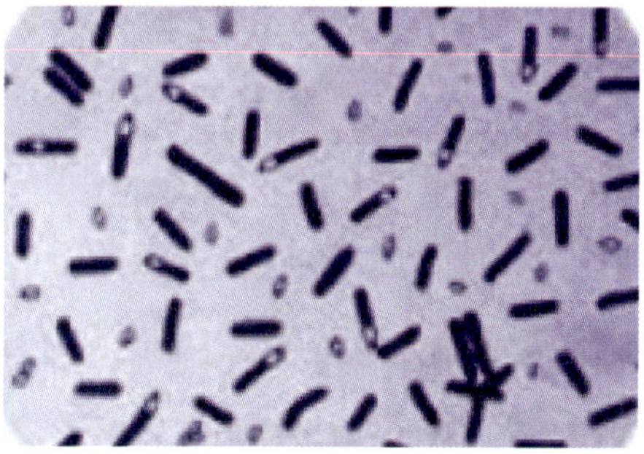
그림 3-10 *Clostridium perfringens*

클로스트리디움 퍼프린젠스 식중독의 예방을 위해서는 혐기성균이므로 식품을 대량조리할 경우에 내부 공기가 방출되어 혐기조건이 될 수 있으므로 소량식 용기에 나눠 담으며, 냉각 시 찬물에 용기를 담아 자주 휘저어 산소를 충분히 공급하여야 한다. 또한 따뜻한 온도의 음식을 제공할 경우 60℃ 이상 유지하여 제공하며, 가열 조리한 식품은 신속히 냉각시킨 후 냉장 보관하고 실온 보관하지 않는다. 부득이하게 남은 음식을 보관했다가 먹을 경우에는 섭취 전 내부 온도가 74℃ 이상 되도록 재가열 후 섭취하여야 한다.

2) 바이러스성 식중독균

① 노로바이러스

노로바이러스 식중독은 노로바이러스Norovirus에 오염된 물이나 식품을 섭취하였을 경우에 사람에게 감염성 위장염을 일으키는 소형 원형 바이러스로, 감염력이 강하여 급성위장관염이 발병된다. 주로 12~2월의 추운 겨울철에 발생하며, 크기가 매우 작아

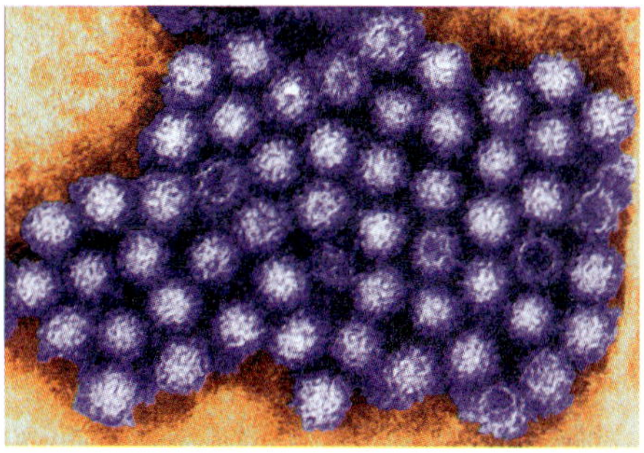

그림 3-11 Norovirus

쉽게 음식물을 오염시킬 수 있고, 10~100개의 소량으로도 질병을 유발시킬 수 있는 강력한 감염력을 가지는 것이 특징이다. 주요 감염원은 감염된 환자의 분비물, 분변 및 신체 접촉에 의해 일어나며, 오염된 물로 제조한 얼음이나 식품, 노로바이러스에 노출된 어패류 등에 의해 식중독이 발생한다.

노로바이러스 식중독을 예방하기 위해서는 조리 전·후 손의 세척 및 소독 등 개인위생을 철저히 하며, 행주, 식기, 수저 등은 85℃ 이상에서 1분 이상 열탕 소독, 기구 및 시설은 차아염소산나트륨과 같은 염소계 살균제나 소독제를 사용하여 살균·소독하고, 조리수는 가급적 수돗물을 끓여서 사용한다. 겨울철 굴 등 생어패류를 날로 섭취하지 않고 반드시 가열 섭취하여야 한다.

② 로타바이러스

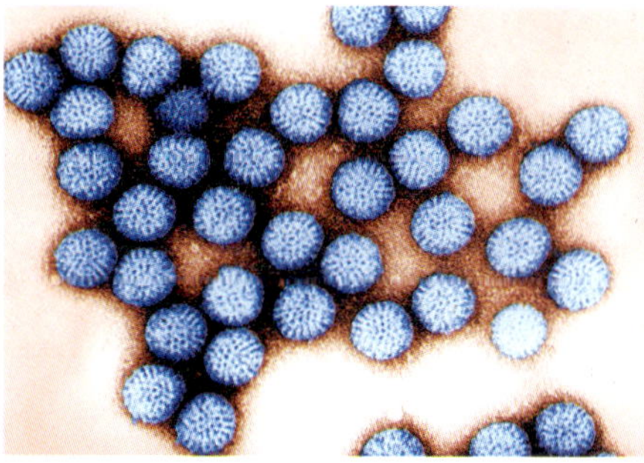

그림 3-12 Rotavirus

로타바이러스Rotavirus는 11~3월까지 주로 겨울철에 발생하며, 생후 3~24개월의 영유아에게서 발생하는 위장관염 바이러스 식중독균이다. 오염된 물이나 음식, 분변에 오염된 손과 입을 통해 감염되며 공기로도 전파될 수 있다.

로타바이러스의 예방대책은 잘 알려져 있지 않으나, 전염성이 강하기 때문에 단순한 위생관리로 확산을 막기 어려우므로 특히 영유아가 있는 어린이집, 유치원에서 감염되지 않도록 주의를 기울여야 한다.

3) 곰팡이독 식중독

곰팡이는 수확 전 곡물 및 수확 후 저장 중에 기생 또는 곡류 및 과일·채소류가 부패할 때 기생하여 생성되는 독소가 인체에 위해를 일으킨다. 곰팡이가 생산하는 2차 대사산물을 진균독Mycotoxin이라고 하며, 진균독에 오염된 식품을 섭취할 경우에 사람이나 동물에게 급성 또는 만성적 건강장애를 유발한다. 곰팡이는 주로 탄수화물이 풍

표 3-3 세균성 식중독균의 성상 및 임상적 특성

식중독의 분류	원인균	성상	원인식품	잠복기	임상적 증상	예방법
감염형	*Salmonella*	그람음성(-), 무아포성, 편모 있음, 통성혐기성균	달걀 및 알제품, 육류 및 육제품, 가금류	수시간~3일 (평균 12~24시간)	발열, 복통, 구토, 수양성 설사, 식욕 감퇴, 경우에 따라 균혈증 유발	균 자체가 열에 불안정하기 때문에 (60℃, 20분) 가열 조리 후 섭취할 것, 위생동물(쥐 및 곤충)에 의해서 식품이 오염될 수 있기 때문에 방서, 방충 필요
	Vibrio parahemolyticus	그람음성(-), 무아포성 간균, 편모 있음, 통성혐기성균	해산어패류 및 해산어패류의 조리에 이용된 조리기구의 교차오염으로 인한 감염식품	3시간~3일 (보통 12~24시간)	설사, 심한 복통, 메스꺼움, 열, 복통, 권태감, 오한, 경우에 따라 이질 증세와 유사	어패류의 민물 세척 및 생식 자제, 열안정성에 약하여 60℃, 5분 이내 사멸
	Enterotoxigenic coli	그람음성(-), 간균, 무아포성, 편모 있음	분변에 오염된 물 또는 식품	1~3일 (보통 12~72시간)	①장출혈성(EHEC) : O157:H7(제1군 법정감염병) ② 장독소원성(ETEC) ③ 장침투성(EIEC) ④ 장병원성(EPEC)	생채소 소독 철저 (100 ppm), 75℃ 1분간 가열
	Campylobacter jejuni	그람음성(-), 편모 있음, 건강한 동물의 장관 상재균 (60℃, 15분 내 사멸)	닭고기, 동물 분변 오염식품	2~7일	설사, 복통, 두통, 발열	60℃, 15분 내 사멸
	Yersinia enterocolitica	그람음성(-), 간균, 편모 있음, 저온기호성 세균	저온 유통식품	확실치 않음 (2~3일)	설사, 복통, 맹장염과 유사한 증세	74℃에 3분 이상 충분한 가열 후 섭취
	Listeria monocytogenes	그람양성(+), 통성혐기성균, 무아포성, 단간균, 편모 있음, 저온성 세균	식육, 우유, 알류 등 동물성 식품 및 치즈 등	2~6주 (평균 9~48시간)	감기, 발열, 오심, 설사, 뇌수막염 및 패혈증 수반	충분한 가열 섭취
감염·독소형	*Clostridium perfringens*	그람양성(+), 편모 없음, 아포 생성균, 편성혐기성균	동물성 단백질식품, 가열 조리 후 방치한 식품	12시간	설사, 복통, 구토	가열 조리 후 곧바로 섭취
	Bacillus cereus	그람양성(+), 간균, 호기성 아포 생성균, 편모 있음, 아포의 열안정성 가장 큼	구토형 : 쌀밥, 볶음밥 등 설사형 : 육류, 우유, 채소 등	구토형 : 1~3시간 설사형 : 10~12시간	구토, 수양성 변, 복통	가열 조리 후 곧바로 섭취

(계속)

식중독의 분류	원인균	성상	원인식품	잠복기	임상적 증상	예방법
독소형	*Staphylococcus aureus*	그람양성(+), 구균, 무아포성, 편모 없음, 호기성, 화농의 원인균	우유 및 유제품, 김밥 등	3시간	구토, 복통, 설사, 발열 거의 없음	상처 입은 손으로 조리 금지
	Clostridium botulinum	간균, 아포성, 편모 있음, 편성혐기성, 세균이 분비하는 exotoxin(균체의 독소, A~F)는 신경독(neurotoxin botulin)임, 사람에게는 A, B, E가 신경독성 야기, pH 5.0 이하에서 균 증식 억제	통조림 및 보존 육류 등	신경 증상 : 2~4시간 보통 : 12~36시간	주로 신경 증상 야기	$NaNO_2$ 사용, 독소가 열에 불안정하므로 가열 조리 후 바로 섭취할 것

부한 농산물에 쉽게 오염되어 발생하며, 생성된 독소의 대부분이 저분자화합물로 열에 안정하여 식품의 조리·가공 중에 분해되지 않고 잔류할 수 있으므로 식품 제조·가공 시 식품 안전에 위해를 끼칠 수 있다.

① 아플라톡신

Aspergillus flavus, *A. parasiticus* 등을 포함하는 *Aspergillus*속의 2차 대사산물로 총 18종이 알려져 있으나, 이 중 인체에 유해를 끼치는 독소는 아플라톡신Aflatoxin B_1, B_2, G_1, G_2, M_1으로 B_1과 M_1이 가장 강한 독성을 가지고 있으며, 대부분 급성간장장애를 일으킨다. 아플라톡신은 탄수화물이 풍부한 쌀, 보리, 옥수수 등에서 발생하며, 온도 25~30℃, 상대습도 80~85% 이상, 수분 함량 16% 이상에서 잘 서식하므로 농산물은 수확 후 건조하여 수분 함량을 14% 이하로 낮추고 상대습도 70% 이하로 유지하여 아플라톡신 생성균주의 생육을 억제시켜 곰팡이독이 생성되지 않도록 관리해야 한다.

그림 3-13 아플라톡신에 오염된 식품

② 황변미독

황변미독은 페니실리움*Penicillium*속에 의해 생성된다. 주로 쌀이 원인식품이며, 쌀에 곰팡이가 자라면서 적홍색 및 황색의 색소를 생성한다. 종류로는 타이완 쌀에서 주로 발견되는 톡시카리움Toxicarium 황변미, 태국 쌀에서 발견되는 타이Thai 황변미, 이집트 쌀에서 발견되는 아일란디아Islanditoxin 황변미 등이 있다. 황변미독은 수분을 14~15% 이상 함유한 저장미에서 발생한 곰팡이로 인해 주로 발생하므로 저장 시 온·습도 관리를 철저히 해야 한다.

③ 맥각독

맥각독은 호밀, 보리, 밀, 귀리 등에 맥각균*Claviceps purpurea*이 기생하여 흑청색의 균핵을 생성하는데 이를 맥각이라고 한다. 맥각의 성분은 에르고타민Ergotamin, 에르고톡신Ergotoxin, 에르고메트린Ergometrine 등의 알칼로이드와 히스타민Histamin, 티라민Tyramine 등의 아민으로 되어 있다. 곡물 중에 함유된 맥각은 0.25~0.5%만 있어도 인체에 위해를 일으키며, 0.5% 이상 혼입 시 구토, 설사, 복통 등의 소화기계 장애와 환각, 헛소리, 혈관 수축으로 인한 혈압 상승, 심할 경우 괴저를 동반하며, 임산부의 경우 유산이나 조산의 원인이 되기도 한다. 이러한 심각한 위해성으로 인해 러시아, 캐나다, 미국 등지에서는 각각 0.15, 0.2, 0.3%로 규제 관리하고 있다.

그림 3-14 **맥각독**

④ 오크라톡신

오크라톡신Ochratoxin은 *Aspergillus ochraceus*가 옥수수에 기생하여 생성한다. A, B,

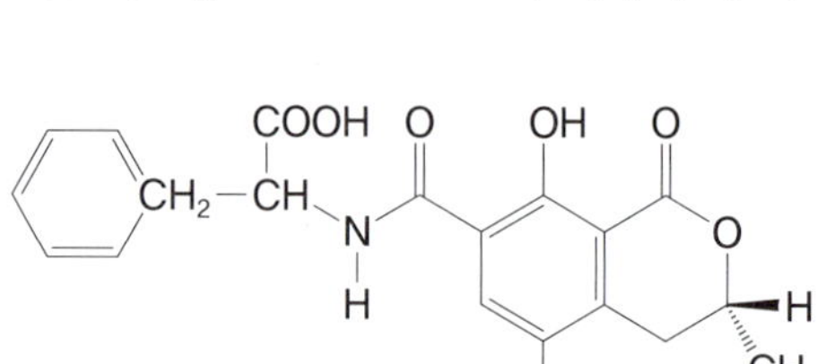

그림 3-15 **오크라톡신 A의 구조**

C의 독소 3종이 있으며, B와 C형의 독소에 비해 A가 약 1,000배 높은 독성을 가지고 있어 독소 중 가장 독성이 강하다. 오크라톡신은 자연계에 널리 존재하는데 쌀, 보리, 밀, 옥수수 등에서 주로 발견되며, 동물의 간장 및 신장에 장애를 일으킬 수 있으므로 주의가 필요하다.

2. 화학적 위해요소

화학적 위해요소Chemical hazards는 동·식물에서 유래하는 자연적 위해요소와 식품의 조리, 제조·가공, 포장, 보관, 유통 등의 과정에서 유래하는 위해요소가 있다. 이러한 화학적 위해요소는 인체에 급성·만성 질환을 일으킬 수 있으므로 주의가 필요하다.

표 3-4 화학적 위해요소의 종류

구분	위해요소의 종류
자연독	식물성 : 독버섯, 청매, 싹난 감자, 독미나리, 독보리 등 동물성 : 복어독, 조개독, 시구아테라, 독꼬치독
농약	유기인제, 유기염소제, 유기수은제, 유기불소제 등
중금속	수은, 카드뮴, 납, 비소 등
항생물질	Tetracycline, Virginiamycin, Ampicillin, Streptomycin, Momencin 등
유해성 식품첨가물	유해착색료, 유해표백료, 유해보존료, 유해감미료, 유해증량제 등
환경호르몬	PCB, Dioxin, 내분비 교란물질(ED) 등
제조·가공·조리 중 생성물질	다환방향족 탄수화물, 헤테로고리아민류, *N*-nitrosamine, 트리할로메탄, 과산화물 등

1) 자연독에 의한 식중독

(1) 식물성 자연독

식물성 자연독은 유독성분이 함유된 식물을 섭취하거나 식용식물과 비슷하여 오인하여 섭취하는 과정에서 식중독이 발생한다. 식물성 식중독은 독성이 강한 알칼로이드Alkaloid, 청매, 은행 등에 함유된 시안 배당체, 감자 등 기타 배당체를 함유한 것으로 구분한다.

① 독버섯

독버섯은 독성을 가진 대표적인 알칼로이드 화합물로 식용버섯과 유사한 색과 모양 때문에 식용버섯으로 오인하여 섭취하여 중독을 일으키는 경우가 대부분으로, 그 유독성분으로는 무스카린Muscarine, 아마니타톡신류Amanitatoxins, 코프린Coprine, 일루딘Illuden 등이 있다. 무스카린은 광대버섯, 깔대기버섯, 땀버섯류 등에 함유된 대표적 알

독우산광대버섯(독버섯)

흰알광대버섯(독버섯)

개나리광대버섯(독버섯)

화경버섯(독버섯)

삿갓외대버섯(독버섯)

붉은사슴뿔버섯(독버섯)

노란다발(독버섯)

절구버섯아재비(독버섯)

붉은싸리버섯(독버섯)

그림 3-16 독버섯의 분류

출처 : 국립수목원 국가생물종지식정보시스템(http://www.nature.go.kr/main/Main.do)

칼로이드 화합물로 조리시 파괴되지 않으며, 소화기장애 및 신경장애를 일으킨다. 아마니타톡신류는 버섯류 중에 함유된 유독물질 중 가장 맹독성으로 가열, 냉동, 절임 등에도 파괴되지 않는다. 코프린은 두암먹물버섯 등에 함유되어 있으며 식후 30분에서 5일 내 알코올을 섭취하면 알코올분해효소의 작용을 억제하여 아세트산알데하이드의 축적에 의해 독성이 나타나며, 주로 안면홍조, 심박동수 증가, 혈압 저하 증상을 나타낸다.

② 시안 배당체

시안 배당체는 청매, 살구씨, 복숭아씨, 아몬드 등에 존재하는 아미그달린Amygdalin과 수수 등에 있는 듀린Dhurrin, 라마콩, 아마씨에 함유된 리나마린Linamarin 등이 있다. 시안 배당체 자체는 무해하지만 식물 자체 효소 및 인체 장내세균의 효소에 의해 가수분해되어 생성되는 시안화수소Hydrogen cyanide에 의해 독성을 나타낸다. 중독을 예방하려면 원인식물을 충분히 가열하여 시안화합물을 휘발시키거나 수용성의 원리를 이용하여 물에 담아 시안 배당체를 용출시켜 제거할 수 있다.

청매

은행

살구씨

복숭아씨

아마씨

그림 3-17 시안 배당체 함유식품의 종류

③ 솔라닌 및 셉신

솔라닌Solanine은 싹난 감자에, 셉신Sepsine은 부패한 감자에 존재하는 유독 성분으로, 신경전달물질인 아세틸콜린의 분해를 방해하여 용혈작용, 운동신경 마비 증상을 일으키는 식물성 자연독이다. 주로 복통, 설사, 구토 등의 위장장애와 두통, 어지러움 등 신경장애를 일으킬 수 있으며, 솔라닌은 물에 녹지 않고 가열로도 쉽게 파괴되지 않으므로 조리 전 발아 부위를 제거하고 조리하거나 보관 시 통풍이 잘되고 그늘진 곳에 보관하여 싹이 트지 않도록 해야 한다. 주로 감자에 의한 식중독은 산업체 및 학교 등의 집단급식소에서 발생빈도가 높은데, 이는 단체급식의 조리 특성상 감자를 다량으로 취급하므로 조리 시 발아 부위와 청색 부위를 완전히 제거하지 못하기 때문이다.

④ 기타

고시폴Gossypol은 폴리페놀화합물로 목화씨에 존재하며, 면실유 제조 시 정제가 불충분할 때 함유되어 중독 증상을 일으킨다. 리신Ricin과 리시닌Ricinine은 피마자의 잎과 씨에 존재하는 렉틴과 알칼로이드Alkaloid 독성물질이나 가열에 의해 쉽게 파괴되는 특징을 지닌다.

(2) 동물성 식중독

동물성 식중독은 복어와 같이 동물에 자연적으로 함유되어 있거나, 조개 및 어류와 같이 플랑크톤 및 해조류 등의 먹이에서 유래된 유독 성분에 의한 식중독으로 육지의 동물이나 조류에서 거의 발견되지 않는다. 특히 조개독은 계절 및 환경적 요인에 영향을 받으며, 조개의 채취 시기 및 해안오염 등 환경조건에 의해 유독성을 나타내므로 서식지 환경의 정화와 섭취 시기에 관심을 기울여야 한다.

① 복어독

복어독은 동물성 자연독 중 가장 강력한 독성을 가지고 있다. 테트로도톡신Tetrodotoxin이라는 독성분에 의해 중독성을 가지며, 무색·무미·무취이고 약염기성 물질로 열저항성이 강해 106℃에서 4시간 가열해도 파괴되지 않으나, 4% NaOH 용액에서는 20분 내에 2-amino-6-hydroxymethyl-8-hydroxyquinazoline에 의해 가수분해되어 무독화된다.

복어독은 주로 복어의 생식선, 간, 장, 피부 등에 함유되어 있어서 이들 부위를 섭취하지 말아야 하며, 복어의 부주의한 손질에 의해 중독될 수 있으므로 반드시 복어요리 전문가가 만든 음식만 섭취해야 한다.

② 조개독

조개독은 유독 플랑크톤 섭식에 의한 유독 성분 생성과 장관 내 세균, 패류가 자체적으로 생성하는 독소에 의해 식중독을 일으킨다. 조개독은 신경성, 마비성, 설사성 독소로 구분되며, 주로 마비성 조개독이 존재한다.

- 베네루핀 중독 : 베네루핀Venerupin 식중독은 신경성 독소로 1~4월에 가장 많이 발생하며, 모시조개, 바지락, 굴 등이 적조 유발 편모조류를 섭취하여 축적되면서 유독화시키는 독성분이다. 열에 안정하여 100℃에서 1시간을 가열해도 파괴되지 않는 특징이 있다. 이를 예방하기 위해서는 발생시기에 채취한 조개의 섭취를 피하고, 섭취 시 베네루핀이 축적된 중장선을 제거하고 섭취하면 안전하다.
- 마비성 패류 중독 : 삭시톡신Saxitoxin은 마비성 독소로 주로 검은조개, 홍합, 진주담치, 대합조개, 가리비 등이 적조현상을 일으키는 와편모조류를 섭취하여 생성되는 독소에 의해 식중독을 일으킨다. 삭시톡신은 맹독성을 가지며 말초신경의 마비 증상을 나타내어 마비성 패류 중독Paralytic shellfish poisoning, PSP이라고 부른다. 독소는 열에 안정하여 100℃에서 30분간 가열해도 파괴되지 않고, pH 3.0~4.0의 산성조건에서도 안정하여 일반적 조리에 의해 제거되지 않으므로 독성분이 강한 3~5월에 채취한 조개류 등의 섭취를 하지 않는 것이 안전하다.
- 설사성 패류 중독 : 설사성 조개류 중독Diarrhetic shellfish poisoning은 오카다산Okadaic acid, 디노파이시스톡신Dinophysistoxin, 예소톡신Yessotoxin 등이 함유되어 있으며, 검은조개, 가리비, 백합, 모시조개 등이 와편모조류 등의 플랑크톤 섭취에 의해 유독 성분을 함유함에 따라 이를 섭취한 사람에게서 식중독이 발생한다. 우리나라에서는 설사성 패류 중독의 관리를 위하여 「식품공전」의 '일반식품의 기준 및 규격'에서 설사성 패류 독소를 이매패류 내 0.16 mg/kg 이하로 규정하여 관리하고 있다.

2) 화학성 식중독

화학성 식중독은 오염된 토양 및 식품의 제조, 가공, 조리 등의 생산과정에서 오용이나 고의로 사용된 화학물질에 의해 일어나는 식중독으로 원인별로 분류하면 다음과 같다.

- 동·식물성 생육환경 및 재배 시 이용되는 농약의 사용에 의한 중독
- 토양 및 화학물질로 인한 중금속과 항생물질 및 합성항균제에 의한 중독
- 유해성 식품첨가물 및 기구·용기·포장재에서 용출되는 유해물질
- 식품제조·조리 과정 중 생성·혼입 가능한 유해물질
- 환경오염에 기인하는 식품 유해물질

(1) 농약

① 유기인제(Organophosphorus insecticides)

유기인제에는 파라티온, 멜라티온, 디아지논, 스미티온, EPN 등이 있다. 다른 농약에 비해 살충효과가 뛰어나 과일 및 채소의 살충제로 사용되나, 독성이 강하여 중독사고가 빈번히 발생하고 있다. 유기인제로 인한 중독 증상은 오심·구토·발한·청색증 등의 부교감신경 증상과 혈압 상승 등의 교감신경 증상, 발열·두통·혼수 등의 중추신경 증상을 일으키므로 과일 및 채소류는 식품용 세제로 세척한 후에 섭취해야 안전하다.

② 유기염소제(Chlorinated hydrocarbon insecticides)

살충제로 널리 사용된 유기염소제는 DDTDichlorodiphenyltrichloroethane와 DDDDichlorodiphenyldichloroethane, γ-BHCBenzene hexachloride, 알드린Aldrin, 엔드린Endrin 등이 있고, 제초제로 PCP, 2,4-D, 2,4,5-T 등이 많이 사용되는데 현재 DDT와 γ-BHC는 현재 사용이 금지된 품목이다. 유기염소제는 유기인제에 비해 독성이 적어서 살충제와 제초제로 주로 이용되나, 지용성의 특징으로 인해 인체 지방조직에 축적되고, 잔류성이 커서 전 세계적으로 잔류량을 규제하여 사용량을 제한이나 사용을 금지하도록 규정하고 있다.

③ 유기수은제(Organomercuric compounds)

종자 소독, 방미제, 벼의 도열병 방지제로 널리 사용되고 있는 유기수은제는 PMA

Phenylmercuric acetate이다. 유기수은제는 무기수은과 달리 유기 상태로 존재하기 때문에 체내 흡수가 용이하고 배설속도가 느려 인체에 축적이 잘 되어 만성중독을 일으킨다.

④ 유기불소제(Organofluoro compounds)

쥐약인 프라톨Fratol, 깍지벌레 및 진딧물의 살충제인 푸솔Fussol, 니솔Nissol 등이 대표적인 유기불소제로 모두 맹독성을 가진다.

⑤ 금속함유 농약

금속함유 농약으로는 비산납, 비산석회, 비산망간 등의 비소화합물이 가장 많다. 이들이 체내에 흡수되면 단백질 변성이 일어나고 원형질을 침해하여 −SH기와 결합하고 단백질 기능이나 효소작용을 저해함으로써 독성작용을 나타내므로 이들이 인체에 축적되지 않도록 주의해야 한다.

(2) 중금속

① 납

인체 내에 납중독은 쌀, 채소, 어패류가 주요 원인식품으로, 어패류는 수질오염으로 인해 인체에 유입되므로 국내 「식품공전」에는 어류, 갑각류, 미역은 0.5 mg/kg 이하, 연체류 2.0 mg/kg 이하(오징어 1.0 이하), 내장을 포함한 낙지 및 꽃게류는 2.0 mg/kg 이하로 규정하여 관리하고 있다. 또 다른 납중독으로는 유약을 바른 도자기, 소성온도가 불충분한 도자기 그릇에서 산성식품으로 납이 용출되어 중독이 일어날 수 있다. 테트라에틸납과 같은 유기납은 주로 중추신경장애를, 무기납은 중추신경장애, 신장 및 소화기계 등에 장애를 유발하므로 주의가 필요하다.

② 수은

수은은 무기수은과 유기수은으로 구분된다. 환경 중으로 배출되는 수은은 무기수은인 반면, 어패류 등 동물성 식품에 의한 수은은 메틸수은으로 특히 참치 및 다랑어류에 많이 함유되어 있다. 먹이사슬에 의해 바다 연안에서 농축된 어패류를 사람이 섭취하면 이행 농축되어 질병을 유발한다. 따라서 국내 「식품공전」에는 수은의 허용기준을 정하여 관리하고 있으며, 어류(심해성 어류, 다랑어류, 새치류 제외) 및 연체류의 경우 0.5 mg/kg 이하, 해조류의 경우 0.3 mg/kg 이하로 규정하고 있으며, 특히 미역은 0.1 mg/kg 이하로 규정하여 관리하고 있다. 수은에 의한 중독은 1950년대 일본 미나마타현에서 처음 보고됨에 따라 수은중독으로 인한 질병을 미나마타병으로 불린다.

③ 카드뮴

카드뮴은 주로 벼와 같은 곡물류에서 약 0.01~0.15 ppm이 검출되며, 조개·가리비·굴과 같은 어패류의 내장에서 0.1~1.0 ppm, 소라고둥에서 200 ppm 정도 검출되는 것으로 보고되었다. 카드뮴은 골연화증 및 골다공증을 유발하며 이러한 질병을 '이타이이타이병'으로 부른다. 카드뮴은 어패류 및 해조류의 섭취량이 카드뮴 섭취에 가장 큰 영향을 미치기 때문에 국내 「식품공전」에는 카드뮴의 허용기준을 정하여 관리하고 있다. 그 허용기준량을 살펴보면 민물 및 회유 어류 0.1 mg/kg, 해양어류 0.2 mg/kg, 연체류 2.0 mg/kg 이하, 갑각류 1.0 이하(내장을 포함한 꽃게류 5.0 mg/kg 이하), 해조류 0.3 mg/kg 이하(미역 0.1 mg/kg 이하)로 규정하여 관리하고 있다.

④ 비소

비소는 자연계에서 주로 As^{3+}, As^{5+}의 화합물이 존재한다. 합금첨가제, 방부제, 살충제, 농약 등에 주로 사용되며, 이들이 토양, 하천 등으로 유입되면 물속이 오염되어 식품에 존재함으로써 이를 섭취한 사람에게 중독 증상이 나타난다.

(3) 항생물질 및 합성항균제

동물의 배합사료에는 질병 예방과 치료 또는 발육 촉진을 목적으로 항생물질, 합성항균제 및 합성호르몬제가 첨가되어 있는데 이들이 육류 및 우유, 어류 등에 잔류하여 식품을 통해 인체에 유입된다. 이로 인해 급·만성적 독성, 내성균의 출혈, 균교대증, 알레르기 발현 등이 지적되고 있다. 가축의 질병 및 치료, 성장 촉진을 위해 이용되는 항생물질에는 테트라사이클린Tetracycline류와 타일로신Tylosin, 버지니아마이신Virginiamycin, 암피실린Ampicillin, 스트렙토마이신Streptomycin, 모넨신Monencin 등이 있다.

(4) 유해성 식품첨가물

① 착색료

착색료는 식품의 기호성을 높이기 위해 사용되며, 예전에는 주로 식물성 착색료를 사용하였으나, 요즘은 타르Tar 색소를 많이 사용하고 있다. 현재 식품에 일부 사용이 허용되고 있는 것은 모두 수용성 산성 타르계 색소로서 우리나라에서는 식용색소 적색 제2호·제3호·제40호·제102호, 식용색소 황색 제4호·제5호, 식용색소 녹색 제3호,

표 3-5 착색료 사용 제한 품목

구분	적용 품목
특수식품	• 특수영양식품(정제의 제피 또는 캡슐은 제외) • 건강기능식품(정제의 제피 또는 캡슐은 제외) • 인삼제품류(정제의 제피 또는 캡슐, 인삼과자류 제외)
유가공품	• 유가공품(아이스크림류, 아이스크림분말류, 아이스크림믹스류 제외)
과채가공 및 음료류	• 발효음료류 • 과일·채소류음료(과일음료, 채소음료, 과·채음료 제외) • 과·채가공품류 • 두유류
발효식품류	• 김치류 • 절임류(밀봉 및 가열 살균 또는 멸균 처리한 오이절임, 생강절임, 매실절임식품 등은 제외) • 젓갈류
향신료 및 소스류	• 고춧가루 또는 실고추, 후춧가루 • 향신료가공품〔고추냉이가공품(와사비) 및 겨자가공품 제외〕 • 카레, 소스류, 토마토케첩
장류 및 발효식품	• 메주, 장류, 식초
식육 및 어육 가공품	• 식육가공품(소시지류 제외) • 어육가공품(소시지류 제외), 알가공품
유지 및 유지 가공품	• 향미유, 식용유지, 버터류, 마가린류, 마요네즈, 코코아버터 • 땅콩 및 견과류가공품
천연식품	• 식육류 • 어패류(경육 포함) • 채소류, 과일류, 해조류, 콩류 등 및 그 단순가공품(탈피, 절단 등)
즉석섭취편이식품	• 레토르트 식품, 즉석건조식품, 복합조미식품, 수프류
기타 가공품	• 면류, 단무지, 두부 또는 묵류, 조림류, 벌꿀 • 잼류(기타 잼류 제외), 다류, 식빵, 카스텔라, 코코아분말 • 조미김, 추출가공식품

출처 : 식품공전

식용색소 청색 제1호·제2호 및 그 알루미늄레이크 등 9품목만이 사용 가능하며, 표 3-5의 품목에 대해서는 사용이 제한되어 있다.

② 보존료

식품보존료는 식품의 장기 보존성을 높이기 위해 첨가하는 첨가제로 부패세균 및 곰팡이의 발육을 억제시켜 식품의 보존성을 연장시키는 목적을 가지고 있다. 합성 보존료를 사용한 경우는 반드시 그 사실을 표시하도록 법으로 정하고 있다. 식품첨가물로 허가된 보존료이더라도 인체에 완전히 무해한 것은 아니므로 그 사용량과 대상식품의 기준을 엄수해야 한다. 현재 식품에 사용되는 보존료는 표 3-6과 같다.

표 3-6 보존료 종류에 따른 적용 품목

구분	적용품목
소빈산류	식육제품, 어육연제품, 땅콩버터, 된장, 고추장, 과일·채소의 절임류, 잼, 케첩, 유산균음료, 팥앙금류
디하이드로아세트산	치즈, 버터, 마가린
파라하이드록시벤조산에스터류	간장, 식초, 탄산을 함유하지 않은 청량음료, 과일 소스, 과일 및 채소의 표피
프로피온산염	빵, 양과자
벤조산	간장, 탄산을 함유하지 않은 청량음료

출처 : 식품공전

현재 사용이 금지된 보존료에는 붕산(햄, 베이컨), 포름알데히드(주류, 장류, 유류, 육류), 승홍(주류), 불소화합물(육류, 알코올음료), β-naphtol(간장) 등이 있다.

③ 표백료

식품의 가공 및 저장 중 갈색화 방지 및 식품을 표백하여 제품의 색을 좋게 하기 위하여 사용되는 것으로 산화제와 환원제가 있다. 아황산류(무수아황산, 아황산나트륨, 차아황산나트륨) 및 아염소산류(하이포아염소산나트륨)와 같은 환원제는 변색의 원인이 산화인 경우에 사용되며, 환원력의 효과가 사라지면 다시 변색되기도 한다.

그러나 색소를 산화시켜 탈색시키고자 할 때는 H_2O_2와 같은 산화제를 이용한다. H_2O_2는 물과 산소로 분해되어 발생기 산소를 내서 표백작용을 하며, 완전히 분해되면 무해하지만 그렇지 않은 경우 인체에 위해를 끼치므로 이를 처리한 식품을 조리할 때는 뜨거운 물로 충분히 씻고 가열하여 그 성분을 완전히 제거하도록 해야 한다. 과거에 사용하던 유해 표백료에는 롱갈리트Rongalite(물엿), 삼염화질소(밀가루), 형광표백제(국수, 압맥) 등이 있다.

④ 감미료

감미료는 식품에 단맛을 내는 조미료 및 식품첨가물로 천연감미료와 인공감미료로 나눈다. 일반적으로 천연감미료인 설탕·포도당·젖당·과당 등은 인체에 무해하나, 인공감미료의 경우 화학적 합성품으로 인체에 위해를 끼칠 수 있다. 현재 국내에서 사용 가능한 합성감미료는 소비톨, 아스파탐, 수크랄로스이고, 합성감미료 중 시클라메이트, 둘신 등은 독성으로 인해 사용이 금지되었다.

(5) 기구·포장재에서 용출되는 유독성분

식품용기는 상품적인 가치와 청결 및 위생을 유지하기 위하여 이용되지만, 각종 용기 및 포장에 사용되는 원료 및 첨가제들이 식품에 이행되어 식품위생상 문제를 일으킬 수 있다.

① 용기

주로 식품에 사용되는 용기에는 금속, 유리, 도자기 및 법랑 제품, 합성수지Plastic 등이 이용된다. 유리용기는 내용물의 확인이 가능하고, 위생적으로 술, 간장, 음료 등 액체 식품에 많이 사용되며, 산성식품에 오랫동안 노출되면 유리 중의 알칼리 성분이 용출되나, 실제 유리용기에서 중독 증상은 별로 나타나지 않는다. 그러나 은, 구리, 알루미늄, 주석, 철, 아연, 납, 안티몬, 카드뮴 등은 금속 조리용 기구를 제작하는데 사용되는 금속으로 이들이 함유된 식품을 섭취했을 때 인체에 위해를 일으킬 수 있으며, 특히 납, 카드뮴은 중금속으로 인체에 축적되어 신경계질환을 유발하고, 최근 알루미늄은 알츠하이머치매를 유발 시키는 것으로 알려져 있다. 법랑제품은 철기 표면에 유약을 바르고 구운 것으로 납이나 안티몬과 같은 금속산화물이 함유되므로 주의가 필요하다. 합성수지제품은 합성수지 중 페놀성 수지, 요소 수지, 멜라닌 수지 등 열경화성

수지로 가열된 식품에 노출 시 페놀, 포름알데하이드가 용출되므로 주의해야 한다.

특히 비스페놀A는 이 성분이 함유된 플라스틱에 강한 세척제 및 산성 혹은 고온의 액체가 접촉되었을 때 용출되며, 이는 에스트로겐과 유사한 작용을 함으로써 내분비계 교란을 유발하므로 주의가 필요하다.

② 포장

식품의 안전한 운송 및 보관을 위해 포장재가 널리 사용되며, 포장재에는 종이 포장재, 합성수지 포장재 등이 있다. 천연 종이 포장재는 위생상 문제가 되지 않으나, 포장재 제조 시 점성물질 조절제, 착색체, 표백제 등이 사용되는데 이들이 식품과 접촉했을 때 착색료 용출, 형광염료 이행 등으로 인체에 위해를 끼칠 수 있다. 합성수지 포장재는 폴리에틸렌Polyethylene, 폴리피렌Polypropylene, 폴리스티렌Polystyrene, 폴리염화비닐Polyvinyl chloride 등이 있으며, 이들 대부분 내열성이 약하고 용매에 의해 용해되는 단점을 지니고 있어 이들을 제조할 때 사용되는 색소 및 합성물질 등이 인체에 위해를 끼칠 수 있다.

(6) 식품 제조 및 조리 과정 중 생성되는 유해물질

① 다환방향족 탄화수소류(Polycyclic aromatic hydrocarbon, PAH)

다환방향족 탄화수소는 산소가 부족한 상태에서 식품이나 유기물을 가열할 때 생기는 타르상 물질로 이때 생성되는 물질 중 벤조피렌은 강력한 발암물질로 알려져 있다. 다환방향족 탄화수소는 주로 300℃ 혹은 그 이상의 온도에서 생성이 촉진되며, 주로 훈연품, 구운 육류 및 생선 등에서 발견된다.

② 헤테로고리아민류(Heterocyclic amines)

헤테로고리아민류는 아미노산 및 단백질을 300℃ 이상의 고온에서 가열 시 생성되는 분해산물로, 구운 육류 및 메일라드Maillard 반응에 의해서도 생성되는 것으로 보고되고 있다. 또한 이들 분해산물은 동물의 간장, 소장, 대장에 암을 유발하는 것으로 알려져 있다.

③ 나이트로사민(*N*-nitrosamine)

아질산염은 식육가공품의 발색 및 미생물 생육 억제, 산도 조절을 위해 사용되는 것으로 아질산염이 아민Amine이나 아미드Amide류와 반응하여 생성되는 *N*-니트로Nitro화합물이 발암물질로 작용하여 식품위생상 문제를 일으킨다.

④ 메틸알코올(Methyl alcohol)

메틸알코올은 알코올발효에서 펙틴Pectin이 존재하면 생성되는 것으로 포도, 사과 등을 이용하여 만든 과실주와 정제가 불충분한 에탄올이나 증류주에 미량 함유되어 있다. 메틸알코올에 중독되면 두통, 현기증, 구토, 복통, 설사 등의 증상이 나타나고 심할 경우 실명과 같은 시각장애를 초래할 수 있다. 따라서 국내 「식품공전」에는 메틸알코올을 0.5 mg/mL(과실주 1.0 mg/mL) 이상 함유하지 않도록 관리하고 있으며, 그 이상 함유된 주류의 제조나 판매를 금지하고 있다.

(7) 환경오염에 기인한 유해물질

① 다이옥신(Dioxin, PCDD)

다이옥신은 자연계에 존재하지 않는 물질로 인간이 만들어 낸 화학물질 중에서 가장 강력한 물질로 알려져 있다. 이들은 석유화학제품인 폴리염화비닐, 유기염소계 농약 등 유기염소화합물의 폐기물 처리과정에서 850℃ 이하의 온도에서 소각하면 다이옥신이 발생한다. 다이옥신은 주로 몸 속의 에스트로겐 관련 내분비계에 작용하여 독성을 나타내기 때문에 내분비 교란물질로 분류하며, 이들이 특히 몸 속에 축적되어 면역력 감소, 기형아 출산, 2차 성징 장애, 암 유발 등 인체에 위해를 일으킨다.

② 방사능 오염식품

식품의 방사능 오염은 방사성 물질에 오염된 토양 및 해수에서 채취한 어류 및 농작물, 동물성 식품을 사람이 섭취했을 때 인체에 위해를 끼친다. 이들의 위해성은 방사성 물질의 종류에 따라 조직에 침착되는 성질 및 친화성이 다르기 때문에 증상은 다르나, 대부분 갑상샘 이상, 체세포 및 생식세포 장애, 백혈병 및 조혈기능 장해를 일으킨다. 따라서 국내에서는 식품 중 방사능 기준을 요오드(^{131}I)는 영유아 조제식, 성장기용 조제식, 영유아용 곡류조제식, 기타 영유아식, 영유아용 특수조제식품, 우유 및 유가공품의 경우 100 Bq/kg, 기타 식품의 경우 300 Bq/kg 이하로 규정하고 있으며, 세슘($^{134}Cs + ^{137}Cs$)은 모든 식품에서 100 Bq/kg 이하로 규정하고 있다. 특히 국가 차원에서 방사능 오염지역으로부터 생산된 식품이 유입되지 않도록 해당 국가의 수입식품에 대한 지속적인 관리가 필요하다.

3. 물리적 위해요소

물리적 위해요소Physical hazards는 정상적인 원료에서 발견될 수 없는 것으로 식품을 섭취하는 사람에게 건강상의 장애를 유발할 수 있는 외부 유래의 이물을 의미한다. 이 물질은 식품 등의 제조, 가공, 조리, 유통 과정에서 정상적으로 사용된 원료 또는 재료가 아닌 것으로 섭취 시 위생상 위해가 발생할 우려가 있거나 섭취하기 부적합한 물질을 뜻하며, 이들을 물리적 위해요소로 정의하고 이물의 종류는 다음과 같다.

1) 이물의 종류

- 동물성 : 머리카락, 손톱, 파리 등과 같이 동물 및 곤충으로부터 유래되는 물질
- 식물성 : 나무조각, 잎 등과 같이 식물로부터 유래되는 물질
- 광물성 : 못, 유리, 고무 등과 같이 금속, 광물, 수지로부터 유래되는 물질

물리적 위해요소에는 돌, 유리, 금속 및 플라스틱과 같은 다양한 이물질이 있으며, 2022년 식품의약품안전처에서 보고한 이물 신고 현황을 살펴보면 벌레 및 곰팡이 등의 동물성 위해인자가 주로 보고되었으며, 그 뒤로 금속, 플라스틱 및 유리 등의 광물성 이물질이 보고되었다 그림 3-18. 식품 내 위해인자의 혼입은 원료의 부적절 취급, 시설 및 장비의 미비, 종업원의 부주의 등과 관련이 있다.

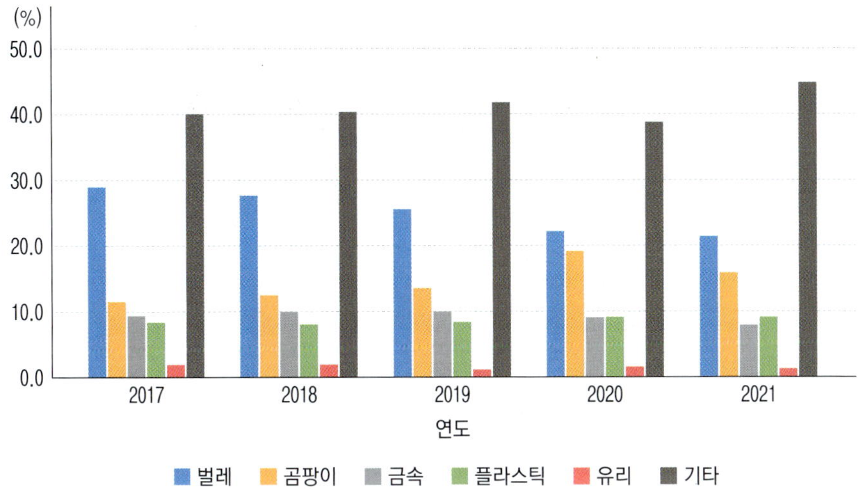

그림 3-18 **연도별 이물 종류 신고 현황**
출처 : 식품의약품안전처, 2021. 12. 31 기준

2) 이물 등의 발견 보고

판매 등의 목적으로 식품의 제조·가공·소분·수입 또는 판매하는 영업자는 위생상 위해가 발생할 우려가 있거나 부적합한 물질을 발견한 사실을 신고 받은 경우 「식품위생법」 제46조에 의거하여 지체없이 표 3-7과 같이 보고하여야 한다.

표 3-7 **이물 발견 및 신고 시 조치사항**

구분	조치사항
영업자	판매의 목적으로 식품등을 제조·가공·소분·수입 또는 판매하는 영업자는 소비자로부터 판매제품에서 식품의 제조·가공·조리·유통과정에서 정상적으로 사용된 원료 또는 재료가 아닌 것으로서 섭취할 때 위생상 위해가 발생할 우려가 있거나 섭취하기에 부적합한 물질[이하 "이물(異物)"이라 한다]을 발견한 사실을 신고 받은 경우 지체없이 이를 식품의약품안전처장, 시·도지사 또는 시장·군수·구청장에게 보고하여야 한다.
한국소비자원 소비자단체 통신판매중개업자(배달앱)	「소비자기본법」에 따른 한국소비자원 및 소비자단체와 「전자상거래 등에서의 소비자보호에 관한 법률」에 따른 통신중개업자로서 식품접객업소에서 조리한 식품의 통신판매를 전문적으로 알선하는 자는 소비자로부터 이물 발견의 신고를 접수하는 경우 지체없이 이를 식품의약품안전처장에게 통보하여야 한다.
시·도지사 시장·군수·구청장	시·도지사 또는 시·군·구청장은 소비자로부터 이물 발견의 신고를 접수하는 경우 이를 식품의약품안전처장에게 통보하여야 한다.
식품의약품안전처	식품의약품안전처장은 이물 발견의 신고를 통보받은 경우 이물혼입 원인조사를 위하여 필요한 조치를 하여야 한다.

출처 : 식품의약품안전처, 식품이물관리 업무메뉴얼, 2021

보고대상 이물의 범위는 육안으로 식별이 가능하고 식품과 접촉하고 있는 이물로 구체적인 사항은 표 3-8과 같다.

표 3-8 이물의 종류

구분	이물의 예
섭취과정에서 인체에 직접적으로 위해나 손상을 줄 수 있는 물질	• 3 mm 이상 크기의 유리, 플라스틱, 사기, 금속성 재질의 물질
섭취과정에서 혐오감을 줄 수 있는 물질	• 쥐 등 동물의 사체 또는 배설물 • 파리, 바퀴벌레 등 곤충류(살아있는 곤충 제외) • 기생충 및 그 알(단, 수산물을 주원료로 제조한 식품에서 발견되는 원생물에 기생하는 기생충으로서 제조·가공 과정에서 사멸되어 인체의 건강을 해칠 우려가 없는 것은 제외)
인체의 건강을 해칠 우려가 있거나 섭취하기에 부적합한 이물	• 컨베이어벨트 등 고무류 • 이쑤시개(전분 재질은 제외) 등 나무류 • 돌, 모래 등 토사류

3) 이물 보고 미준수 및 이물 기록, 보관 의무 미준수에 따른 행정처분 기준

이물 발견 사실을 보고받고도 신고를 지연하거나 미신고할 경우 「식품위생법」 제46조에 의거하여 표 3-9와 같은 행정처분이 이루어진다.

표 3-9 이물 보고 미준수에 따른 행정처분 기준

위반사항	과태표 금액(단위 : 만 원)		
	1차 위반	2차 위반	3차 위반
미보고 시	300	300	300
지연 보고 시	100	200	300

출처 : 식품의약품안전처, 식품이물관리 업무메뉴얼, 2021

이물 기록관리 및 보관 의무 미준수 시 「식품위생법」 제44조 및 「수입식품안전관리 특별법」 제18조에 표 3-10과 같은 행정처분이 이루어진다.

표 3-10 이물 보고 관련 서류 및 증거품 누락에 따른 행정처분

위반사항	행정처분 기준(과태료 금액)			
	업종	1차 위반	2차 위반	3차 위반
• 이물 검출 등 불만사례 등을 신고받은 경우 그 내용을 기록하여 2년간 보관하여야 하나 이를 위반한 경우 • 소비자가 제시한 이물과 증거품(사진, 해당식품 등)을 6개월간 보관하지 않은 경우(부패·변질 우려가 있는 이물 또는 증거품의 경우 2개월간 보관 가능)	식품제조·가공업 식품첨가물제조업 식품소분업 유통전문판매업	시정명령	영업정지 5일	영업정지 10일
	수입식품 등 수입·판매업	30만 원	60만 원	90만 원

출처 : 식품의약품안전처, 식품이물관리 업무메뉴얼, 2021

Hazard Analysis and Critical Control Point

CHAPTER 4

식품 안전과 위생 관리

1. 영업장관리
2. 위생관리
3. 조리 시설 · 설비 관리
4. 냉장 · 냉동 시설 · 설비 관리
5. 용수관리
6. 보관 · 운송관리
7. 검사관리

학습목표

1. 영업장 위생관리를 통해 식품의 안전성을 확보하기 위한 조리장과 부대시설의 위생적 설계에 대해 이해할 수 있다.
2. 일반위생관리를 통해 조리장의 위생관리와 개인 위생관리 방법을 배울 수 있다.
3. 조리시설 · 설비 관리는 조리장의 시설 · 설비를 잘 관리함으로써 시설 · 설비의 내구성과 사용방법에 대해 알 수 있다.
4. 냉장 · 냉동 시설 · 설비관리에서는 냉장 · 냉동고의 올바른 관리 방법에 대해 학습한다.
5. 용수관리는 집단급식소에서 사용하는 물을 안전하게 관리하는 방법에 대해 알 수 있다.
6. 보관 · 운송관리는 보관 · 운송과정에서 식품의 위생적 취급 방법과 신선도 유지 방법을 알 수 있다.
7. 검사관리를 통해 온도측정장치와 계측 장비의 검 · 교정에 관한 올바른 방법을 배울 수 있다.

CHAPTER 4

식품 안전과 위생 관리

1. 영업장관리

1) 조리장

집단급식소에서 급식작업을 위생적으로 수행하기 위해서는 조리장에 위생적인 개념을 도입하여 설계해야 한다. 조리장은 누수, 외부 오염물질, 위생곤충과 설치류 등의 유입을 차단할 수 있는 밀폐된 구조이어야 하며, 주방 기계와 기구 등은 동선을 고려하여 배치하여야 한다. 위생적으로 식재료를 취급하기 위해서는 작업의 흐름에 따른 공간을 구획하고, 충분한 면적을 확보하여야 한다. 조리장은 온도 조절이 용이하도록 냉·난방시설을 갖추는 것이 바람직하고, 조리장 바닥과 배수로의 물 빠짐이 잘 되도록 마감 처리되어야 한다. 조리장 주변은 교차오염을 예방하고 위생적으로 관리하기 위해 물이 고이거나 악취 발생 및 폐기물 등이 방치되지 않도록 한다.

조리장의 구획 구분은 식품 취급 시 미생물의 오염을 방지하기 위해서는 조리장을 전처리실, 조리실, 세척실 등으로 나눔으로써 청결구역과 일반구역으로 구분한다.

표 4-1 조리장 구역 설정

구역	작업실
청결구역	• 조리실 • 배식구역 • 자율배식대 등
일반구역	• 검수실 • 전처리실 • 식기세척실 등

출처 : 식품의약품안전처, 집단급식소 HACCP관리(예시본), 2014

2) 건물·바닥·천장

(1) 건물

- 건물의 내벽은 작은 틈도 없어야 하고, 청소가 용이한 구조이어야 하며, 오염 여부를 쉽게 구별할 수 있도록 밝은 색이어야 한다.
- 바닥에서 최소한 1.5 m 높이까지는 내구성, 내수성이 있는 타일 또는 스테인리스 스틸판 등으로 마감 처리한다.
- 조리장 내 전기 콘센트는 방수용 콘센트를 사용하며, 바닥으로부터 1.2 m 높이 이상으로 설치한다.
- 내벽과 바닥의 경계면인 모서리 부분은 청소가 용이하도록 둥글게 곡면으로 처리함으로써 청소하기에 쉬울 뿐만 아니라 더러운 것이 쉽게 눈에 띄기 때문에 위생을 확보할 수 있다.
- 벽면과 기둥의 모서리 부문은 타일이 파손되지 않도록 보호대를 설치하여 마감 처리한다.

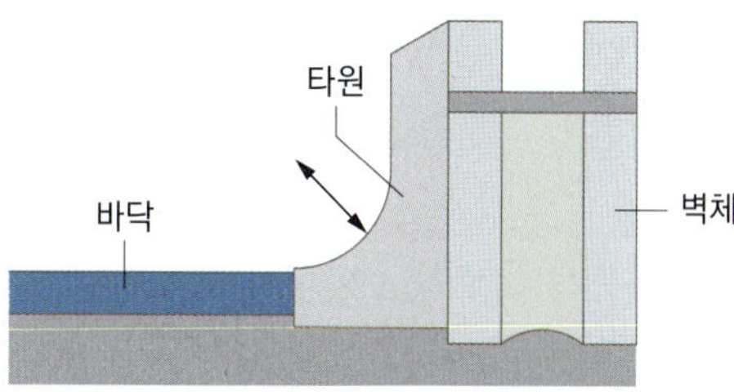

그림 4-1 내벽과 바닥의 경계면 곡면 처리

(2) 바닥

- 바닥은 청소가 쉽고 충격에 잘 견디며, 미끄러지지 않고 쉽게 균열이 가지 않는 재질로 마감하여야 한다.
- 바닥과 배수로는 물이 잘 흘러 갈 수 있도록 적당한 기울기를 두어야 하며, 바닥은 물기가 없는 드라이 키친dry kitchen 상태를 유지함으로써 바닥 침하 및 낙상사고를 예방할 수 있을 뿐만 아니라 미생물의 증식을 억제할 수 있다.

그림 4-2 **조리장 바닥 내수성 재질**
출처 : 식품의약품안전처, 알기 쉬운 HACCP, 2017

(3) 천장

- 천장의 높이는 일반적으로 바닥면으로부터 3 m 이상이 바람직하다.
- 천장의 재질은 물에 잘 견디고, 불에도 강한 재질로 한다.
- 천장으로 통과하는 배기닥트, 전기설비 등은 위생적인 조리장 환경을 위해 천장의 내부에 매입하여 설치하는 것이 바람직하다.
- 천장은 파손된 부위나 구멍, 틈이 없어야 하며, 먼지가 쌓이거나 곰팡이 등이 번식하지 않도록 위생적으로 관리해야 한다.

그림 4-3 **조리장 천장**

3) 배수 및 배관

수도전栓의 높이는 바닥에서 95~105 cm 정도가 바람직하며, 수도전은 물을 필요로 하는 기구나 장소에 위치하도록 한다. 부득이 고무호스를 수도전에 연결하여 사용할 경우는 꼭 필요한 만큼의 길이로 하여 바닥에 닿지 않도록 하는 것이 교차오염 예방 차원에서 매우 중요하다. 세척한 물은 세정대의 배수관을 통해 배수로로 흘러가게 함으로써 바닥을 오염시키지 않도록 한다.

(1) 트렌치trench

- 배수로(트렌치)의 폭과 깊이는 배수가 잘 되도록 적합하게 하며, 위생적 관리가 될 수 있도록 틈새가 없고 세척이 용이한 스테인리스 스틸 등으로 전체를 마감 처리한다.
- 바닥이 오염되는 것을 방지하기 위하여 국솥, 튀김솥 등의 바닥에 설치하는 트렌치의 경우 설치할 국솥이나 튀김솥의 크기를 감안하여 사용한 물이 잘 흘러갈 수 있도록 트렌치의 폭과 깊이를 고려하여야 한다.
- 배수구의 덮개는 청소할 때 쉽게 열 수 있는 구조로 하여야 하며, 무거운 무게에도 충분히 견딜 수 있는 강도이어야 하고 녹이 슬지 않는 재질로 미감 처리하여야 한다.

그림 4-4 트렌치

(2) 그리스 트랩grease trap

- 그리스 트랩은 하수에 섞인 기름을 분리하는 장치로 기름이 하수관 내벽에 부착되어 관을 막아 역류하는 현상을 예방은 물론 정화조에 유입된 조리실 하수의 기름성분으로 인한 환경오염을 방지하는 기능을 한다.
- 그리스 트랩은 조리장과 정화조 사이에 위치하도록 외부에 설치하는 것이 바람직하며, 청소 시 기름과 음식물 찌꺼기, 물을 분리하여 처리한다.
- 그리스 트랩은 매일 청소를 실시하여 음식물로 인한 미생물 증식을 방지하고 위생적으로 관리한다.

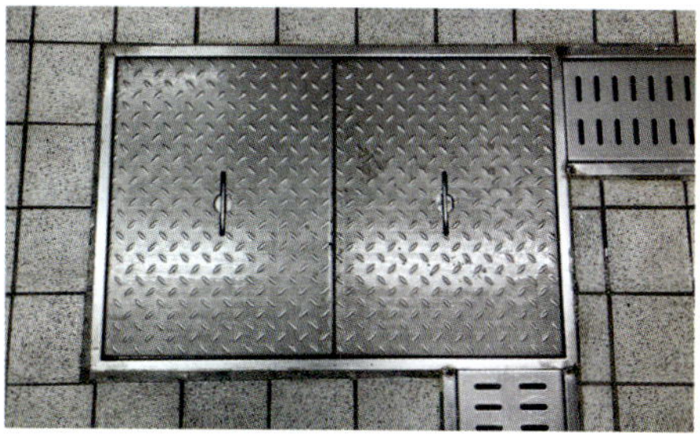

그림 4-5 그리스 트랩

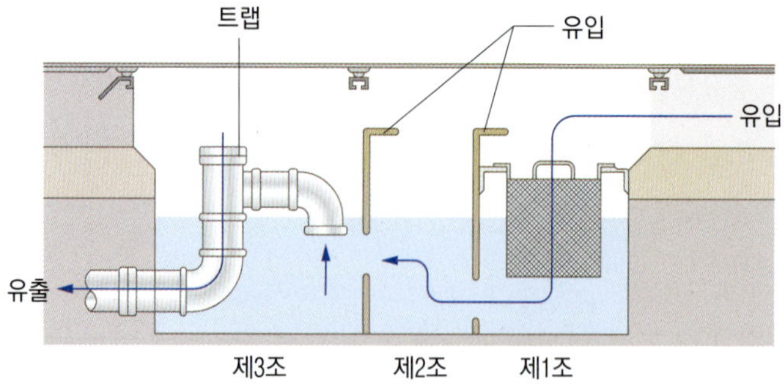

그림 4-6 그리스 트랩의 내부 구조

4) 출입구

급식소의 출입구는 조리종사자와 식재료가 입고되는 통로를 반드시 별도로 구분하여 설치함으로써 교차오염을 방지할 수 있도록 설계되어야 한다.

- 조리장의 문은 열고 닫기 쉬우며, 가벼우면서도 단단한 재질을 선택하여야 한다.
- 외부로 통하는 출입문은 청소가 용이한 재질로 설치하고, 위생해충 침입을 방지하기 위하여 방충·방서시설과 에어커튼을 설치하여 청결하게 유지하거나 보수하여야 하며, 정상적으로 작동되어야 한다.
- 출입구에는 조리장 전용 신발로 갈아 신기 위한 외부인 전용 신발장과 발판 소독조, 손 세정대를 갖추어야 한다.

5) 창과 채광 및 조명

창은 자연 채광 확보 차원에서 필요하나 창의 유리는 파손 시 식품안전을 위협할 수 있다. 또한 채광과 조명은 작업의 능률 향상, 조리종사자들의 작업의 피로도 감소, 이물 같은 위생사고를 예방하고 조리장의 작업환경을 최적의 상태로 유지하기 위해 매우 중요하다.

(1) 창문

- 창문의 창은 강화유리를 사용하거나 파손 시 식품에 혼입되지 않도록 관리해야

한다.

- 창문은 열고 닫을 수 있게 설치하고, 위생해충의 침입을 방지할 수 있도록 방충망을 설치하여야 한다.
- 조리장의 창문은 먼지가 쌓이는 것을 방지하기 위하여 그림 4-6과 같이 창문틀과 내벽은 일직선이 유지되도록 하거나, 그림 4-7과 같이 창문턱을 60° 이하의 각도로 시설하는 것이 바람직하다.

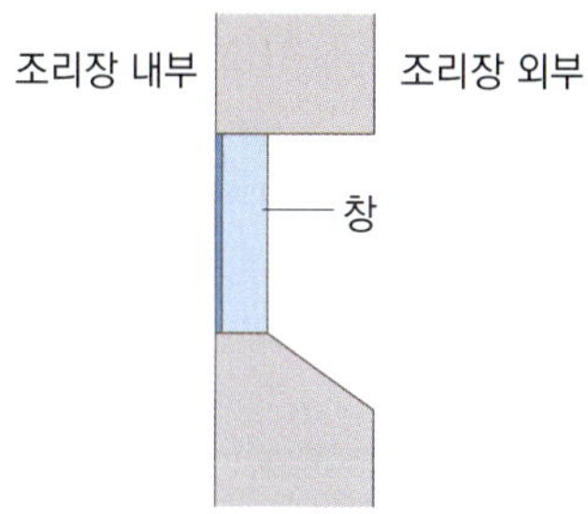

그림 4-7 창문틀과 내벽
출처 : 교육부, 학교급식 위생관리 지침서, 2016

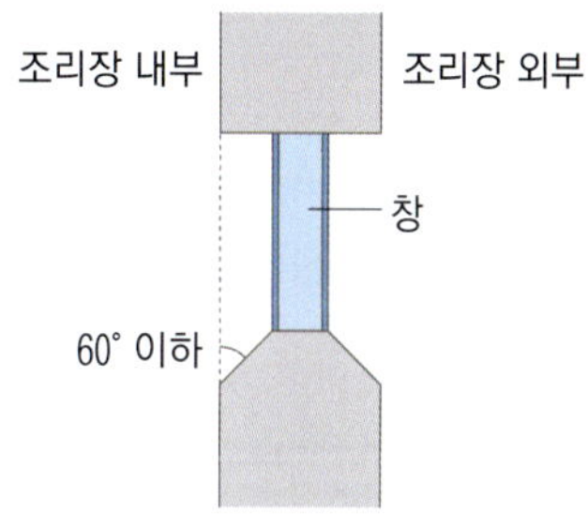

그림 4-8 창문틀 각도
출처 : 교육부, 학교급식 위생관리 지침서, 2016

(2) 채광·조명

- 자연 채광을 위해서는 창문의 면적은 바닥 면적의 1/4 이상이 되도록 한다.
- 인공조명은 효과적으로 실내를 점검·청소할 수 있고 작업에 적합한 충분한 밝기를 확보하여야 한다. 조리장의 조명은 220 Lux 이상이 되도록 한다. 다만, 검수구역은 540 Lux 이상이 되도록 한다.
- 천장의 전등은 매입형으로 설치하되, 유리 파손 시 식품의 오염을 방지할 수 있는 보호장치를 갖추어야 한다.

그림 4-9 매입형 전등

6) 부대시설

(1) 급식관리실

- 외부로부터 조리장을 통하지 않고 출입이 가능하여야 하며, 외부로 통하는 환기시설을 갖추어야 한다.
- 급식관리실에서 조리실의 내부를 잘 볼 수 있도록 바닥으로부터 1.2 m 높이 윗면은 유리로 시공하여야 한다.
- 급식관리실에는 책상, 의자, 전화, 컴퓨터 등 사무장비와 냉·난방 시설 또는 기구를 갖추어야 한다.
- 전기 배전반 등은 급식관리실 가까운 곳에 설치하여 관리하기 쉽게 한다.

(2) 탈의실 및 휴게실

탈의실 및 휴게실은 조리종사자들이 옷을 갈아입고 휴식을 취하는 공간으로 조리종사자의 수를 고려한 적정한 면적을 확보하고, 냉·난방시설 또는 기구를 갖추어야 한다. 외부로부터 조리장을 통하지 않고 출입이 가능하여야 한다.

- 조리종사자의 수를 고려하여 교차오염이 발생되지 않도록 위생복 및 외부 옷을 분리하여 보관할 수 있는 옷장과 필요한 설비를 갖추어야 한다.
- 외부로 통하는 환기시설을 갖추어야 한다.
- 탈의실 사물함의 윗면은 사면처리를 함으로써 먼지가 내려앉는 것을 쉽게 관찰할 수 있을 뿐만 아니라 청소하기가 쉬워서 위생을 확보할 수 있다.

그림 4-10 상부 사면 처리한 사물함

(3) 화장실 및 샤워실

- 조리장 내 전용 화장실을 설치할 경우에는 조리장이 오염되지 않도록 탈의실 안에 설치하되, 화장실과 샤워실을 분리하여 설치하는 것이 바람직하며, 바닥은 타일 또는 기타 내수성 자재로 마감하여 청소가 쉬운 구조로 한다.
- 화장실에는 수세설비 및 손을 건조시킬 수 있는 시설(종이타월 등)을 설치하고 덮개가 있는 페달식 휴지통 등을 비치한다.
- 화장실은 배기가 잘 되도록 외부로 통하는 환기시설을 갖추며, 창에는 방충망을 설치하여 위생해충의 침입을 막을 수 있도록 한다.

2. 위생관리

1) 작업환경관리

조리장은 작업과정에서 교차오염이 발생되지 않도록 전처리실, 조리실 및 식기구 세척실 등을 벽과 문으로 구획하여 일반작업구역과 청결작업구역으로 분리한다. 다만, 이러한 구획이 적절하지 않을 경우에는 교차오염을 방지할 수 있는 다른 조치를 취하여야 한다. 조리장에는 필요한 위치에 손 씻는 시설을 설치하여야 한다. 조리장에는 온도 및 습도관리를 위하여 적정 용량의 급·배기시설, 냉·난방시설 또는 공기조화시설 등을 갖추도록 한다.

2) 환기시설관리

조리장 내의 증기, 음식 냄새 등을 신속히 배출할 수 있도록 환기시설을 설치하여야 하며, 후드 내부에 기름때가 끼지 않도록 관리한다. 조리장 내 적정 실내온도는 18℃ 이하를 유지하는 것이 이상적이다. 식당 및 조리장에 설치된 냉·난방기의 바람이 식품이나 조리된 음식에 직접 쏘이지 않도록 하고, 냉·난방기의 필터 세척 및 소독은 주기적으로 실시하여 위생을 확보하여야 한다.

그림 4-11 후드 장치

후드

후드hood는 조리장의 증기나 열기, 기름 연기 등을 실내에 확산되지 않도록 외부로 배출하는 국소 배기장치이다.

3) 방충·방서 관리

방충·방서관리는 조리장의 창문과 출입구 등에는 쥐, 파리 등 위생해충의 침입을 막을 수 있는 적절한 설비를 갖추어야 한다.

(1) 방충시설

- 출입구는 자동문 등을 설치하여 항상 닫아야 한다.
- 에어커튼을 출입문에 설치할 경우 문 외부에 설치하고, 풍속이 약하면 위생곤충이 유입될 수 있으므로 유의한다. 바람은 출입문 바깥을 향해 15° 각도를 유지하도록 설치하고, 문 개방 시 에어커튼이 자동으로 작동하도록 함이 바람직하다.
- 출입문, 창문, 환기시설에는 반드시 방충망을 설치하여야 한다.
- 유인포충등은 빛이 밖으로 새어나가지 않는 곳에 설치하고, 유인포충등과 끈끈이판은 방충에 충분한지 지속적으로 유지·관리한다.

고전압 유인살충등

고전압 유인살충등은 죽은 곤충류 파편이 비산하여 식품에 혼입될 우려가 있으므로 식품이 노출된 곳에서는 사용할 수 없다.

위생해충 관리방안

위생해충의 방제를 위해서는 「감염병의 예방 및 관리에 관한 법률」에 근거하여 하절기(4~9월)는 2개월, 동절기(10~3월)는 3개월마다 1회 이상 허가받은 방역업체와 계약을 체결하여 급식시설 방역을 실시해야 한다.

(2) 방서시설

- 배수로에는 폭 0.8 cm 이하의 철망을 설치하여 쥐가 들어오지 못하도록 한다.
- 출입구 외부에는 쥐덫을 설치하여 쥐를 포획해야 한다.

방충·방서 관리 계획은 표 4-2와 같다.

표 4-2 방충·방서 관리 계획

시설 종류	설치 위치	점검주기	비고
바퀴트랩	조리장 입구, 창고 등	월 ○회	
쥐트랩	휴게실 주변	월 ○회	
유인포충등	조리장 내부, 홀 등	월 ○회(끈끈이판 교체)	포획 확인
분무소독	조리장 주변, 쓰레기 분리장	하절기(5~10월)/주 3회 동절기(11~4월)/월 2회	
기타	훈연소독 및 살충제 살포 시 조리기구 및 음식에 영향을 미치지 않도록 함		

출처 : 식품의약품안전처, 집단급식소 HACCP 관리(예시본), 2014

4) 개인위생관리

음식은 사람의 손에 의해 만들어지므로 조리종사자는 건강한 사람이어야 하며, 기본적인 위생관리방법을 숙지하여 위생관념을 익히고 실천하는 것을 생활화하여야 한다. 위생적인 복장과 단정한 용모, 개인의 위생관리는 안전한 식품의 조리에 있어서 가장 기본적이면서도 매우 중요한 요소이다.

(1) 건강 확인

「식품위생법」에서 정하는 집단급식소의 영업자 및 종업원의 건강진단은 '식품위생 분야종사자 등의 건강진단 규칙'에 따라 연1회 이상의 건강진단을 실시하여야 하며, 학교급식에 종사하는 조리종업원은 「학교급식법」에 따라 6개월에 1회 이상의 건강진단을 실시하고 그 기록은 2년간 보관하여야 한다.

채용 시에는 건강진단 검사 결과서를 보고 건강 상태를 확인하고, 매일 아침 작업 전에 조리종사원의 건강 상태를 파악하여야 한다.

「식품위생법」에 의한 영업에 종사하지 못하는 질병의 종류

「감염병의 예방 및 관리에 관한 법률」에 따른 제2급감염병(콜레라, 장티푸스, 파라티푸스, 세균성 이질, 장출혈성 대장균 감염증, A형 간염), 결핵(비감염성인 경우는 제외), 피부병 또는 그 밖의 화농성(化膿性)질환

건강진단수첩 관리

- 영양사는 조리종사자별로 지난 판정일, 다음 판정일, 이상 여부 등을 상시 파악할 수 있도록 건강진단 결과를 기록하여 관리한다.
- 건강진단수첩은 검진일로부터 1년간 유효하다.

(2) 개인위생

조리종사자 등 식품을 취급하는 자의 개인위생이 식품의 안전성에 큰 위험을 초래하는 오염원이 될 수 있으므로 조리장에 들어서는 순간부터 나갈 때까지의 전 과정을 위생원칙에 입각하여 행동하고 개인위생수칙을 철저히 지켜 생활화되도록 노력하여야 한다.

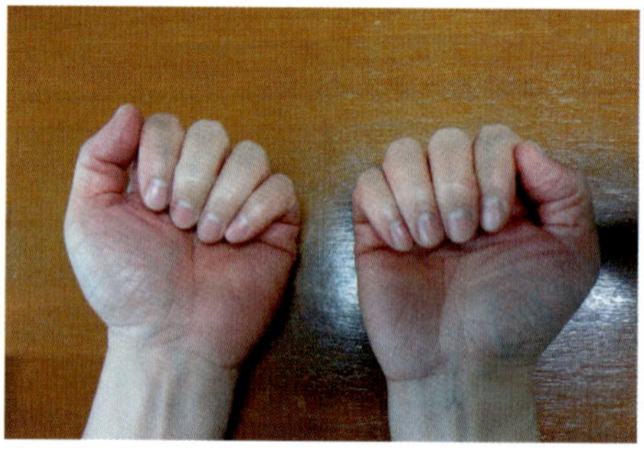

그림 4-12 **위생적인 손톱 관리**

매일 샤워하고 두발은 청결히 하며, 머리카락이 위생모자 밖으로 나오지 않게 한다. 손톱은 짧게 자르고 메니큐어칠을 하지 않는다. 시계, 반지, 목걸이, 귀걸이, 팔찌 등의 장신구 착용을 금한다. 지나친 화장과 향수, 인조속눈썹, 인조손톱 등의 부착물 사용을 금한다.

위생적인 손톱 관리

긴 손톱은 밑에 이물이 끼기 쉽고 세균이 잠복하기 쉽기 때문에 짧게 유지한다.

(3) 손 씻기

우리 손에는 육안으로는 확인할 수 없는 많은 미생물이 존재하며, 이러한 미생물들을 제거하기 위해서는 올바른 손 씻기가 중요하다. 그렇지 않은 경우 조리작업과정 중 식재료와 식기구, 음식 등에 오염되어 식중독을 일으킬 수 있다.

① 올바른 손 씻는 방법

① 손 표면의 지방질 용해와 미생물 제거가 용이하도록 40℃ 정도의 온수를 사용한다.

② 손을 적시고 비누는 거품을 충분히 내어 팔 윗부분과 손목을 거쳐 손가락까지 깨끗이 씻고 반팔을 입은 경우에는 팔꿈치까지 씻는다.

③~⑤ 양손을 이용하여 손톱 밑, 손톱 주변, 손바닥, 손가락 사이 등을 꼼꼼히 문질러 눈에 보이지 않는 세균과 오물을 제거한다.

⑥ 손을 물로 헹구고 다시 비누를 묻혀서 20초 동안 서로 문지르면서 회전하는 동작으로 씻는다.

⑦ 흐르는 물로 비누거품을 충분히 헹구어 낸다.

⑧ 깨끗한 종이타월 등을 이용하여 완전히 건조시킨다.

② 손을 씻어야 하는 경우

- 작업 시작 전
- 화장실을 이용한 후
- 작업 중 미생물 등에 오염되었다고 판단되는 기구 등에 접촉한 경우
- 쓰레기나 청소도구를 취급한 후
- 일반작업구역에서 청결작업구역으로 이동하는 경우
- 육류, 어류, 난각 등 미생물의 오염원으로 우려되는 식품과 접촉한 후

손 소독

① 손 소독이 필요한 경우는 70% 에틸알코올 또는 동등한 소독효과를 가진 살균소독제를 용법에 맞게 사용하도록 한다.

② 손 소독이 손 씻기과정을 대신하여 이루어져서는 안 되며, 손 소독은 손을 씻고 건조시킨 후 행한다.

- 귀, 입, 코, 머리 등 신체 일부를 만졌을 때
- 감염 증상이 있는 부위를 만졌을 때
- 음식찌꺼기를 처리했을 때 또는 식기를 닦고 난 후

손 씻는 방법

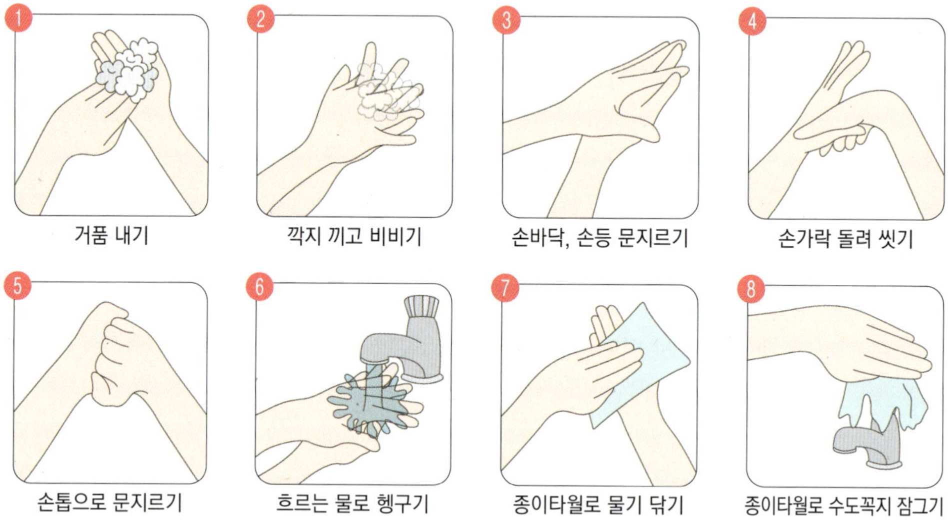

손 소독 방법

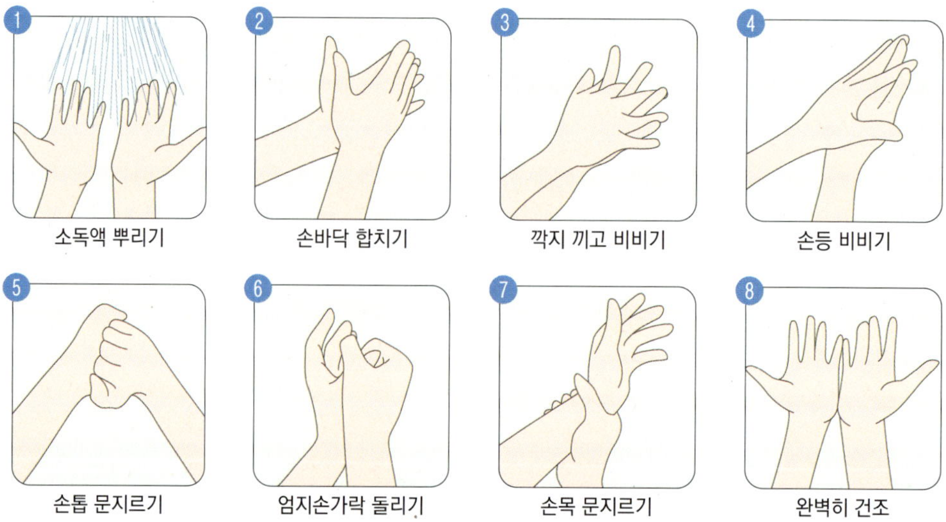

그림 4-13 **올바른 손 씻는 방법**

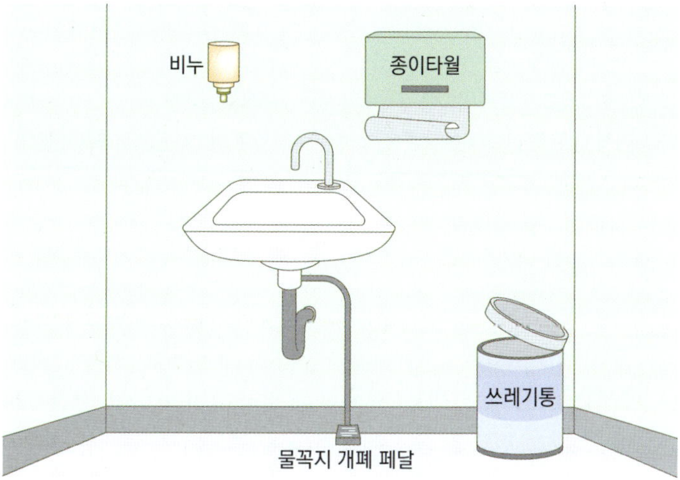

그림 4-14 손 씻는 설비

- 음식을 먹은 다음, 또는 차를 마시고 난 후
- 전화를 받고 난 후
- 담배를 피운 후
- 식품 검수를 한 후
- 코를 풀거나 기침, 재채기를 한 후 등 손 씻기가 필요한 경우

그림 4-15 손을 씻어야 하는 이유
출처 : 식품의약품안전청, 집단급식소 위생관리 매뉴얼, 2009

위생적인 손관리

① 손에 로션을 바르지 않는다(로션은 세균에 필요한 수분과 양분을 공급하여 세균의 번식을 돕는다).
② 작업으로 돌아가기 전에 손을 오염시키지 않도록 한다(화장실 문을 열 때는 손을 말린 종이타월을 이용하여 연다).

(4) 복장

① 영양사

- 조리장 내에서는 위생복, 위생모, 위생화를 착용하여야 하고 청결하게 관리한다.
- 외부 또는 화장실 출입 시에는 위생복을 착용하지 않는다.

② 조리종사자

- 위생복의 색상은 더러움을 쉽게 확인할 수 있는 흰색이나 밝은 색상으로 하고, 위생복을 입은 채 조리장 밖으로 나가지 않는다.
- 앞치마는 전처리용, 조리용, 배식용, 세척용으로 구분하여 착용한다.
- 위생모는 머리카락이 모자 바깥으로 나오지 않도록 착용한다.
- 조리 시작시점부터 위생마스크 착용을 권장한다.
- 음식의 배식 시 기침이나 재채기를 통한 세균 오염을 방지하기 위하여 위생마스크를 착용한다.
- 위생화는 신고 벗기에 편리하고 발이 물에 젖지 않는 모양과 재질을 선택한다.
- 위생화는 발을 완전히 가리는 것으로 굽이 높지 않고, 밑창은 방수성이 있으며 미끄러지지 않는 것으로 한다. 또한 전용 소독건조기를 비치하여 세척한 후 건조하여 사용하도록 한다.

신발 소독조 활용

① 조리장의 출입구, 화장실 출입구, 일반작업구역과 청결작업구역의 경계면에 신발 소독조를 둔다.
② 소독조에 사용되는 소독제는 「식품위생법」 "기구 등의 살균소독제"로 허가된 제품을 적정 농도로 사용한다.
③ 소독판 내부에 플라스틱 깔판을 비치하여 위생화 바닥의 이물질을 제거할 수 있게 한다.

표 4-3 위생복 착용방법

종류	방법	예시
위생복	세척·소독 여부를 쉽게 확인할 수 있도록 가급적 흰색을 권장하나 색을 제한하지 않는다. 청결한 위생복을 착용하며 조리장 이외의 장소에서는 착용하지 않는다.	 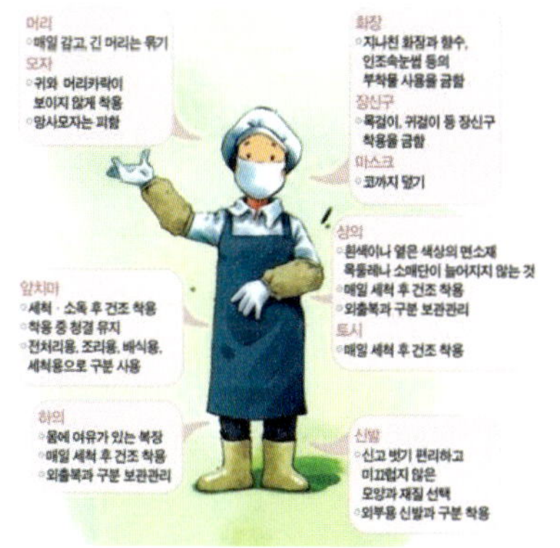
	이물 혼입을 막기 위해 단추보다는 벨크로(찍찍이)를 권장하며, 소매, 바지 아래 등을 걷지 않고 완전히 내리고, 상의 단추 등을 개방하지 않는다.	
위생모	머리 전체를 감싸도록 하여 머리카락이 노출되지 않도록 착용한다.	
위생(장)화	세척·소독 여부를 쉽게 확인할 수 있도록 가급저 흰색을 권장하나 색을 제한하지 않는다.	
	꺾어 신거나 접어 신지 않는다.	
앞치마	작업형태와 공정에 따라 구분하여 사용하며, 가슴에서 무릎까지 가릴 수 있도록 착용한 후 뒤에 끈을 묶는다.	
위생장갑	손목 부위 작업복 소매를 덮어 착용한다.	
마스크	청결구역 내에서는 필수적으로 착용한다.	
	호흡기(입, 코)를 완전히 가리도록 한다.	
토시	위생장갑(손목 부위)를 덮어 팔꿈치까지 착용한다.	

출처 : 식품의약품안전처, 집단급식소 HACCP 관리(예시본), 2014

- 위생화를 신고 외부로 나가거나 화장실 출입을 금한다.

③ 방문객

- 조리장 입구에 방문객 전용 위생복, 위생모, 위생화를 비치하고 청결하게 관리한다.
- 식품 취급지역에 들어오는 방문객은 식품을 오염시키지 않도록 위생복, 위생모, 위생화를 착용하고 신발 바닥을 소독하여야 한다. 이를 착용하지 않은 사람을 조리장에 출입하게 하여서는 안 된다.

5) 교차오염의 방지

급식소에서의 작업은 구매한 물품을 검수하는 일부터 시작하여 전처리, 소독, 조리, 배식, 세정, 정리정돈에 이르기까지 대부분의 작업이 수작업에 의하여 이루어진다. 이 과정에서 발생할 수 있는 교차오염이 식중독 발생의 주요 원인이 되므로 작업과정의 위생관리가 보다 체계적으로 유지되어야 한다.

교차오염의 방지는 다음과 같이 오염된 식재료, 기구, 용수와의 접촉 가능성을 차단함으로써 가능하다.

- 일반작업구역과 청결작업구역으로 구역을 구분하여 전처리, 조리, 기구 세척 등을 별도의 구역에서 한다.
- 세정대는 어·육류용, 채소류용 2개로 구분 사용하고 사용 전후에 충분히 세척·소독한 후 사용한다.
- 식재료 및 식품 취급 등의 작업 시 바닥으로부터 60 cm 이상에서 실시하여 바닥의 오염된 물이 튀어 들어가지 않게 한다.
- 고무장갑은 바로 먹을 수 있는 식품 취급은 미생물 오염을 줄이기 위해 적절하게 소독·보관된 조리용 고무장갑 또는 일회용 장갑을 사용해야 하며, 조리용 고무장갑을 착용하고 냉장고 문 손잡이 접촉, 소독고 문 손잡이 접촉, 호스나 양념 통 접촉, 기구·기물 운반 등을 하지 않도록 한다.
- 칼, 도마는 용도별로 각각 구분하여 사용하여야 한다.
- 식품 보관 시 전처리하지 않은 식품과 전처리된 식품은 분리·보관한다.
- 전처리에 사용하는 용수는 반드시 먹는 물을 사용한다.

그림 4-16 **칼·도마의 용도별 구분 사용**

6) 전처리

전처리는 식재료를 다듬고 씻고 용도에 맞게 자르는 작업으로 미생물 증식과 교차오염이 일어나지 않도록 특히 유의해야 한다.

(1) 식재료 세척·소독

세척은 식재료에서 이물질을 제거하는 것이며, 소독은 식품 표면에 존재하는 미생물을 위생상 안전한 수준으로 감소 또는 사멸시키는 과정을 말한다.

식재료를 세척한 후 싱크대에서 세척할 때는 채소류, 어패류, 육류를 구분하여 사용하고 불가피하게 한 개의 싱크대를 사용하는 경우에는 채소류 → 육류 → 어류 → 가금류 순으로 세척한다.

효과적인 세척방법은 미생물 제거 시 흐르는 물을 사용하고, 농약 제거 시 담금물을 사용한다.

소독방법은 소독액 조제 → 농도 확인 → 소독 → 세척 순으로 진행한다. 소독 대상은 가열하지 않고 생으로 먹는 채소류와 과일류 등이 해당된다.

소독 시 주의사항은 식품의약품안전처에서 식품첨가물로 인정한 제품인지를 확인하여야 하며, 개봉된 원액은 소독력이 감소되므로 30일을 주기로 사용 중인 소독제를 교체한다. 희석액은 즉시 사용하고 남은 소독액은 버려야 한다.

전처리 작업은 세척 → 소독 → 절단 작업 순으로 시행한다.

(2) 해동

해동 시 미생물의 증식과 드립drip 현상이 발생하지 않도록 하는 것이 중요하다. 가장 좋은 해동방법은 냉장 해동으로 냉장고 내부에서 서서히 해동시킴으로써 시간은 오래 걸리나 품질을 유지할 수 있다. 해동 후 익혀야 하는 경우는 전자레인지 해동방법을 사용한다. 급식소에 가장 많이 사용하는 방법 중 흐르는 물(21℃)에 해동하는 방법과

생선, 육류의 해동

① 해동은 냉장상태에서 하도록 하고, 급속 해동 시에는 흐르는 찬물(21℃ 이하)에서 하되, 해동된 식품의 표면온도는 5℃ 이하로 유지하여야 한다〔단, 냉장고(실)에서 해동할 경우 보관의 오해가 없도록 "해동 중" 표시〕.

② 생식품은 조리된 식품과 분리 해동해야 하며, 생식품은 조리되기 전에 완전 해동한다(단, 국거리용 고기나 생선은 해동 과정 없이 냉동상태로 가열조리 가능).

③ 해동된 식품은 즉시 사용토록 하고 재동결해서는 안 된다.

조리의 한 과정으로써 해동하는 방법이 있다. 해동된 식품은 즉시 사용하고 재동결해서는 안 된다.

- 내포장 제거와 다듬기 작업은 일반작업구역에서 실시한다(단, 가열조리 없이 제공하는 가공완제품의 내포장은 조리실에서 제거해야 한다).
- 전처리는 청결작업구역을 오염시키지 않도록 구획된 장소 또는 전처리실에서 실시하도록 한다.
- 냉장·냉동식품의 전처리 작업은 실온(1~35℃)에서 장시간 수행하지 않는다.
- 식재료를 전처리하는 도중에는 다른 일을 하지 않으며, 작업 중의 식재료는 바닥에 방치되는 일이 없도록 작업대, 선반 등에 놓는다.
- 전처리하지 않은 식품과 전처리된 식품은 분리하여 취급하며, 전처리된 식품 간에 교차오염이 발생하지 않도록 위생적으로 관리한다.
- 전처리 시에는 전처리 전용 고무장갑을 착용한다.
- 절단 작업 시는 소독된 전용 도마와 칼을 사용한다.
- 전처리된 식재료 중 온도관리가 필요한 식재료는 조리 시까지 냉장고에 보관한다.
- 전처리 시 발생되는 폐기물, 찌꺼기는 신속하게 폐기물 전용 용기 또는 폐기물 봉지에 넣어 악취나 오물이 흐르지 않도록 신속하게 처리한다.

드립drip 현상

냉동식품을 해동하면 유출되는 액으로 동결, 해동의 조건이나 육질에 따라서 드립의 정도는 다르지만 드립 속에는 맛 성분이 용해되어 드립이 많이 유출되는 것은 바람직하지 못하다.

냉장 해동 (○)

유수 해동 (○)

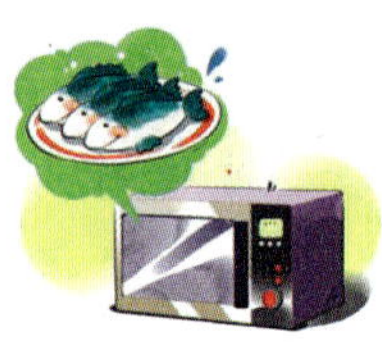
전자레인지 해동 (○)

상온 해동 (×)

온수 해동 (×)

출처 : 식품의약품안전청, 집단급식소 위생관리 매뉴얼, 2009

7) 조리

조리에 사용할 식재료는 항상 신선도를 확인하고 식품을 취급할 때는 맨손으로 만져서는 안 된다. 모든 식재료는 조리장 바닥에 놓지 않고 조리작업 중 물이 튀지 않도록 적어도 60 cm 이상의 높이에 놓아야 한다. 조리 시 식품의 중심 온도는 74℃가 되도록 가열하며, 온도 측정방법은 소독한 탐침온도계를 사용하여 식품 중 가장 두꺼운 부위를 1회 조리 분량마다 3회 이상 측정해야 한다.

그림 4-17 **탐침 온도계를 이용한 중심온도 측정**

더운 음식과 찬 음식은 구별하여 작업함으로써 잠재적으로 위험한 식품으로 인해 발생될 수 있는 식중독 사고를 미연에 방지할 수 있다. 조리된 식품은 배식 시까지 적온급식을 할 수 있도록 온도를 유지함으로써 식품의 안전성 확보는 물론 음식의 맛을 유지할 수 있다.

완제품의 경우 배식 시까지 적온급식을 위해서 차가운 음식(4℃ 이하)은 차갑게 유지하고 뜨거운 음식(60℃ 이상)을 뜨겁게 유지함으로써 맛은 물론 위생을 확보할 수 있다.

그림 4-18 **온도별 냉각에 소요되는 시간**

조리 후 차갑게 제공되는 냉면 육수, 식혜·수정과 등과 같은 차갑게 제공되는 음료, 감자샐러드나 고구마범벅 등과 같은 차갑게 제공되는 음식은 신속히 냉각시켜 냉장 보관함으로써 오염과 변질을 예방할 수 있다.

냉각시간의 경우 57℃에서 21℃로 냉각시키는데 2시간 이내, 21℃에서 5℃로 냉각시키는데 걸리는 시간은 4시간 이내여야 한다.

냉각방법은 금속용기를 사용하여 얇은 용기나 작은 단위로 소분하거나, 얼음 담긴 용기에 식품 용기를 담아 냉각하고 막대로 저으면서 냉각하는 방법, 금속 냉각기를 이용하여 냉각시키는 방법이 있다.

잠재적으로 위험한 식품 Potentially Hazardous Foods, PHF

수분활성도(A_w) 0.85 이상이거나 pH 4.6에 해당하는 식품으로 고기, 생선, 조개, 가금류, 달걀, 우유 등이 해당한다.

8) 보관 및 배식 관리

배식 시는 식품의 특성에 따른 온도관리와 식품이 오염되지 않도록 안전한 급식을 하는 것이 중요하다. 냉장식품은 냉장보관(0~10℃)하고, 온장식품의 경우는 60℃ 이상을 유지하여야 한다. 배식 시는 위생장갑을 착용하고 소독된 주방기구는 사용하여야 하며, 배식 중인 음식과 조리된 음식을 혼합해서는 절대 안 된다.

냉장고 온장고

9) 검식

검식은 영양사가 집단급식소에서의 식단을 작성한 후 조리된 식품에 대하여 전체적으로 평가를 하는 중요한 직무로 조리 완료 시 실시한다.

- 검식 시에는 음식의 맛, 조화(영양적인 균형, 재료의 균형), 이물, 이취, 조리상태 등을 확인하고 객관적으로 평가하여야 하며, 다음 급식 계획 시에 반영한다.
- 검식할 때는 사용한 검식용 용기와 주방기구는 재사용하지 않아야 한다.

10) 보존식

조리된 음식의 맛, 질감, 조리 상태 등을 조사하여 기록함으로써 음식의 품질을 확인하고, 향후 식단 개선의 자료로 활용토록 검식을 하며, 만일의 위생사고 발생 시 그 원인규명에 도움이 될 수 있도록 보존식을 보관한다. 보존식은 배식 직전에 소독된 보존식 전용 용기 또는 멸균 비닐봉지에 제공된 음식을 종류별로 매회 1인분 분량을 담아 -18℃ 이하에서 144시간 냉동 보관하며, 보존식 기록지에 날짜, 시간, 채취자 성명을 기록하여 관리한다.

납품된 가공 완제품 보관

가공완제품 중 그대로 제공하는 식품은 개봉할 경우 식중독 원인균의 출처를 확인하기 어렵기 때문에 포장을 뜯지 않은 원 상태로 보관한다.

보존식

식중독, 감염병 등의 사고가 발생하거나 그에 준한 이상증세가 나타나는 경우 메뉴별 원인 조사 및 분석을 통한 적절한 예방대책을 강구하기 위한 샘플을 채취 준비하는 예비 준비물을 말한다.

1인분 분량

가볍거나 소량 제공하는 음식의 1인분 분량은 미생물 분석 시 요구되는 시료의 양(100 g)을 충족시키지 못할 수 있으므로 모든 음식은 100 g 이상 보존하는 것이 바람직하다.

출처 : 식품의약품안전청, 집단급식소 위생관리 매뉴얼, 2009

11) 폐기물 관리

음식과 관계된 폐기물은 수분과 영양성분이 많아 쉽게 상하고 침출수와 악취가 발생하여 위생해충을 유인하고 환경오염을 일으킬 수 있으므로 특별한 관리가 필요하다. 폐기물 처리시설은 조리장과 격리된 일정 장소에 설치하고, 폐기물 등의 용기는 밀폐

음식물 쓰레기 담는 양

음식물 쓰레기는 수거통의 2/3 이상을 담지 않도록 함으로써 운반 시에 넘치거나 흘리지 않도록 한다.

가능한 구조이어야 한다. 쓰레기통 및 잔반 수거통은 단단하고 내구성이 있어야 하며, 반드시 뚜껑이 있는 용기를 사용하여 악취가 나지 않게 한다.

12) 세척 및 소독

식품 접촉 표면을 통한 교차오염을 예방하기 위해서는 급식기구 및 용기의 세척, 소독이 적절히 이루어져야 하며, 세척 또는 소독 시에 조리장 내부가 오염되지 않도록 주의한다. 기구별 세척 및 소독 방법을 정확히 숙지하여 실시하도록 한다.

(1) 세척

세척이란 급식기구 및 용기의 표면에서 세척제를 사용하여 음식성분과 기타 유기성분을 제거하는 일련의 작업과정을 말한다. 세척제 구입 시 세척제의 용도, 효율성 및 안전성을 충분히 고려하여야 하며, 사용방법을 충분하게 숙지하여야 한다. 세척제는 반드시 식품과 구분하여 안전한 장소에 보관하여야 하며, 사용 중인 세척제의 물질안전보건자료MSDS를 비치하여야 한다.

(2) 소독

소독이란 급식기구, 용기 및 음식이 접촉되는 표면에 존재하는 미생물을 완전히 제거하거나 안전한 수준으로 감소시키는 것을 말한다. 살균소독제는 기구 등의 살균소독제를 구입하여 사용하여야 하며 제품별 용량, 용법 및 주의사항을 반드시 지켜야 한다. 살균소독제는 반드시 식품과 구분하여 안전한 장소에 보관하고, 사용 중인 살균소독제의 물질안전보건자료MSDS를 비치하여야 한다.

표 4-4 세제의 종류 및 용도

종류	용도
일반세제	비누, 합성세제(세척 용도에 사용)
솔벤트	오븐, 가스레인지 등 묵은 때를 제거할 때 사용
산성세제	세척기의 광물질(scale), 세제 찌꺼기를 제거할 때 사용
연마세제	바닥, 천장 등을 청소할 때 사용

표 4-5 세척제 종류별 사용방법

세척제의 종류	세척제 사용방법		
과일·채소용 세척제 			• 채소, 과일을 세척제 용액에 5분 이상 담그지 말 것 • 세척제 사용 후 반드시 음용수로 재세척(유수 사용 : 5초 이상 세척, 용기에 담아 사용할 경우 2회 이상 물을 교환하여 세척할 것) • 유수일 경우 : 채소, 과일은 30초 이상, 식기류 5초 이상 세척
식품용 기구·용기용 세척제, 식품 제조·가공장치용 세척제 	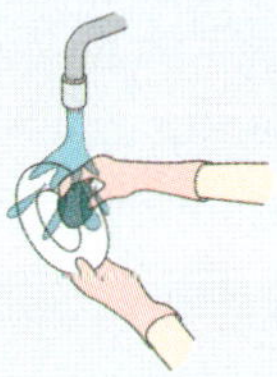	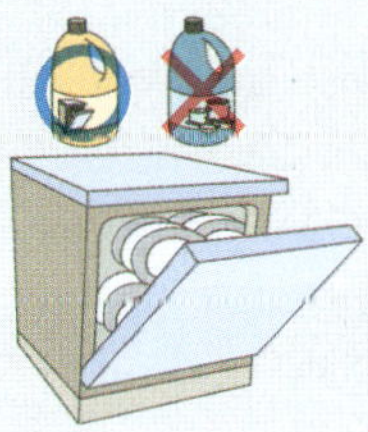	• 용도 이외로 사용 또는 규정 사용량 이상 사용하여서는 안 됨

세척제의 종류와 사용 시 주의할 점

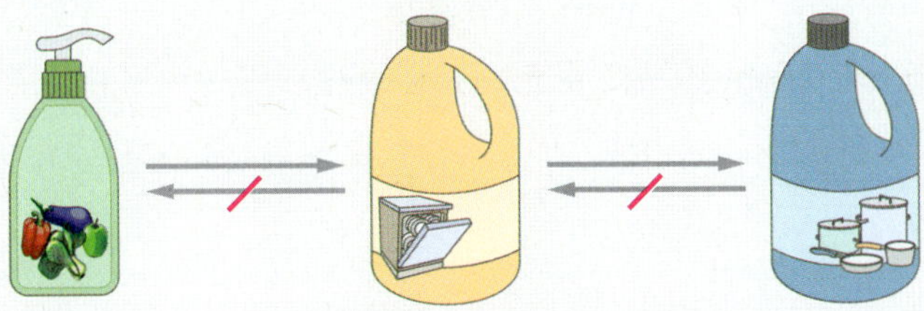

과일 · 채소용 세척제
사람이 그대로 먹을 수 있는 과일 · 채소 등을 씻는 데 사용되는 세척제

식품용 기구 · 용기용 세척제
가공기구, 조리기구 등 식품용 기구용기(자동식기세척용 포함)를 씻는 데 사용되는 세척제

식품 제조 · 가공장치용 세척제
식품의 제조 · 가공장치 등을 씻는 데 사용되는 세척제

표 4-6 소독의 종류 및 방법

종류	소독방법	대상	비고
자비소독 (열탕소독)	• 열탕 : 100℃에서 5분 이상 • 증기 : 100~120℃에서 10분 이상 • 재질의 종류에 따른 방법 - 금속재 : 100℃에서 5분 - 사기 : 80℃에서 1분 - 천류 : 70℃에서 25분, 95℃에서 10분	식기 행주	그릇을 포개어 소독할 경우에는 끓이는 시간을 연장
건열소독	• 160~180℃에서 30~45분간	스테인리스스틸 식기	
자외선소독	• 살균력이 가장 강한 자외선(2,537Å)에서 30~60분 조사	소도구 용기류	자외선은 투과하지 않으므로 자외선이 바로 닿도록 배치
화학소독	• 염소용액소독 - 생채소, 과일 : 100ppm 5~10분간 침지 - 발판소독 : 100ppm 이상 - 식품 접촉면 소독 : 100ppm 1분간 • 요오드용액(기구, 용기) : pH 5 이하, 실온, 요오드 25 ppm 함유된 용액 1분 이상 침지 • 70% 에틸알코올(손, 용기 등) : 분무하여 건조	작업대 기기 도마 과일 채소	소독 후 소독제가 잔류하지 않도록 음용에 적합한 물로 반드시 씻은 후 사용

소독액 제조법

소독제 농도 계산법

$$\text{희석농도(ppm)} = \frac{\text{소독약의 양(mL)}}{\text{물의 양(mL)}} \times \text{유효잔류 염소 농도(\%)}$$

• 차아염소산나트륨

(예) 락스(유효농도 4%)를 사용할 경우 : 물 10 L당 락스 25 mL 사용 ⇒ 유효잔류염소농도 100 ppm 소독액

• 요오드

(예) 요오드액(1.75% 농도)을 사용할 경우 : 물 10 L당 요오드액 1.5 mL 사용 ⇒ 요오드 25 ppm

• 알코올

(예) 에틸알코올(99% 농도)을 사용할 경우 : 에틸알코올 7C + 물 3C ⇒ 70% 알코올

출처 : 주난영 외, 식품위생과 HACCP 실무, 2016

살균소독제 사용 시 유의사항

살균소독제는 제조 후 시간이 경과되면 휘발성이 있어 농도가 낮아지므로 1일 1회 이상 제조하여야 하며, 사용 전 테스트페이퍼나 농도 측정기 등을 사용하여 농도를 확인한다.

물질안전보건자료Material Safety Data Sheets, MSDS

화학물질에 대하여 유해위험성, 응급조치 요령, 취급방법 등 16가지 항목에 대해 상세하게 설명해 주는 자료를 말한다. 「산업안전보건법」 제41조의 규정에 의하여 화학물질을 제조, 수입, 사용, 저장, 운반하고자 하는 자는 MSDS를 작성, 비치 또는 게시하고, 화학물질을 양도 또는 제공하는 자는 MSDS를 함께 제공하도록 한다.

(3) 기구 세척·소독 방법

주방기구 등의 세척과 소독은 다음 급식에 재사용되는 만큼 기구 등을 청결한 세척과 소독을 통해 미생물을 제어할 수 있다. 식기세척기는 세척·소독이 가능한 온도가 유지되는지 확인하고 온수 공급이 원활히 되도록 설치하여야 한다. 급식소에서 식기 세척기를 사용할 경우 애벌세척을 통하여 음식물 찌꺼기를 먼저 제거하고 식기 세척기에 주방기구 및 용기를 넣어 세척·헹굼·소독·건조가 자동적으로 이루어지도록 하여야 하나, 세척기가 소독이 되지 않을 경우 식기 소독고를 사용하여 소독한 후 보관함으로써 위생적으로 관리하여야 한다.

주방 기계나 기구 세척 시 전원 차단

주방기계나 기구 세척 시에는 특히 안전사고에 주의하여야 하며, 콘센트에서 플러그를 반드시 뽑은 후에 작업을 하여야 한다.

표 4-7 열소독의 용도에 맞는 세척수의 온도

구분	종류	온도(℃)
일반	화학소독제의 효과적인 온도 범위	24~49
	화학소독기의 마지막 소독 온도 범위	49~60
	식기와 장비를 씻고 헹구는 물의 온도	49
	대부분의 미생물이 죽는 온도 범위	72~74
	손으로 씻고 소독할 때의 소독 온도	77
식기세척기	애벌세척 시 온도 범위	27~43
	초기 세척 온도	66
	중간 세척 온도	74
	마지막 헹굼 물 온도	82
	한계온도	91

(4) 청소관리 프로그램

조리장 내 작업구역에 대한 지속적인 위생·청결관리를 위해서 청소관리 프로그램을 실행하여야 한다. 청소관리 프로그램을 실행하기 위해서는 청소에 필요한 기구 및 도구들을 미리 충분히 준비되어 있어야 하고, 청소 및 위생처리가 효과적으로 이루어질 수 있어야 한다. 이를 위해 조리종사자들에게 청소관리 프로그램에 대한 교육·훈련이 정기적으로 이루어져야 하며, 각 구역과 기기에 대한 청소상태를 매일 점검하여 조리장 전체가 청결을 유지하도록 하여야 한다.

청소계획표는 사용 시마다 일별, 주별, 월별, 연간으로 구분하여 계획을 수립하고,

표 4-8 청소계획표의 예

시기	청소 구역	담당 근무조 및 담당자
사용 시마다	칼, 도마 장갑, 앞치마 행주, 수세미 밥통, 찬통, 국통, 식판 작은 기기류(수저, 집게, 국자, 주걱 등) 취사기, 국솥, 조림솥, 튀김솥 채소절단기, 세미기, 탈피기, 분쇄기 등 검수대, 작업대, 배식차, 운반차	○○○
일별	식기류 및 집기류 세척 및 소독 조리기기, 식기세척기 전처리실, 조리실 및 식당(벽, 바닥 포함) 냉장·냉동고의 손잡이 배수구 및 트렌치, 찌꺼기 거름망 세면대, 휴게실(탈의실), 화장실	○○○
주별	닥트, 배기후드 청소 냉장·냉동고 내·외부 조명, 환기시설 창고, 사무실, 덤웨이터(Dumb Waiter)	○○○
월별	유리창 및 방충망 청소 식기류 및 기기 스케일 제거(약품 사용) 그리스 트랩 환풍기 식자재 보관실 대청소	○○○
연별	위생관련 시설·설비·기기 점검 및 보수 천정 조명, 냉·난방기	○○○

청소구역, 시기, 청소 방법 및 절차, 청소도구의 종류 및 청소담당자 등이 정확하게 명시되어야 한다. 모든 청소단계에 반드시 소독과정을 포함시키도록 하며, 청소와 소독에 대한 작업 기록을 작성하고 비치하여야 한다. 청소계획은 지속적인 검증과정을 통하여 현재 진행되고 있는 청소계획이 위생적인 환경 조성으로 미흡하다고 판단될 경우 청소방법 및 절차, 빈도 등을 개선하여야 한다.

표 4-9 급식 시설·용기 세척·소독 관리의 예

구분	세척		소독		
	세척방법	빈도	소독방법	소독액	빈도
식기세척기	중성세제 세척	1일 1회	분무	70% 알코올	주 1회
스팀국솥	중성세제 세척	1일 1회	분무, 발포	70% 알코올	1일 1회
취반기	중성세제 세척	1일 1회	분무	70% 알코올	1일 1회
가스레인지	중성세제 세척	1일 1회	분무	70% 알코올	1일 1회
채소절단기	중성세제 세척	매 작업 시	발포	락스 희석액	매 작업 시
냉장냉동고	중성세제 세척	1일 1회	발포	락스 희석액	1일 1회
식기소독고	중성세제 세척	1일 1회	발포	락스 희석액	1일 1회
분쇄기	중성세제 세척	매 작업 시	분무	70% 알코올	매 작업 시
덤웨이터	중성세제 세척	1일 1회	분무	70% 알코올	1일 1회
작업대	중성세제 세척	매 작업 시	발포	락스 희석액	매 작업 시
보온배식대	중성세제 세척	매 작업 시	분무	70% 알코올	매 작업 시
싱크대	중성세제 세척	매 작업 시	발포	락스 희석액	1일 1회
조리대	중성세제 세척	매 작업 시	발포	락스 희석액	매 작업 시
칼·가위	중성세제 세척	매 작업 시	조사	자외선 소독	매 작업 시
도마	중성세제 세척	매 작업 시	조사	자외선 소독	매 작업 시
고무장갑	중성세제 세척	매 작업 시	침지	락스 희석액	매 작업 시
행주류	중성세제 세척	매 작업 시	열탕	100℃에서 10분 이상	1일 1회
집기류	중성세제 세척	매 작업 시	침지	락스 희석액	매 작업 시
기타 용기	중성세제 세척	매 작업 시	침지	락스 희석액	매 작업 시
트렌치	중성세제 세척	1일 1회	발포	락스 희석액	1일 1회
바닥	중성세제 세척	1일 1회	발포	락스 희석액	1일 1회
후드	중성세제 세척	주 1회	분무	락스 희석액	주 1회

출처 : 배현주 외, 급식·외식관리자를 위한 HACCP 이론 및 실무, 2017

3. 조리 시설·설비 관리

1) 자외선 소독고

자외선 소독고는 자외선의 특성인 살균력을 이용하여 소독을 하는 장비이다. 자외선 소독고는 구입 시 반드시 온도 조절장치와 타이머가 부착되어 있는 제품을 구입하여 자외선 소독고를 효율적으로 활용할 수 있다. 타이머가 부착되어 있지 않는 경우에는 오랫동안 자외선 소독고를 켜 놓음으로써 자외선 소독고 내 과도한 열 발생으로 인하여 소독 중인 도마가 열에 의한 변성을 초래할 수 있을 뿐만 아니라, 자외선 소독고문의 밀착을 위해 설치한 테두리의 마감 처리가 열에 의해 떨어질 수 있다. 또한 자외선 살균등의 수명이 단축되어 자주 교체해 주어야 하며, 자외선 살균등에 불이 켜진다 하더라도 살균효과가 떨어질 수 있으므로 주기적으로 교체해 주어야 한다.

자외선 소독고에 넣어서 소독하고자 하는 주방기구는 물기를 제거해야 한다.

자외선 소독고

자외선의 특징

살균력은 강하나 투과력이 약하고 열을 발생시킨다.

2) 취반기

취반기는 밥을 지을 때 사용하는 주방장비로 열원을 가스로 하기 때문에 취급 시 물이 닿지 않도록 주의하여야 한다. 취반기에 부착된 조리방법과 유의사항과 같은 메뉴얼은 청소 시 훼손되지 않도록 주의하여야 한다.

3단 취반기

국솥

스팀솥

3) 국솥

국솥은 회전식이어야 하며, 뚜껑이 부착되어야 한다. 국솥은 바닥이 무쇠 등으로 두꺼워야 한다. 국솥은 메뉴에 따른 식재료의 조리방법과 조리시간에 따라 달라질 수 있다. 국솥은 튀김이나 볶음을 하는 데 사용하며, 스팀 국솥은 국을 끓이거나 조림 등의 조리를 하는 데 사용하여 식품의 안전성 확보는 물론 음식의 맛을 향상시킬 수 있다.

4. 냉장·냉동 시설·설비 관리

냉장·냉동 시설은 가능한 열원 및 직사광선과 멀리 떨어진 곳에 설치한다. 냉장·냉동고는 식재료 보관 및 조리식품의 냉각과 냉장 보관에 충분한 용량이어야 하며, 냉장시설은 내부 온도가 10℃ 이하, 냉동시설은 -18℃ 이하를 유지하여야 하고, 외부에서도 온도 변화를 관찰할 수 있어야 한다. 추가적인 온도 측정을 하기 위한 온도 센서는 온도가 가장 높은 곳에 설치하고 하루에 2회 이상 측정·기록한다.

냉장·냉동고 온도 관리는 식재료의 품질 유지는 물론 미생물의 증식을 예방할 수 있으므로 냉장·냉동고의 정상 작동과 적정 온도 유지 여부를 확인하고 성에가 낄 경우 주기적으로 제거하여 위생적으로 관리하여야 한다.

워크인walk-in 냉장·냉동고의 설치 시 주의할 점은 냉장·냉동고 문이 바닥과 수평이 되게 유지함으로써 운반용 카트cart가 자유롭게 다닐 수 있도록 설계되어야 한다.

리치인 냉장·냉동고

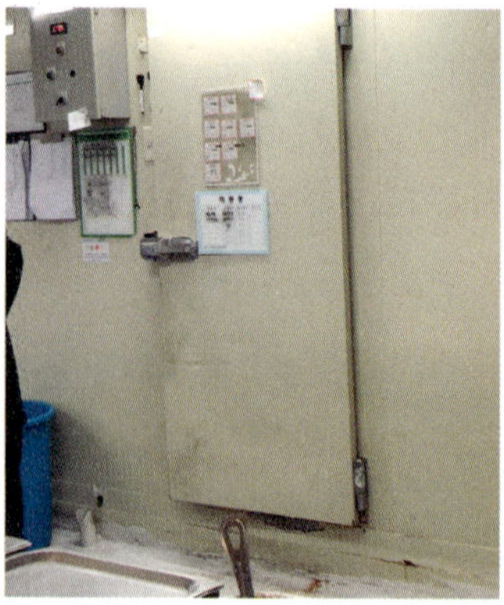

워크인 냉장·냉동고

5. 용수관리

급식소에 사용하는 용수는 잘 관리함으로써 전처리 시에 식재료에 오염을 사전에 방지할 수 있다. 조리에 사용되거나, 시설·설비, 기구·용기, 조리종업원 등의 세척에 사용되거나 고객이 음용하는 용수는 수돗물을 사용한다.

지하수를 사용하는 경우 '먹는 물 수질기준' 전 항목 검사를 연 1회 이상, 음료류 등 직접 마시는 용도의 경우는 반기 1회 이상을 공인기관에 의뢰하여 실시하고 검사성적서 등을 보관 관리한다. 용수에 대한 미생물검사는 「먹는물관리법」의 기준에 따라 월 1회 이상 실시하고 그 결과를 용수검사 성적서에 기록, 유지한다.

미생물검사는 간이검사키트를 이용하여 자체적으로 실시한다. 수질검사 결과 이상이 발생한 경우는 즉시 사용을 중단하고 관련 규정에 따라 필요한 조치를 실시하며 그 결과를 기록, 유지한다.

용수설비관리의 경우 용수 저장탱크, 배관 등은 인체에 유해하지 않은 재질을 사용하며, 용수 저장탱크는 청소가 용이한 재질과 형태이어야 한다. 저수조는 외부로부터의 오염물질 유입을 방지하는 잠금장치를 설치하며, 저수조의 누수 및 오염 여부를 용수관리 점검표에 따라 점검하고 그 결과를 기록, 유지한다. 저수조는 반기별 1회 이상 관련법령에 적합하게 청소와 소독을 실시하고, 비음용수 배관은 음용수 배관과 구별되도록 표시하고 교차되거나 합류되지 않아야 한다.

지하수를 사용하는 경우

- 지하수는 먹는 물 수질기준에 적합한 것을 사용한다.
- 지하수의 취수원은 화장실, 폐기물·폐수처리시설, 동물사육장 등으로부터 20 m 이상의 거리를 유지하여 오염되지 않도록 관리한다.
- 지하수는 반드시 그 효과가 입증된 용수 살균·소독장치로 처리하여 사용한다.
- 지하수를 사용할 경우에 노로바이러스가 검출되어서는 아니된다.

6. 보관·운송 관리

좋은 식재료를 구매하였음에도 불구하고 운송과정에서 위생적으로 취급하지 않은 경우에는 식재료의 오염은 물론 식재료의 신선도와도 밀접한 관련이 있다.

1) 구입 및 입고

구입할 때는 신선하고 안전한 식재료를 구매하여야 하고, 입고 시는 반드시 중량, 개수, 신선도를 파악해야 한다. 입고되는 식재료는 입고검사를 실시하여 기준 및 규격에 적합한 식재료만을 사용한다. 검수가 완료된 식재료는 품목별로 지정된 보관장소에 선입선출이 가능하도록 식별표를 부착하여 입고한다. 입고검사에 불합격한 식재료는 사용하지 않고 반송, 폐기 등의 조치를 취하고 부적합품 관리점검표에 결과를 기록하여 관리한다.

2) 운송

운송차량의 청결상태를 확인하여 식품이 오염되지 않도록 하여야 할 뿐만 아니라, 운반 중 식품은 비식품 등과 구분하여 취급함으로써 교차오염을 방지하여야 한다. 운송하는 과정에 식품은 냉장 또는 냉동 보관을 함으로써 식재료의 품질과 신선도를 유지할 수 있다. 운송차량의 냉장은 10℃ 이하, 냉동은 -18℃ 이하를 유지하는지 여부를 반드시 확인한다.

온도 기록장치

3) 보관

신선한 식재료를 구입한 후 적절한 보관관리를 하지 못하면 식재료의 신선도를 떨어뜨릴 뿐만 아니라 조리 시 음식의 맛에도 영향을 줄 수 있고, 식재료의 위생상태에도 영향을 미치기 때문에 매우 중요하다고 할 수 있다. 식재료 냉장고 보관 시 리치인 냉장고의 경우 냉장고 용량의 70%를 보관하고, 워크인 냉장고는 용량의 40%를 보관함으로써 냉기의 원활한 순환과 식재료 운반 시 충분한 통로를 확보할 수 있다. 식재료 및 조리완제품은 선입선출 하여야 하며, 조리 완제품은 필요한 경우 시간 및 온도 관리를 하여야 하고 이탈한 경우 폐기 및 기록 관리를 하여야 한다.

식재료 및 조리 완제품은 대상별로 구분하여 관리하고, 식재료는 바닥과 벽에 밀착되지 않도록 보관하여 관리한다. 비가열음식과 가열음식은 구분하여 보관함으로써 교차오염을 방지할 수 있다. 부적합한 식재료 및 완제품은 별도의 지정된 장소에 보관하는데, 부적합품은 명확하게 식별되는 표식을 하여 관리하고 부적합품은 반송, 폐기 등의 조치를 취한 후 그 결과를 부적합품 관리점검표에 기록·유지한다. 특히 유독성 물질, 인화성 물질 및 비식용 화학물질은 식품 취급구역으로부터 격리하여 환기가 잘되는 지정 장소에 구분하여 보관·취급한다.

표 4-10 품목별 식재료 보관기준

품목	보관종류	보관온도	보관기간	식품의 종류
신선식품	냉장	0~10℃	1~3일	생선, 육류, 채소, 과일, 우유, 달걀, 두부
저장식품	상온	15~25℃	1주~기간 내	쌀, 건조식품, 통조림, 병조림, 기타 조미료
냉동식품	냉동	-18℃	3개월	냉동생선, 냉동육, 냉동식품류

4) 식재료 및 소모품 보관실

- 식재료 및 소모품(비식품) 보관실은 직사광선을 피할 수 있는 위치에 설치하되 식재료 보관실과 소모품 보관실을 별도로 구분하여야 하며, 부득이하게 함께 보관할 경우 서로 혼입되지 않도록 분리 보관한다.

식품과 비식품 구분 보관

- 대용량 제품을 나누어 보관하는 경우 반드시 제품명과 유통기한을 표시하며, 유통기한이 잘 보이도록 진열하고 입고 순서대로 사용함으로써 유통기한이 지나지 않도록 관리한다.
- 조리실을 통하지 않고 반입이 가능하여야 하며, 출입문은 항상 내부에서만 개·폐할 수 있도록 한다.
- 환기시설과 충분한 보관선반 등을 설치되어야 하며, 보관선반은 청소 및 통풍이 용이하도록 바닥으로부터 15 cm 이상을 띄워야 한다. 물청소가 용이하도록 하고,

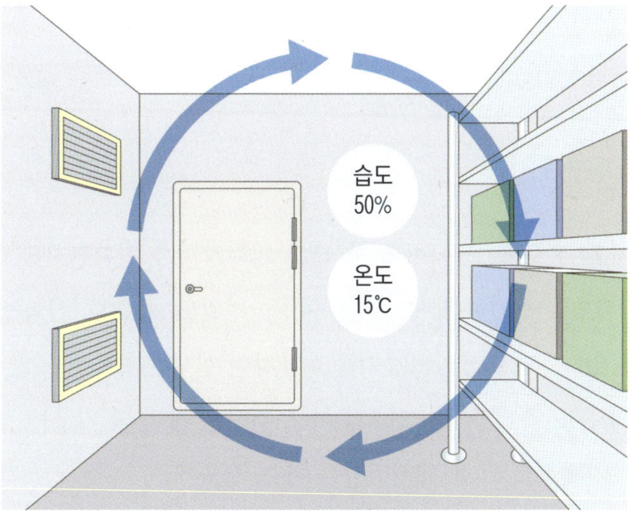

그림 4-19 **식재료 및 소모품 보관실**

바닥은 미끄럽지 않은 재질로 하고 배수가 잘 되어야 한다.

- 식재료 보관실의 바닥은 조리실로부터 물의 유입을 방지하기 위해 조리실 바닥보다 약간 높게 하되, 식품운반차 등의 출입이 쉽게 조리장 바닥과 높이를 약간 경사지게 마무리한다.

식품별 냉장고 보관방법

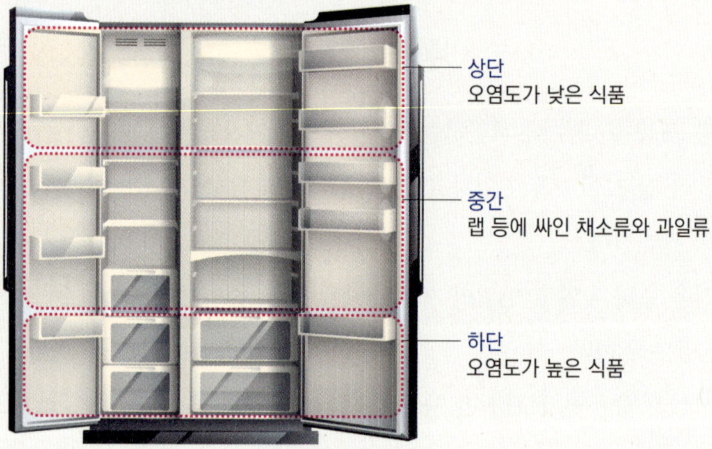

7. 검사관리

1) 검·교정 관리

검·교정은 저울, 온도계, 타이머 등과 같은 계측장비가 정확한지에 대해 확인하는 과정이며, 주기적으로 실시한다. 검·교정 주기는 정밀도, 중요도, 사용빈도 등을 감안하여 설정할 수 있다. 검·교정은 표준기를 이용하여 실시한다.

집단급식소의 온도 측정장치는 연 1회 이상, 검사용 장비 및 기구는 정기적인 검·교정을 실시한다. 자체적으로 검·교정검사를 하는 경우에는 그 결과를 기록·유지하고, 국가공인 검·교정기관에 의뢰하여 검·교정을 한 경우는 그 결과를 보관하여야 한다.

(1) 저울

- 편평한 곳에서 먼저 계량기의 0점을 조정한 후 최소 단위의 분동부터 단계별로 올려 측정한다.
- 저울의 표시 중량을 기록하고 표준중량과의 편차를 기록하고 편차가 표준중량의 ±1%를 초과하는 경우 검·교정을 한 후 사용한다.

(2) 온도계

- 편평한 곳에서 100℃ 정도의 끓는 물과 10℃ 이하의 얼음물을 준비한 후 표준 온도계와 측정 온도계를 동시에 준비한 물속에 넣어 온도를 측정한다.
- 온도계의 온도를 기록하고 편차가 표준온도의±1℃를 초과하는 경우 검·교정을 한 후 사용한다.

검·교정 검사 결과는 모니터링 및 검사 장비 검·교정 점검표에 기록하여 관리하고, 이상이 있는 계측 장비는 수리하거나 폐기한다.

Hazard Analysis and
Critical Control Point

CHAPTER 5

교육 · 훈련

1. 교육 · 훈련 관련 규정
2. 교육 · 훈련의 내용 및 방법

학습목표

1. HACCP을 효과적으로 수행하기 위해 필요한 HACCP 적용업소 영업자 및 종업원에 대한 교육 관련 규정에 대해 알아본다.
2. 교육 · 훈련의 내용 및 방법에 대해 알아본다.

CHAPTER 5

교육·훈련

1. 교육·훈련 관련 규정

「식품 및 축산물 안전관리인증기준」 제20조(교육훈련 등), 「식품위생법 시행규칙」 제64조제1항 또는 「축산물 위생관리법 시행규칙」 제7조의4제1항에 따라 HACCP을 효과적으로 수행하기 위해 HACCP 적용업소 영업자 및 종업원에게 HACCP 교육·훈련을 실시해야 한다. 이 외에 기타 HACCP 적용업소로 인증을 받고자 하는 자, HACCP 평가를 수행할 자와 식품 또는 축산물위생관련 공무원에 대하여 HACCP 교육·훈련을 실시할 수 있다.

1) 신규 교육·훈련

HACCP 적용업소 영업자 및 종업원이 받아야 하는 신규 교육·훈련 시간은 축산물을 제외한 식품의 경우에 영업자 2시간, HACCP 팀장 16시간, HACCP 팀원 및 기타 종업원은 4시간을 받아야 한다. 이 교육·훈련은 HACCP 적용업소 인증일로부터 6개월 이내에 이수하여야 한다. 이때 영업자가 HACCP 팀장 교육을 받은 경우에는 영업자 교육을 받은 것으로 본다. HACCP 팀원 및 기타 종업원 교육·훈련은 식품안전관리인증기준의 원칙과 절차에 관한 사항, 식품위생제도 및 식품위생관련 법령에 관한 사항, 식품안전관리인증기준의 적용방법에 관한 사항, 식품안전관리인증기준의 조사·평가 및 자체 평가에 관한 사항, 식품안전관리인증기준과 관련된 식품위생에 관한 사항이 포함된 교육·훈련 계획을 수립하여 HACCP 팀장이 자체적으로 실시할 수 있다.

축산물의 경우에는 영업자 및 농업인 4시간 이상, 종업원 24시간 이상을 받아야 하며, 이 교육·훈련은 인증 신청 이전에 교육을 이수하여야 한다. 종업원을 고용하지 않고 영업을 하는 축산물운반업·식육판매업 영업자는 종업원이 받아야 하는 교육·훈련을 수료해야 하고, 영업자가 받아야 하는 교육·훈련은 안 받아도 된다.

2) 정기 교육·훈련

축산물을 제외한 식품의 경우 매년 1회 이상 4시간의 교육·훈련을 받아야 하며, HACCP 팀원 및 기타 종업원 교육·훈련은 「식품위생법」 시행규칙 제64조제1항2호에 따라 식품안전관리인증기준의 원칙과 절차에 관한 사항, 식품위생제도 및 식품위생관련 법령에 관한 사항, 식품안전관리인증기준의 적용방법에 관한 사항, 식품안전관리인증기준의 조사·평가 및 자체 평가에 관한 사항, 식품안전관리인증기준과 관련된 식품위생에 관한 사항이 포함된 교육·훈련 계획을 수립하여 HACCP 팀장이 자체적으로 실시할 수 있다.

축산물의 경우 매년 1회 이상 총 4시간 이상의 정기 교육·훈련을 받아야 하며, 조사·평가 결과가 그 총점의 95퍼센트 이상인 점수에 해당하는 경우에는 다음 연도의 정기 교육훈련을 면제할 수 있다. 자체 안전관리인증기준에 종업원에 대한 교육기준을 정한 경우에는 안전관리인증기준의 원칙과 절차에 관한 사항, 안전관리인증기준 관련 법령에 관한 사항, 안전관리인증기준의 적용방법에 관한 사항, 안전관리인증기준의 조사·평가에 관한 사항, 안전관리인증기준과 관련된 축산물 위생에 관한 사항, 그 밖에 안전관리인증기준의 효율적 운영을 위해 식품의약품안전처장이 필요하다고 인정하는 사항이 포함되는 교육을 자체적으로 실시할 수 있다.

표 5-1 영업자 및 종업원의 HACCP 교육시간 및 교육기관

	식품		축산물	
	교육대상 및 시간	교육기관	교육대상 및 시간	교육기관
신규 교육	영업자 : 2시간	식품의약품안전처장이 지정한 교육·훈련 기관	영업자 및 농업인 : 4시간 이상	식품의약품안전처장이 지정한 교육·훈련 기관
	HACCP 팀장 : 16시간	식품의약품안전처장이 지정한 교육·훈련 기관	종업원 : 24시간 이상	식품의약품안전처장이 지정한 교육·훈련 기관
	HACCP 팀원, 기타 종업원 : 4시간	교육·훈련 내용이 포함된 교육계획을 수립하여 HACCP 팀장이 자체적으로 실시 가능	*종업원을 고용하지 않고 영업을 하는 축산물운반업·식육판매업 영업자는 종업원이 받아야 하는 교육·훈련을 수료해야 하며, 이 경우 영업자가 받아야 하는 교육·훈련은 안 받아도 됨	
	영업자 : 연 1회 이상 4시간	식품의약품안전처장이 지정한 교육·훈련 기관	매년 1회 이상 총 4시간 이상	식품의약품안전처장이 지정한 교육·훈련 기관
정기 교육 훈련	팀원 및 기타 종업원 교육훈련	'1. 식품안전관리인증기준의 원칙과 절차, 2. 식품안전관리인증기준 관련 법령, 3. 식품안전관리인증기준의 적용방법, 4. 식품안전관리인증기준의 조사·평가, 5. 식품안전관리인증기준과 관련된 식품 위생, 6. 그 밖에 식품안전관리인증기준의 효율적 운영을 위해 식품의약품안전처장이 필요하다고 인정하는 내용항에 따른 내용'이 포함된 교육훈련 계획을 수립하여 안전관리인증기준(HACCP) 팀장이 자체적으로 실시할 수 있으며, 조사·평가 결과가 그 총점의 95퍼센트 이상인 경우 다음 연도의 정기 교육훈련을 면제	조사·평가 결과가 그 총점의 95퍼센트 이상인 점수에 해당하는 경우에는 다음 연도의 정기 교육훈련 면제 가능	

2. 교육·훈련의 내용 및 방법

HACCP 팀원 및 기타 종업원에 대한 교육은 연간 교육·훈련 계획을 수립하여야 한다. 여기에는 교육·훈련의 절차 및 계획이 포함되어야 하며, 교육 목적, 내용, 강사, 방법 등을 고려하여 구체적으로 작성해야 한다 **표 5-2**. 종업원, HACCP 팀원, 모니터링 담당자, 검증요원, 사내강사 등 대상을 고려한 세분화된 교육계획을 수립해야 한다.

교육·훈련 내용에는 식품안전관리인증기준의 원칙과 절차에 관한 사항, 식품위생제

표 5-2 연간 교육·훈련 계획서

<table>
<tr><td colspan="3" rowspan="2">연간 교육·훈련 계획서
(교육주제를 선정하여 계획한 후 계획한 월에 맞게 종업원 교육 실시)</td><td rowspan="2">결
재</td><td colspan="5">작성자</td><td colspan="6">승인자</td></tr>
<tr><td colspan="5"></td><td colspan="6"></td></tr>
<tr><td colspan="2">작성일</td><td></td><td colspan="6">작성자</td><td colspan="6"></td></tr>
<tr><td rowspan="2">구분</td><td rowspan="2">대상</td><td rowspan="2">교육내용</td><td colspan="12">2023년</td></tr>
<tr><td>1월</td><td>2월</td><td>3월</td><td>4월</td><td>5월</td><td>6월</td><td>7월</td><td>8월</td><td>9월</td><td>10월</td><td>11월</td><td>12월</td></tr>
<tr><td>의무
교육</td><td>공장장 또는
팀장</td><td>HACCP 팀원 과정</td><td></td><td></td><td></td><td></td><td></td><td>○</td><td></td><td></td><td></td><td></td><td></td><td></td></tr>
<tr><td colspan="2" rowspan="6">사내 위생/
HACCP 교육</td><td>작업장 및 제조 설비 세척, 소독 관리</td><td>○</td><td></td><td></td><td></td><td></td><td></td><td>○</td><td></td><td></td><td></td><td></td><td></td></tr>
<tr><td>개인위생관리, 복장 착용 요령,
입·퇴실 요령</td><td></td><td>○</td><td></td><td></td><td></td><td></td><td></td><td>○</td><td></td><td></td><td></td><td></td></tr>
<tr><td>HACCP 관리
(HACCP의 7원칙 12절차 포함)</td><td></td><td></td><td>○</td><td></td><td></td><td></td><td></td><td></td><td>○</td><td></td><td></td><td></td></tr>
<tr><td>환경 위생관리(방충방서)</td><td></td><td></td><td></td><td>○</td><td></td><td></td><td></td><td></td><td></td><td>○</td><td></td><td></td></tr>
<tr><td>원·부자재, 완제품관리, 클레임 방지대책</td><td></td><td></td><td></td><td></td><td>○</td><td></td><td></td><td></td><td></td><td></td><td>○</td><td></td></tr>
<tr><td>CCP 모니터링 및 관리 중요성</td><td></td><td></td><td></td><td></td><td></td><td>○</td><td></td><td></td><td></td><td></td><td></td><td>○</td></tr>
<tr><td colspan="2">모니터링 담당자
교육</td><td>한계기준, 모니터링 및 개선조치 방법
※ 모니터링 담당자 변경 시 즉시 교육</td><td>○</td><td></td><td>○</td><td></td><td>○</td><td></td><td>○</td><td></td><td>○</td><td></td><td>○</td><td></td></tr>
<tr><td colspan="2" rowspan="2">신입사원</td><td>기초위생교육</td><td colspan="12">출근 시 교육 후 현장 투입</td></tr>
<tr><td>HACCP 전반 교육</td><td colspan="12">현장 투입 후 15일 이내</td></tr>
<tr><td colspan="2">강사 기준</td><td colspan="13">내부 : HACCP 팀장 교육 이수 및 입사 1년 이상인 자
외부 : HACCP 팀장 교육 이수 및 HACCP 전문기관 근무자</td></tr>
</table>

표 5-3 교육·훈련 일지

<table>
<tr><td colspan="4" rowspan="2">교육·훈련 일지
(월 계획에 맞게 매월 교육 실시)</td><td>작성</td><td>승인</td></tr>
<tr><td></td><td></td></tr>
<tr><td>교육자</td><td colspan="3">홍길동</td><td>장소</td><td>회사 사무실</td></tr>
<tr><td>일시</td><td colspan="3">0000. 00. 00 (수)</td><td>시간</td><td>14:00~15:00(1시간)</td></tr>
<tr><td>대상</td><td colspan="3">전 직원(또는 모니터링 담당)</td><td>구분</td><td>내부교육(전달, 동영상)</td></tr>
<tr><td rowspan="3">교육내용</td><td>교재</td><td colspan="4">소규모 HACCP 관리기준서(별첨)</td></tr>
<tr><td rowspan="2">요약</td><td colspan="4">작업장 및 제조 설비 세척, 소독관리</td></tr>
<tr><td colspan="4">※ 교재 및 교육 내용을 요약
1. 올바른 손 세척방법 및 개인용품 관리
- 손 세척방법 및 탈의실 청소관리 미흡사항 설명
2. 작업장 및 제조 설비 청소/소독
- 작업장 및 제조 설비 청소/소독 주기 설명
- 작업장 및 제조 설비 종류에 따른 청소/소독 방법 설명</td></tr>
<tr><td rowspan="5">참석자
(참석자 이름 및 서명 수기로 작성)</td><td>성명(서명)</td><td>성명(서명)</td><td>성명(서명)</td><td colspan="2">성명(서명)</td></tr>
<tr><td>(인)</td><td>(인)</td><td>(인)</td><td colspan="2">(인)</td></tr>
<tr><td>(인)</td><td>(인)</td><td>(인)</td><td colspan="2">(인)</td></tr>
<tr><td>(인)</td><td>(인)</td><td>(인)</td><td colspan="2">(인)</td></tr>
<tr><td>(인)</td><td>(인)</td><td>(인)</td><td colspan="2">(인)</td></tr>
<tr><td>교육 후 결과</td><td colspan="5">1. 종업원들의 집중도 - 내용 기술
2. 종업원들의 이해도 - 구두 평가한 후 기술
3. 종업원들의 교육내용 반영도 - 현장에서 반영되는지 확인 후 기술</td></tr>
<tr><td>개선조치</td><td colspan="5"></td></tr>
</table>

도 및 식품위생관련 법령에 관한 사항, 식품안전관리인증기준의 적용방법에 관한 사항, 식품안전관리인증기준의 조사·평가 및 자체 평가에 관한 사항, 식품안전관리인증기준과 관련된 식품위생에 관한 사항을 포함하고, 계획 및 절차에 따라 교육·훈련을 실시하며 그 기록을 유지하여야 한다.

교육방법은 교육 대상자의 연령 등을 고려하여 현장교육, 집합교육 등 다양한 방법으로 실시할 수 있으며, 교육내용에 적합한 도구를 활용하여 진행할 수 있다. 교육·훈련이 완료된 후 평가를 위해 세부적인 평가기준을 수립하여 평가를 해야 하며, 평가방법으로는 서면평가, 구두평가, 현장 실행평가 등을 이용할 수 있다. 교육 대상자의 평가를 통해 교육의 수준, 내용, 방법의 수정·보완을 할 수 있으며, 이를 차기 교육·훈련 계획에 반영할 수 있다. HACCP 교육기관에 관한 내용은 한국식품안전관리인증원(https://www.haccp.or.kr/)을 통해 확인할 수 있다.

Hazard Analysis and Critical Control Point

CHAPTER 6

선행요건프로그램의 이해 및 적용

1. 선행요건프로그램의 의의와 구조 및 체계
2. 선행요건프로그램의 운영 및 적용
3. 선행요건프로그램의 실행 및 평가

학습목표

1. HACCP 시스템의 구성 및 체계를 이해할 수 있다.
2. 급식 및 외식 업소에서 적용되는 선행요건프로그램 운영에 대해 설명할 수 있다.
3. 급식 및 외식 업소에서 적용되는 선행요건프로그램의 항목별 관리방법을 설명할 수 있다.
4. 급식 및 외식 업소에서 적용되는 선행요건프로그램의 평가방법을 이해할 수 있다.

CHAPTER 6

선행요건프로그램의 이해 및 적용

1. 선행요건프로그램의 의의와 구조 및 체계

1) 선행요건프로그램의 의의

HACCP 관리계획HACCP plan은 식품의 생산을 위해 안전하고 우수한 품질의 원재료와 위생적인 작업환경 및 활동을 보장하는 선행요건프로그램prerequisite program, PP의 기초 위에 수립·시행되어야 한다. 선행요건프로그램은 시설·설비 및 작업의 위생 관리기준으로 성공적인 HACCP 적용을 위하여 HACCP을 도입하기 전에 반드시 시행되어야 할 전제조건이다. HACCP의 실행에 앞서 선행요건프로그램이 준수되어야 하는 이유는 HACCP 적용 시 관리하여야 할 중요관리점critical control point, CCP이 많을 경우 HACCP 관리계획이 복잡해지고 효과적인 관리가 어려워져 HACCP을 성공적으로 거둘 수 없기 때문에 선행요건프로그램을 통해 CCP의 수를 최소화하기 위함이다. 따라서 HACCP을 적용하고자 하는 영업자는 「식품위생법」 및 관련 법규의 법적 요구사항과 위생적인 식품의 제조·가공·조리를 위한 선행요건프로그램을 우선적으로 개발하고 시행하여야 한다.

2) 선행요건프로그램의 구조 및 체계

HACCP 시스템은 HACCP 관리계획과 선행요건프로그램으로 구성되어 있다. HACCP 관리계획은 제품별 생산공정에 대한 위생관리의 종합적 관리계획이며, 선행요건프로그램은 식품의 원료가 생산되는 단계부터 완성된 제품이 출하되는 전 공정에 걸쳐 위해요소에 의해 발생할 수 있는 식품의 오염과 변질을 방지하는 위생관리이다. 선행요건프로그램은 GMP(우수제조기준)good manufacturing practice와 SSOP(표준위생관리기준)sanitation standard operating procedure로 구성되며, HACCP은 GMP의 여건하에서 SSOP를 준수하였을 때 효과적으로 이루어진다.

(1) GMP

GMP(우수제조기준)는 HACCP 적용 대상 식품의 위생적인 식품 생산을 위한 시설·설비 요건 및 기준, 건물의 위치, 시설·설비의 구조, 재질 요건 등에 관한 기준이다. GMP의 필요성은 식품 제조공정에서 발생할 수 있는 착오와 오염을 최소화하여 생산 완료된 식품의 안전성이 확보된 고품질의 식품을 제조, 생산하기 위함이다.

GMP는 시설 및 입지 조건(외부 시설·건물·위생시설·수질 등), 장비·도구(설계 및 설치, 유지 관리 등), 해충 및 위생동물 관리, 입고 및 보관, 공정관리(제조환경, 개인위생, 배합비관리, 라벨링 등), 제품 회수 프로그램, 종사원 교육·훈련 프로그램 등 시설·설비 요건 및 기준을 포함한다.

(2) SSOP

SSOP(표준위생관리기준)는 HACCP 적용 대상 식품의 생산현장에서 고품질의 식품을 확보하기 위해 제반 위생을 수행하는 일반위생관리로 영업장 청소 및 소독 관리, 종업원의 건강관리, 개인위생, 교차오염 방지, 제조설비 및 냉장·냉동 설비, 용수관리, 보관 및 운송 관리, 회수관리 프로그램 등의 운영절차에 관한 기준을 포함한다.

HACCP 시스템은 기본적인 위생관리가 효과적으로 수행된다는 전제조건하에 관리하여야 할 중요점을 파악하여 집중 관리하는 시스템으로 GMP와 SSOP가 기본적으로 선행되지 않을 경우 HACCP 관리계획을 수행하기 어렵게 된다. 그러므로 HACCP 시스템 구축의 기본인 GMP와 SSOP를 HACCP 적용을 위한 선행요건프로그램이라고 하며, HACCP 시스템을 적용하고자 하는 영업자는 선행요건프로그램을 작성하고 이를 운영해야 한다 그림 6-1.

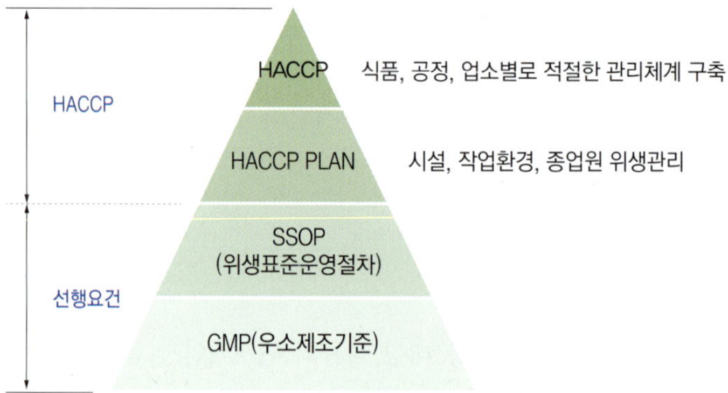

GMP(Good Manufacturing Practices) : 위생적 식품 생산을 위한 시설·설비 요건 및 기준
SSOP(Sanitation Standard Operation Procedure) : 위생관리 운영 매뉴얼(기준)

그림 6-1 HACCP 시스템의 구성
출처 : 식품의약품안전처. HACCP 적용 가이드라인, 2005

2. 선행요건프로그램의 운영 및 적용

1) 선행요건프로그램 운영

(1) 선행요건프로그램 개발

HACCP 시스템을 적용하고자 하는 영업자는 제조·조리 공정 및 환경 등에서 발생 가능한 위해로부터 식품의 오염이나 변질을 방지하기 위하여 기본적인 위생관리 방법 및 절차 등을 규정한 시스템 구축과 관련 법적 요구사항을 포함한 선행요건프로그램을 우선적으로 개발하여 시행하고 이를 기반으로 HACCP 관리계획을 수립·시행해야 한다.

선행요건프로그램의 주요 내용에 대한 관련 규정은 「식품위생법」 제3조(식품 등의 취급) 및 동법 시행규칙 제2조(식품 등의 위생적인 취급에 관한 기준), 동법 제4조(위해식품 등의 판매 금지), 동법 제7조(식품 또는 식품첨가물에 관한 기준 및 규격), 동법 제9조(기구 및 용기·포장에 관한 기준 및 규격), 동법 31조(자가품질검사 의무) 및 동법 시행규칙 제31조(자가품질검사), 동법 제36조(시설기준) 및 동법 시행규칙 제36조(업종별 시설기준), 동법 제40조(건강진단), 동법 제41조(식품위생교육), 동법 제44조(영업자 등의 준수사항) 및 동법 시행규칙 제57조(식품접객영업자 등의 준수사항 등), 동법 제45조(위해식품 등의 회수), 동법 제48조(식품안전관리인증기준) 및 동법 시행규칙 제62조(식품안전관리인증기준 대상 식품), 동법 시행규칙 제63조(식품안전관리인증기준적용업소의 인증신청 등), 동법 시행규칙 제64조(식품안전관리인증기준적용업소의 영업자 및 종업원에 대한 교육훈련), 동법 시행규칙 제65조(식품안전관리인증기준적용업소에 대한 지원 등), 동법 시행규칙 제66조(식품안전관리인증기준적용업소에 대한 조사·평가), 동법 시행규칙 제67조(식품안전관리인증기준적용업소 인증취소 등), 동법 시행규칙 제68조(식품안전관리인증기준적용업소에 대한 출입·검사 면제), 동법 시행규칙 제68조의 2(인증유효기간의 연장신청 등), '식품 및 축산물 안전관리인증기준'(식품의약품안전처 고시 제2022-40호), 식품위생분야 종사자의 건강진단 규칙(총리령 제1804호) 등에 근거한다.

집단급식소[식품접객업소(위탁급식영업) 및 도시락제조·가공업소(운반급식) 포함]의 선행요건프로그램 구성은 '식품 및 축산물 안전관리인증기준'(제정: 식품의약품안전처 고시 제2015-97호) 제5조(선행요건관리)에 명시되어 있으며, ① 영업장 관리, ② 위생 관리, ③ 제조·가공·조리 시설·설비 관리, ④ 냉장·냉동 시설·설비 관리, ⑤ 용수 관리, ⑥ 보관·운송 관리, ⑦ 검사 관리, ⑧ 회수 프로그램 관리 등 8개 영역 71개 항목으로 되어 있다. 또한 작업담당자, 작업내용, 실시빈도, 실시상황의 점검 및 기록방법 등의 구체적인 관리기준서를 영역별로 작성하여 종업원이 준수하도록 시행하고 이에 대한 기록을 보관·유지해야 한다.

제5조(선행요건 관리) ① 「식품위생법」 및 「건강기능식품에 관한 법률」, 「축산물 위생관리법」에 따른 안전관리인증기준(HACCP) 적용업소(도축장, 농장은 제외한다)는 다음 각 호와 관련된 별표 1의 선행요건을 준수하여야 한다.

1~2. 식품(식품첨가물 포함)제조·가공업소, 건강기능식품제조업소, 집단급식소식품판매업소, 축산물작업장·업소, 집단급식소, 식품접객업소(위탁급식영업), 운반급식(개인 또는 벌크 포장)

(계속)

가. 영업장 관리	나. 위생 관리
다. 제조·가공·조리 시설·설비 관리	라. 냉장·냉동 시설·설비 관리
마. 용수 관리	바. 보관·운송 관리
사. 검사 관리	아. 회수 프로그램 관리

관리기준서에는 최초 완성 시 위생관리 책임자의 서명과 승인일자를 기록하고, 이후 수정 또는 개정되었을 경우 그 이력을 지속적으로 기록·유지해야 한다. 기준서 내용에는 위생관리방법 및 관리활동의 확인을 위해 필요한 모니터링의 실시빈도와 방법, 실시 책임자와 실시결과에 대한 기록관리 사항이 규정되어야 한다.

선행요건프로그램은 해당 조리장에 적용되는 모든 법률적 요구사항이 충족되고 위생관리가 이루어질 수 있도록 작성되어 운영되어야 하지만, 세부기준서의 종류 및 문서양식, 작성방법 등은 운영자의 편리에 따라 변경될 수 있다.

선행요건을 포함하는 자체 위생관리기준서를 작성·비치한 경우에는 별도로 기준서를 작성하지 않고 이를 선행요건관리기준서로 대체할 수 있다.

(2) 선행요건프로그램 적용

최초로 수립된 선행요건프로그램을 조리장에 우선적으로 적용해 보고 그 효과성을 평가하기 위한 검증verification을 실시해야 한다. 선행요건프로그램의 효과성 평가 결과, 법률적 요구사항을 포함한 기본적 위생안전성을 확보할 수 있음을 확인해야 하며, 필요 시 수정·보완한다. 또한 선행요건프로그램의 실행 가능성을 평가하고 실행을 위해 필요한 인적·물적 자원을 파악하고 보완해야 한다.

(3) 선행요건프로그램 유지·관리

선행요건프로그램이 제조·가공·조리 공정 및 작업환경 등에서 위해물질에 의한 식품의 오염 및 변질을 효과적으로 예방할 수 있는지 여부와 종업원들이 관리기준에 따라 적절하게 실행하고 있는지 등을 확인·평가하기 위해 정기적인 검증을 실시해야 한다. 검증 결과를 근거로 관련 규정을 개정하거나 시설, 설비, 기구, 작업방법, 담당자 등을 변경 또는 종업원 교육을 실시하여 선행요건프로그램이 효율적으로 실시될 수 있도록 한다.

(4) 개선조치

선행요건프로그램의 유지 및 실행이 식품 안전성 확보에 문제가 있다고 판단될 경우에는 적절한 개선조치를 취해야 한다. 개선조치는 오염된 식품의 적절한 처리, 식품의 오염 및 변질의 재발 방지방법, 위생 상태의 개선, 선행요건프로그램 실행의 적절한 개선과 재평가 및 개정 등의 조치를 포함해야 한다.

(5) 기록·유지 관리

선행요건프로그램의 운영, 모니터링 활동, 개선조치 등을 문서화하고 그 기록을 유지하며, 기록에는 선행요건프로그램 책임자의 서명과 일자를 기입해야 한다. 관련 법령에 특별히 규정된 것을 제외하고는 2년간 보존해야 한다.

2) 선행요건프로그램 적용기준

집단급식소, 식품접객업소(위탁급식영업), 운반급식(개별 또는 벌크 포장)의 적용기준으로, 선행요건프로그램의 인증 및 정기 조사·평가의 심사기준으로도 적용된다.

(1) 영업장관리

가. 조리장

① 영업장은 독립된 건물이거나 해당 영업신고를 한 업종외의 용도로 사용되는 시설과 분리(벽·층 등에 의하여 별도의 방 또는 공간으로 구별되는 경우를 말함. 이하 같다)되어야 한다. (0~2점)

- 식품 조리·보관 등 식품 취급과 관련된 공정(또는 조리)는 적법한 공간에서 이루어져야 한다.
- 화장실 등 부대시설은 조리장에 영향을 주지 않도록 분리한다.
- 부대시설인 창고, 탈의실, 식당, 휴게실 등은 조리장과 벽, 층 등으로 완전히

분리한다.

② 조리장(출입문, 창문, 벽, 천장 등)은 누수, 외부의 오염물질이나 해충·설치류 등의 유입을 차단할 수 있도록 밀폐 가능한 구조이어야 한다. (0~3점)

- 조리장을 설계, 개·보수 또는 운영 시 외부로부터 누수, 오염물질, 해충 등 유입을 방지 할 수 있는 구조이어야 한다.

③ 조리장은 청결구역(식품의 특성에 따라 청결구역은 청결구역과 준청결구역으로 구별할 수 있음)과 일반구역으로 분리하고, 제품의 특성과 공정에 따라 분리, 구획 또는 구분할 수 있다. (0~3점)

- 식품 및 조리의 특성을 고려하여 교차오염을 예방하기 위해 청결구역(또는 준청결구역)과 일반구역으로 분리, 구획 또는 구분 기준을 수립한다.

나. 건물 바닥, 벽, 천장

④ 원료처리실, 제조·가공·조리실 및 내포장실의 바닥, 벽, 천장, 출입문, 창문 등은 제조·가공·조리하는 식품의 특성에 따라 내수성 또는 내열성 등의 재질을 사용하거나 이러한 처리를 하여야 하고, 바닥은 파여 있거나 갈라진 틈이 없어야 하며, 작업 특성상 필요한 경우를 제외하고는 마른 상태를 유지하여야 한다. 이 경우 바닥, 벽, 천장 등에 타일 등과 같이 홈이 있는 재질을 사용한 때에는 홈에 먼지, 곰팡이, 이물 등이 끼지 않도록 청결하게 관리하여야 한다. (0~3점)

- 조리장을 구성하는 벽, 바닥, 천장 등은 생물학적 위해요소 등의 교차오염 방지를 위하여 세척·소독이 가능한 내수성의 재질로 구성하고, 파손된 부분이 없어야 한다.

다. 배수 및 배관

⑤ 조리장은 배수가 잘 되어야 하고 배수로에 퇴적물이 쌓이지 않아야 하며, 배수구, 배수관 등은 역류가 되지 않도록 관리하여야 한다. (0~3점)

- 조리장 내에 배수로(또는 배수구)는 배수가 용이하게 설치되어야 한다.
- 식품잔사물의 축적여부, 세척·소독의 용이성을 고려하고, 매인배수 트랩 미설

치 시 개별 배수 트랩을 설치한다.

⑥ 배관과 배관의 연결 부위는 인체에 무해한 재질이어야 하며, 응결수가 발생하지 않도록 단열재 등으로 보온 처리하거나 이에 상응하는 적절한 조치를 취하여야 한다. (0~1점)

- 배관과 배관의 연결부위는 인체에 무해한 재질로 응결수가 발생되지 않도록 적절한 조치를 취한다.

라. 출입구

⑦ 조리장 외부로 연결되는 출입문에는 먼지나 해충 등의 유입을 방지하기 위한 완충구역이나 방충이중문 등을 설치하여야 한다. (0~1점)

- 먼지, 해충 등 유입을 방지하기 위한 완충구역이나 방충이중문 등을 설치한다.

⑧ 조리장의 출입구에는 구역별 복장 착용방법을 게시하여야 하며, 개인위생관리를 위한 세척, 건조, 소독 설비 등을 구비하고, 종업원은 세척 또는 소독 등을 통해 오염 가능 물질 등을 제거한 후 작업에 임하여야 한다. (0~2점)

- 개인위생관리를 위한 적절한 세척·소독 설비 등을 구비하어야 하며, 조리장에 입실하는 경우 오염가능성 물질 등을 제거하여야 한다.
- 조리장 출입구에는 구역별 복장 착용 방법을 게시한다.

필수 설비품목

손 세척·건조·소독 설비, 신발 세척설비(장화 착용의 경우), 이물관리 설비(진공흡입기, 에어 샤워air shower, 끈끈이 롤러 등)

마. 통로

⑨ 조리장 내부에는 종업원의 이동경로를 표시하여야 하고 이동경로에는 물건을 적재하거나 다른 용도로 사용하지 아니 하여야 한다. (0~1점)

- 공정흐름(종업원/물류 이동경로)에 따라 출입문 또는 이동통로에 이동경로를 표시하여야 하며, 다른 용도로 사용하지 않는다.

바. 창

⑩ 창의 유리는 파손 시 유리조각이 작업장 내로 흩어지거나 원·부자재 등으로 혼입되지 않도록 하여야 한다. (0~1점)

- 조리장 내부 창(모든 유리 포함)에 대한 유리 재질 사용 범위 및 혼입방지 기준을 설정한다.

사. 채광 및 조명

⑪ 선별 및 검사구역 작업장 등은 육안 확인에 필요한 조도(540룩스 이상)를 유지하여야 한다. (0~1점)

- 조리장과 육안 검사 구간(540룩스) 등 적정한 조도 기준을 설정한다 표 6-1.
- 육안 확인 등을 제외한 나머지 조리장 조도는 220룩스 이상을 권장한다.

표 6-1 조리장 구역별 조도 기준

구분	조도(Lux)
검수대, 선별 작업대 등 육안 확인 구역	540 이상
기타 조리공간	220 이상

출처 : 식품의약품안전처, 알기 쉬운 HACCP 관리, 2017

⑫ 채광 및 조명 시설은 내부식성 재질을 사용하여야 하며, 식품이 노출되거나 내포장 작업을 하는 조리장에는 파손이나 이물 낙하 등에 의한 오염을 방지하기 위한 보호장치를 하여야 한다. (0~1점)

- 채광 및 조명시설은 식품 및 식품접촉면에 오염을 발생시키지 않도록 적절한 보호장치를 설치한다.
- 유리재질의 조명시설이 아닌 플라스틱(LED 등) 재질은 보호장치를 하지 않아도 된다.

이동 동선의 조명시설

위생복을 착용하고 이동하는 동선에는 비산 방지를 위하여 조명에 보호 커버를 설치한다.

아. 부대시설

화장실

⑬ 화장실, 탈의실 등은 내부 공기를 외부로 배출할 수 있는 별도의 환기시설을 갖추어야 하며, 화장실 등의 벽과 바닥, 천장, 문은 내수성, 내부식성의 재질을 사용하여야 한다. 또한 화장실의 출입구에는 세척·건조·소독 설비 등을 구비하여야 한다. (0~1점)

- 화장실, 탈의실은 환기시설(동력설비)을 설치하고 상시 작동되도록 유지하여야 한다.
- 화장실 출입구에는 적절한 위생설비가 구비되어야 한다.
- 화장실은 벽, 바닥, 천장, 문 등은 내수성, 내부식성 재질로 구성되어야 한다.

탈의실, 휴게실 등

⑭ 탈의실은 외출복장(신발 포함)과 위생복장(신발 포함) 간의 교차오염이 발생하지 않도록 구분·보관하여야 한다. (0~1점)

- 위생복은 보관기준에 따라 청결하게 보관한다.
- 외출복 및 위생복, 실외화 및 실내화 구분·보관 설비(또는 도구)를 구비한다.

(2) 위생관리

가. 작업환경관리

동선 계획 및 공정 간 오염 방지

⑮ 식재료의 반입부터 배식 또는 출하에 이르는 전 과정에서 교차오염 방지를 위하여 물류 및 출입자의 이동 동선을 설정하고 이를 준수하여야 한다. (0~2점)

- 식자재 및 종업원에 대한 이동 동선 계획을 수립한다.
- 종업원 이동 동선 설정 시 구역별 입·퇴실 기준도 설정한다. 이때 입·퇴실 경로의 경우 구역별로 동일경로 설정도 가능하다.

⑯ 청결구역과 일반구역별로 각각 출입, 복장, 세척·소독 기준 등을 포함하는 위생 수칙을 설정하여 관리하여야 한다. (0~3점)

- 각 구역별 출입, 복장, 세척·소독 기준 등 위생 수칙을 수립·운영한다 표 6-2.

- 종업원에 대한 건강상태 등 확인을 통한 출입 또한 제한 기준을 설정하고, 청결구역, 일반구역의 종업원은 교차하여 출입하지 않도록 한다.
- 탈의실이 별도 건물에 위치하여 외부에 노출되어 조리장으로 이동할 경우에는 적절한 관리기준을 수립한다.
- 구역별, 조리장별 위생복에 대한 복장기준을 수립한다.
- 위생복, 위생장갑 등의 교체 및 세척·소독에 대한 관리계획을 수립한다.

위생복, 위생장갑 관리계획 내용

- 위생복 기본 복장은 오염도를 확인할 수 있는 밝은 색(흰색, 옅은 분홍, 파랑 등)과 머리카락 등 교차오염 방지를 위한 긴팔, 긴바지(반팔+토시 가능) 착용
- 앞치마, 위생장갑 및 위생화는 물 사용 여부 및 작업 특성에 따른 교차오염 관리
- 시설 등 유지·보수를 위한 외부 인원 및 방한복(위생조끼, 점퍼 등)은 착용에 대한 기준 설정
- 식자재 창고 등 별도 출입 시 복장 기준 설정(끈끈이롤러, 헤어캡 등)

표 6-2 위생복 구역별 착용기준

구분	식재료 창고	전처리실	조리실·배식실	세척실
위생복	×	○	○	○
위생모	×	○	○	○
위생(장)화	×	○	○	○
앞치마	×	○	○	○
위생장갑	×	○	○	○
목장갑	○	○	○	×
마스크	×	○	○	○
토시	×	○	○	×

출처 : 식품의약품안전처. 집단급식소 HACCP 관리(예시본), 2014

온도·습도 관리

⑰ 조리장은 제조·가공·조리·보관 등 공정별로 온도관리를 하여야 하고, 이를 측정할 수 있는 온도계를 설치하여야 한다. 필요한 경우, 제품의 안전성 및 적합성 확

보를 위하여 습도관리를 하여야 한다. (0~1점)

- 미생물 증식 등 예방을 위한 공정별 온도 관리 및 생산 제품 특성을 고려한 습도 관리 기준을 수립·운영한다.
- 온도(필요 시 습도)의 계획에는 공정(또는 조리장)별 관리 온도(또는 습도), 기준 이탈 시 개선조치 방법을 포함하여 설정한다. 습도 기준의 적용의 경우 원·부재료, 공정품, 제품의 안전성에 영향을 미칠 것으로 판단되는 제품으로 한정한다.

환기시설 관리

⑱ 조리장 내에서 발생하는 악취나 이취, 유해가스, 매연, 증기 등을 배출할 수 있는 환기시설, 후드 등을 설치하여야 한다. (0~1점)

- 조리장 청정도에 영향을 미칠 수 있는 요소에 대해 환기시설을 설치하고, 필요할 경우 국부환기 설비를 구비한다.
- 환기의 경우 조리장 온·습도관리와 상충되는 부분(환기 시 조리장 온·습도 이탈)이 있어 조리장 온·습도 기준 및 현황을 고려하여 설치한다.
- 국부환기는 공정이나 다른 조리장에 영향을 미치지 않아야 한다.

⑲ 외부로 개방된 흡·배기구, 후드 등에는 여과망이나 방충망, 개폐시설 등을 부착하고 관리계획에 따라 청소 또는 세척하거나 교체하여야 한다. (0~1점)

- 외부 흡기구의 경우 여과망(필터), 배기구의 경우 방충망을 설치하고, 주기적인 청소·교체 등 관리 계획을 수립한다.

자연환기 시 관리 방안

자연급기 설정 시 외부 먼지나 해충 등이 유입되지 않도록 필터 설치 등 적절한 관리가 필요하다.

방충·방서 관리

⑳ 조리장의 방충·방서 관리를 위하여 해충이나 설치류 등의 유입이나 번식을 방지할 수 있도록 관리하여야 하고, 유입 여부를 정기적으로 확인하여야 한다. (0~1점)

- 방충·방서 관리기준의 이탈 여부를 모니터링할 수 있는 포획도구 및 유입 방지 설비 등을 구비한다.

방충·방서 관리기준 내용

- 포충등 및 바퀴벌레 등 보행해충 포획도구(전기 충격식 포충등을 이용하는 경우 해충 사체로 인한 오염으로 다른 관리방안 검토가 필요하며, 포충등 빛으로 인한 해충 등 유입이 없도록 설치 위치를 고려하여야 함)
- 쥐트랩은 조리장 원료·완제품·종업원 출입구 주변 설치를 기본으로 한다.
- 에어커튼, 비닐커튼, 방충망 등 유입 방지를 위한 설비가 필요하다.
- 기타 원료, 작업 특성에 따라 필요한 포획 도구(화랑곡나방 패치 등)를 구비한다.

- 방충·방서 관리기준 설정 시 방충·방서 관리기준과 함께 모니터링 주기, 개선조치 계획 및 방법, 구제약품 명칭과 목적 및 사용법, 구제약품 사용 시의 MSDS(물질안전보건자료), 기타 필요한 사항을 포함한다.
- 방충·방서 관리기준은 구역별〔일반구역 및 청결구역(준청결구역) 또는 각 포충등별〕 및 시기별(하절기, 동절기)로 수립한다 표 6-3.
- 주기별로 모니터링을 실시하고, 기준 이탈 시 계획된 개선조치를 실시한다 표 6-4.
- 개선조치 계획 수립 시 해충의 특징(내인성, 외인성)에 따라 관리방안을 수립한다.

표 6-3 방충·방서 관리계획

시설 종류	설치 위치	점검주기	점검자
쥐트랩	영업장 주변, 조리장 입구, 식재료, 창고, 폐기물 처리장	1회/주	방역담당
유인포충등	조리장 내부		
분무소독	조리장 주변 소독	1회/월(10~5월) 2회/월(6~9월)	

출처 : 식품의약품안전처, 알기 쉬운 HACCP 관리, 2017

㉑ 조리장 내에서 해충이나 설치류 등의 구제를 실시할 경우에는 정해진 위생수칙에 따라 공정이나 식품의 안전성에 영향을 주지 않는 범위 내에서 적절한 보호조치를 취한 후 실시하며, 작업 종료 후 식품 취급시설 또는 식품에 직·간접적으로 접

표 6-4 해충 및 설치류 모니터링 결과에 따른 관리기준의 예

<table>
<tr><th colspan="2">구분</th><th>비래해충 개체 수</th><th>보행해충 개체 수</th><th>설치류</th><th>조치사항</th></tr>
<tr><td rowspan="2">1단계</td><td>청결</td><td>1~5</td><td>1~5</td><td rowspan="2">1</td><td rowspan="2">• 각 출입문 틈새 밀폐 확인
• 창문 및 창문 배수 구멍 밀폐 확인
• 문 열고 조리작업 중인지 확인
• 방충·방서 시설·설비 점검</td></tr>
<tr><td>일반</td><td>1~7</td><td>1~7</td></tr>
<tr><td rowspan="2">2단계</td><td>청결</td><td>6~8</td><td>6~8</td><td rowspan="2">2~3</td><td rowspan="2">• 각 출입문 틈새 밀폐 확인
• 창문 및 창문 배수구멍 밀폐 확인
• 문 열고 조리작업 중인지 확인
• 방충·방서 시설·설비 점검
• 서식장소 및 취약지역 확인</td></tr>
<tr><td>일반</td><td>8~12</td><td>8~12</td></tr>
<tr><td rowspan="2">3단계</td><td>청결</td><td>8 이상</td><td>8 이상</td><td rowspan="2">3 이상</td><td rowspan="2">• 각 출입문 틈새 밀폐 확인
• 창문 및 창문 배수구멍 밀폐 확인
• 문 열고 조리작업 중인지 확인
• 방충·방서 시설·설비 점검
• 서식장소 및 취약지역 확인
• 구제 실시</td></tr>
<tr><td>일반</td><td>12 이상</td><td>12 이상</td></tr>
<tr><td rowspan="2">단독 개체수 증가</td><td>청결</td><td>7 이상</td><td>7 이상</td><td rowspan="2">3 이상</td><td rowspan="2">• 각 출입문 틈새 밀폐 확인
• 창문 및 창문 배수구멍 밀폐 확인
• 문 열고 조리작업 중인지 확인
• 방충·방서 시설·설비 점검
• 서식장소 및 취약지역 확인
• 구제 실시</td></tr>
<tr><td>일반</td><td>12 이상</td><td>12 이상</td></tr>
<tr><td colspan="4">조리장 주변</td><td>1</td><td>• 서식장소 및 취약지역 확인
• 구제 실시</td></tr>
</table>

출처 : 식품의약품안전처, 알기 쉬운 HACCP 관리, 2017

촉한 부분은 세척 등을 통해 오염물질을 제거하여야 한다. (0~1점)

- 구제약품에 대한 적절한 관리기준을 수립·운영한다.
- 해충, 설치류 구제 시 식품 안전성 확보를 위한 위생수칙 실제 운영실적을 기록·보관한다.
- 외부 업체에 위탁하는 경우에는 담당자 입회 및 상세한 실시 기록 유지 등을 평가한다.

관리기준에 포함되어야 할 항목

- 구제약품의 구분 및 특징 확인
- 화학품의 물질안전보건자료(MSDS) 구비
- 구제약품 처리 지침(구제약품 처리 전 사전 공지, 약품 처리 후 표시)
- 식품 제조설비의 보호조치 및 세척·소독 방법

나. 개인위생관리

㉒ 조리장 내에서 작업 중인 종업원 등은 위생복·위생모·위생화 등을 항시 착용하여야 하며, 개인용 장신구 등을 착용하여서는 안 된다. (0~2점)

- 조리할 경우에는 교차오염 및 이물혼입의 우려가 없는 청결한 복장을 항시 착용한다.
- 조리장 및 조리작업 모든 단계에서 이물 혼입 방지계획을 수립하여 관리한다 표 6-5.
- 종업원은 조리장 내에 작업과 관계없는 개인물품을 휴대하지 않는다. 불가피하게 휴대가 필요할 경우에는 교차오염이 발생되지 않도록 적절한 관리기준을 수립한다.

표 6-5 이물 유입 점검 관리기준

공정	세부항목	관리방법	관리주기	담당자
원료 입고	천장	파손 여부 확인 및 기록관리	1회/주 이상	
	벽	파손 여부 확인 및 기록관리	1회/주 이상	
	바닥	파손 여부 확인 및 기록관리	1회/주 이상	
	종업원	복장 등 이물 확인 및 기록관리	1회/주 이상	
	조리도구	파손 여부 확인 및 기록관리	1회/주 이상	
	해충·설치류	포집 개체수 확인 및 기록관리	1회/주 이상	
조리공정	천장	파손 여부 확인 및 기록관리	1회/주 이상	
	벽	파손 여부 확인 및 기록관리	1회/주 이상	
	바닥	파손 여부 확인 및 기록관리	1회/주 이상	

(계속)

공정	세부항목	관리방법	관리주기	담당자
조리공정	종업원	복장 등 이물 확인 및 기록관리	1회/주 이상	
	조리도구	파손 여부, 윤활유 누수 확인 및 기록관리	1회/주 이상	
	해충·설치류	포집 개체수 확인 및 기록관리	1회/주 이상	
포장(내, 외)	천장	파손 여부 확인 및 기록관리	1회/주 이상	
	벽	파손 여부 확인 및 기록관리	1회/주 이상	
	바닥	파손 여부 확인 및 기록관리	1회/주 이상	
	종업원	복장 등 이물 확인 및 기록관리	1회/주 이상	
	조리도구	파손 여부 확인 및 기록관리	1회/주 이상	
	해충·설치류	포집 개체 수 확인 및 기록관리	1회/주 이상	

출처 : 식품의약품안전처. 알기 쉬운 HACCP 관리, 2017

다. 작업위생관리

교차오염의 방지

㉓ 칼과 도마 등의 조리기구나 용기, 앞치마, 고무장갑 등은 원료나 조리과정에서의 교차오염을 방지하기 위하여 식재료 특성 또는 구역별로 구분하여 사용하여야 한다. (0~3점)

- 원료나 조리과정에서 교차오염을 방지하기 위하여 조리 기구, 용기, 앞치마, 고무장갑 등은 식재료의 특성 또는 구역별로 구분하여 사용한다.
- 조리 기구 등이 형태, 고유 색깔, 보관 장소, 사용 위치, 식별표시 등으로 구분하여 관리하도록 한다.

㉔ 식품 취급 등의 작업은 바닥으로부터 60 cm 이상의 높이에서 실시하여 바닥으로부터의 오염을 방지하여야 한다. (0~1점)

- 식품 취급 등의 작업 시 바닥으로부터 이격하여 교차오염을 방지한다.
- 전처리, 조리, 배식 등 공정에서 교차오염 방지를 위하여 바닥으로부터 60 cm 이상 이격하며, 이격을 위해 사용하는 시설·설비로는 내수성 재질의 선반, 플라스틱 박스 등을 활용할 수 있으며, 교차오염의 우려가 없는 이격 시설·설비를 사용한다.

전처리

㉕ 해동은 냉장해동(10℃ 이하), 전자레인지 해동, 또는 흐르는 물에서 실시한다. (0~1점)

- 냉장, 전자레인지 또는 흐르는 물에서 해동 방법 및 세부기준(해동온도, 해동시간 등)을 수립한다 **표 6-6**.

㉖ 해동된 식품은 즉시 사용하고, 즉시 사용하지 못할 경우 조리 시까지 냉장 보관하여야 하며, 사용 후 남은 부분을 재동결하여서는 안 된다. (0~1점)

- 해동 식품의 재사용에 대한 관리기준을 설정하고, 준수한다.

표 6-6 냉동 식재료의 해동 관리기준

해동방법	온도기준	비고
냉장해동	10℃ 이하	• 냉장온도에서 24시간 이상 소요되므로 식재료를 1~2일 전에 입고시킴 • 냉장 상태에서 장시간 해동하는 경우 미생물 증식의 우려로 일정 시간 내 사용
유수 해동	21℃ 이하	• 해동과정에서 온도가 상승되기 때문에 얼음 등을 사용하여 관리함 • 포장상태에서 해동하는 것을 원칙으로 하되, 해동 전 해동 시설·설비의 소독 등으로 청결성 확보가 인정되는 경우 포장 해체 후 해동도 가능함
전자레인지 해동	0~25℃	• 전자레인지 사용 시 냉동 식재료의 특성, 중량 등을 고려하여 해동시간을 설정하며, 해동속도, 해동소요시간은 제조업체에 따라 상이할 수 있음

조리

㉗ 가열 조리 후 냉각이 필요한 식품은 냉각 중 오염이 일어나지 않도록 신속히 냉각하여야 하고, 냉각온도 및 시간 기준을 설정·관리한다. (0~1점)

- 가열 후 냉각온도 및 시간에 대한 관리기준을 설정하고, 준수한다 **표 6-7**.
- 냉각 시 위험온도 구간(5~60℃)을 신속하게 통과할 수 있도록 적절한 관리방법을 설정한다.

표 6-7 냉각온도 및 시간 관리기준

냉각온도		냉각시간	
60℃에서 5℃ 이하	60℃에서 21℃까지	2시간 이내	6시간 이내
	21℃에서 5℃ 이하	4시간 이내	

㉘ 냉장식품을 절단, 소분 등의 처리를 할 때에는 식품의 온도가 가능한 한 15℃를 넘지 않도록 한 번에 소량씩 취급하고, 처리 후 냉장고에 보관하는 등 온도관리를 한다. (0~1점)

- 냉장 식품을 절단 소분 시 품온 및 보관온도 등에 대한 관리기준을 수립하고, 냉장 식품을 절단할 경우에는 식품의 온도가 기준 이상(15℃)을 넘지 않도록 소량씩 취급한다.

완제품관리

㉙ 조리된 음식은 배식 전까지의 보관온도 및 조리 후 섭취 완료 시까지의 소요시간 기준을 설정·관리하여야 하며, 유통제품의 경우에는 적정한 유통기한 및 보존 조건을 설정·관리하여야 한다. (0~1점)

- 조리된 음식은 배식 전까지 보관온도 및 섭취 완료시까지 소요시간, 유통제품의 유통기한 및 보존 조건에 대한 관리기준을 수립한다 표 6-8.

표 6-8 조리된 음식의 섭취 완료 시까지의 소요시간 관리기준

조리된 음식의 보관온도	조리 후 섭취 완료 시까지의 소요시간 기준
28℃ 이하	2~3시간 이내
60℃ 이상 보온 유지	5시간 이내
제품의 품온 5℃ 이하로 유지	24시간 이내

배식

㉚ 냉장식품과 온장식품에 대한 배식온도 관리기준을 설정한다. (0~2점)

- 냉장식품 및 온장식품에 대한 배식 온도관리기준을 수립한다 표 6-9.

표 6-9 배식 시 온도 관리기준

구분	보관온도	비고
냉동 보관	-18℃ 이하	
냉장 보관	0~10℃	신선편의식품, 훈제연어 등은 5℃ 이하 보관 등 보관온도 기준이 별도로 정해진 식품의 경우에는 그 기준을 따른다.
상온 보관	20℃ 이하	
온장보관	60℃ 이상	

㉛ 위생장갑 및 청결한 도구(집게, 국자 등)를 사용하여야 하며, 배식 중인 음식과 조리 완료된 음식을 혼합하여 배식해서는 안 된다. (0~1점)

- 위생장갑이나 청결한 도구를 사용한다.
- 소독된 집게 및 국자 등을 사용하며, 동일한 음식을 두 번 이상 배식하는 경우 재사용 없이 교체한다.
- 운반급식인 경우 위생장갑 및 청결한 도구는 배식할 음식에 따라 수량 등을 설정하고, 이송 시 청결하게 보관관리하도록 한다.
- 배식 중인 음식에 조리 완료된 음식을 추가 또는 혼합하지 않는다.
- 고무장갑을 사용하는 경우 주기적으로 소독하거나, 일회용 위생장갑을 사용하는 경우 주기적으로 교체하며 파손 시 즉시 교체한다.

검식

㉜ 영양사는 조리된 식품에 대하여 배식하기 직전에 음식의 맛, 온도, 이물, 이취, 조리 상태 등을 확인하기 위해 검식을 실시하여야 한다. 다만, 영양사가 없는 경우 조리사가 검식을 대신할 수 있다. (0~1점)

- 배식 전 검식에 대한 관리기준을 수립하며, 검식은 배식 직전에 실시하는 것을 원칙으로 한다.
- 운반 급식에서는 특성을 고려하여 현장에서의 검식이 어려운 경우, 운반 직전(상차 전)에 검식이 이루어지도록 한다.
- 영양사를 대신하여 조리사 등이 검식할 경우, 검식방법 등 검식에 대한 교육·훈련을 주기적으로 실시한다.

검식 시 고려사항

- 검시대상 및 검식시간
- 검식자
- 검식항목(음식의 이미 및 이취, 조리 상태, 음식의 온도, 이물 혼입 여부)
- 검식 결과 및 판정
- 알레르기 유발물질의 함유 여부 등 조리된 식품의 정보 확인
- 검식에 한번 사용한 식기구 재사용 금지

보존식

㉝ 조리한 식품은 소독된 보존식 전용 용기 또는 멸균 비닐봉지에 매회 1인분 분량을 -18℃ 이하에서 144시간 이상 보관한다. (0~3점)

- 보존식 보관에 대한 관리기준(보관량, 보관방법, 보관시간 등)을 수립한다.
- 보존식을 용기에 담아 보관할 경우 음식물이 서로 교차되지 않도록 각각 보존하며, 보존식 용기는 교차오염이 없도록 소독·멸균된 것, 밀봉 가능한 것을 사용한다.
- 보존식 보관 시 적정온도(-18℃) 이하를 유지하며, 보존식 냉동고의 온도를 주기적으로 확인하고 온도 기록 결과를 보관한다.
- 소량 제공하는 음식은 역학조사 등 미생물 분석 시 요구되는 시료의 양을 충족할 수 있도록 각 100g 이상 보존하는 것을 권장한다.
- 가공제품을 배로 배식하는 경우 포장재를 개봉하지 않고 원상태로 보관한다.
- 보존식 표시 및 보관관리를 설정하며, 조리된 식품명, 채취 일시, 폐기 일시, 채취자, 기타 필요한 사항을 기록한다.
- 각 보존식에 개별 표시할 경우에는 별도의 일지를 작성하지 않아도 된다.

라. 폐기물 관리

㉞ 폐기물·폐수 처리시설은 조리장과 격리된 일정 장소에 설치·운영하여야 하며, 폐기물 등의 처리용기는 밀폐 가능한 구조로 침출수 및 냄새가 누출되지 않아야 하고, 관리계획에 따라 폐기물 등을 처리·반출하고, 그 관리기록을 유지하여야 한다. (0~1점)

- 폐기물·폐수 처리시설은 조리장에 영향을 미치지 않는 거리나 격리된 장소에 설치 등 위생관리 기준을 수립·운영한다.
- 폐기물 등 처리·반출 계획을 수립하고, 별도 표시하여 교차오염 관리 기준을 설정한다.

폐기물·폐수처리시설 위생관리 기준 설정 시 고려사항

- 밀폐 가능한 구조의 폐기물 용기 사용
- 폐기물 등이 정상제품에 혼입 방지
- 폐기물 등에 대한 외부 위탁 처리 방법
- 정해진 이동 동선에 따라 폐기물 등을 반출하고, 생산 중 반출하는 경우 교차오염 예방
- 폐기물 등 반출 관련 종사자에 대한 소독 및 교차오염 예방

마. 세척 또는 소독

㉟ 조리장에는 기계·설비, 기구·용기 등을 충분히 세척하거나 소독할 수 있는 시설이나 장비를 갖추어야 한다. (0~1점)

- 조리작업 특성에 따라 조리장 내 세척, 소독 시설 및 장비를 구비한다.
- 조리장 내 세척, 소독 시설 및 장비는 사용하기 편리한 곳에 배치한다.

㊱ 세척·소독 시설에는 종업원에게 잘 보이는 곳에 올바른 손 세척방법 등에 대한 지침이나 기준을 게시하여야 한다. (0~1점)

- 세척·소독 게시물은 종업원의 특성(연령, 국적 등)을 고려하여 이해하기 쉽도록 구성하고, 세척·소독 시설(출입구, 작업장 내부, 화장실 등)이 있는 모든 곳에 게시한다.
- 게시물 내용은 올바른 손 세척방법 등 절차에 따라 구체적으로 구성한다.

㊲ 영업자는 다음 각 호의 사항에 대한 세척 또는 소독 기준을 정하여야 한다. (0~2점)

- 종업원
- 위생복, 위생모, 위생화 등
- 작업장 주변
- 작업실별 내부
- 칼, 도마 등 조리도구
- 냉장·냉동 설비
- 용수저장시설
- 보관·운반 시설

- 운송차량, 운반도구 및 용기
- 모니터링 및 검사 장비
- 환기시설(필터, 방충망 등 포함)
- 폐기물 처리 용기
- 세척, 소독 도구
- 기타 필요사항

평가항목에서 정한 각 호의 사항에 대한 세척 및 소독 기준을 설정하고, 그 기준을 준수하고 적절하게 관리한다 표 6-10, 표 6-11.

표 6-10 **청결구역의 세척·소독 기준**

위치	세척·소독 방법		사용도구	주기	담당자
바닥	• 빗자루를 이용하여 찌꺼기, 오물 등 제거 • 물을 분사하여 남은 찌꺼기 제거 • 세제를 묻힌 솔을 사용하여 이물질, 찌든 때 등 제거 • 차아염소산나트륨 희석수를 분무하고 5분간 방치 • 물을 분사하여 헹구고 스크래퍼로 물기 제거		솔, 빗자루, 스크래퍼, 세제, 소독수, 분무기	1회/일	○○○
	주요 부위	싱크대 하부, 작업대 후면 구석 등			
벽	• 세제를 묻힌 면걸레로 이물질 제거 • 젖은 면걸레로 세제를 닦아 냄 • 소독된 면걸레로 다시 한 번 닦아 냄		면걸레, 소독수, 분무기	1회/일 오염물질 묻었을 경우	○○○
	주요 부위	세척기 뒷벽 등			
천장	• 세제를 묻힌 면걸레로 먼지 등 제거 • 소독된 면걸레로 다시 한 번 닦아 냄		면걸레, 소독수	1회/주	○○○
	주요 부위	건조실 상부 천장 등			
문	• 세제를 사용하여 면걸레로 이물질 및 때 제거 • 젖은 면걸레로 세제 및 이물질 제거 • 소독된 면걸레로 다시 한 번 닦아 냄		세제, 면걸레, 소독수	1회/주	○○○
배수로	• 배수로 덮개를 개방하고 솔을 이용하여 찌꺼기 제거 • 차아염소산나트륨 희석수를 분무하고 5분간 방치 • 물을 분사하여 헹구고 스크래퍼로 물기 제거		솔, 소독수, 분무기, 스크래퍼	1회/일	○○○

출처 : 식품의약품안전처, 알기 쉬운 HACCP 관리, 2017

표 6-11 시설·설비·도구의 세척·소독 기준

종류	부위	세척·소독 방법	사용도구	주기	담당자
채소 세척·소독기	내부, 외부, 동력 부분, 바퀴 등	• 세제를 묻힌 브러시로 이물질 제거 후 물로 세척(2회 이상)함 • 소독수로 분무	세제, 수세미, 소독수, 분무기	1회/일	○○○
탈피기	내부, 외부, 동력 부분, 바퀴 등	• 세제를 묻힌 면걸레를 사용하여 이물질 제거 후 물로 세척(2회 이상)한 다음 마른걸레로 물기를 닦아 냄 • 소독수로 분무	세제, 면걸레, 소독수, 분무기	1회/일	○○○
가열기(스팀솥)	내부, 외부, 동력 부분, 바퀴 등	• 세제를 묻힌 수세미를 사용하여 이물질 제거 후 물로 세척(2회 이상)함 • 소독수로 분무	세제, 수세미, 소독수, 분무기	1회/일	○○○
취반기	내부, 외부, 동력 부분, 바퀴 등	• 세제를 묻힌 브러시로 이물질 제거 후 물로 세척(2회 이상)함 • 소독수로 분무	세제, 수세미, 소독수, 분무기	1회/일	○○○
식기세척기	내부, 외부, 동력 부분, 바퀴 등	• 세제를 묻힌 면걸레를 사용하여 이물질 제거 후 물로 세척(2회 이상)한 다음 마른걸레로 물기를 닦아 냄 • 소독수로 분무	세제, 면걸레, 소독수, 분무기	1회/일	○○○
제빙기	내부, 외부, 동력 부분, 바퀴 등	• 세제를 묻힌 면걸레를 사용하여 이물질 제거 후 물로 세척(2회 이상)한 다음 마른걸레로 물기를 닦아 냄 • 소독수로 분무	세제, 수세미, 소독수, 분무기	1회/일	○○○
냉각기	내부, 외부, 동력 부분, 바퀴 등	• 세제를 묻힌 수세미를 사용하여 이물질 제거 후 물로 세척(2회 이상)	세제, 수세미, 소독수, 분무기	1회/일	○○○
위생시설	내부, 외부, 동력 부분, 바퀴 등	• 소독된 면걸레로 검은 때, 먼지 제거 • 필터 교환 • 소독수로 분무	세제, 면걸레, 소독수, 분무기	1회/일	○○○
세척기(버블)	내부, 외부, 배관(버블)	• 세제를 묻힌 수세미를 사용하여 이물질 제거 후 물로 세척(2회 이상)한 다음 물기를 마른걸레로 닦아 냄 • 소독수로 분무	세제, 면걸레, 소독수, 분무기	1회/일	○○○
차량, 파레트 등 운송, 보관 시설 등	내부, 외부, 동력 부분, 바퀴 등	• 세제를 묻힌 수세미를 사용하여 이물질 제거 후 물로 세척(2회 이상) • 소독수로 분무	세제, 수세미, 소독수, 분무기	1회/일	○○○
용수탱크	바닥, 벽, 뚜껑	• 세제를 묻힌 봉솔로 때와 오염 물질 제거 • 호스로 물을 뿌려 세제 제거 • 고압용 물 세척기로 물때 및 세제 세척	세제, 수세미, 소독수, 분무기	1회/분기	○○○
검사 및 모니터링 장비		• 소독된 면걸레로 검은 때, 먼지 제거 • 소독수로 분무	세제, 수세미, 소독수, 분무기	1회/일	○○○

(계속)

종류	부위	세척·소독 방법	사용도구	주기	담당자
환기시설	방충망 프로펠러 필터	• 세제를 묻힌 면걸레를 사용하여 이물질 제거 후 물로 세척(2회 이상)한 다음 마른걸레로 물기를 닦아 냄 • 소독수로 분무	세제, 수세미, 소독수, 분무기	1회/주	○○○
신발장	내부, 외부	• 위생 장화장 내부의 먼지를 소독된 면걸레로 닦아 냄 • 위생장화장 외부의 먼지를 소독된 면걸레로 닦아 냄	소독수, 면걸레	1회/주	○○○
옷장	바닥, 벽, 천정, 문	• 옷장 내부의 먼지를 소독된 면걸레로 닦아 냄 • 옷장 외부의 먼지를 소독된 면걸레로 닦아 냄	소독수, 면걸레	1회/주	○○○
조명시설	커버, 조명	• 소독된 면걸레로 먼지, 검은때 등을 제거	소독수, 면걸레	1회/월	○○○

출처 : 식품의약품안전처, 알기 쉬운 HACCP 관리, 2017

㊳ 세척 또는 소독 기준은 다음의 사항을 포함하여야 한다. (0~2점)

- 세척·소독 대상별 세척·소독 부위
- 세척·소독 방법 및 주기
- 세척·소독 책임자
- 세척·소독 기구의 올바른 사용방법
- 세세 및 소독제(일반명칭 및 통용명칭)의 구체적인 사용방법

- 주방 설비와 시설, 위생, 청소도구 등에 대한 특성을 고려하여 구체적인 부위를 설정하고, 부위 설정 시 설비의 외부와 내부를 모두 포함하며, 이를 위해 설비의 분해·해체 방법을 명시하고, 교차오염 등의 우려가 없도록 대상별 특성을 고려하여 세척 및 소독 관리방법을 설정한다.
- 세척 및 소독 주기는 일상 세척 및 소독 주기와 분해 세척 및 소독 주기를 구분하여 설정한다.
- 세척 및 소독 책임자의 관리 범위, 대상 등을 구체적으로 설정하며, 책임자는 세척 및 소독 방법과 주기 등을 숙지한다.
- 세척·소독 기구 및 세제, 소독제의 올바른 사용법(소독제, 청관제, CIP용제 등 사용 물질, 희석방법 및 잔류여부 등)을 수립하여 운영한다 **표 6-12** (p.106 소독액 제조법 참조).

표 6-12 세척제의 종류와 사용기준

종류	용도	사용기준
과일, 채소 세척제 	사람이 그대로 섭취할 수 있는 채소 또는 과일 세척	• 채소, 과일을 세척제 용액에 5분 이상 담그지 말 것 • 세척제 사용 후 반드시 음용수로 재세척(유수 사용 : 5초 이상 세척, 용기에 담아 사용할 경우 : 2회 이상 물을 교환하여 세척) • 기구, 용기 세척제의 목적으로 사용 가능
기구, 용기 세척제 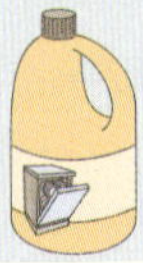	식기류 등 식품 용기 세척	• 세척제 사용 후 조리기구 등에 세척제 잔류하지 않도록 음용에 적합한 물로 세척 • 세척제를 용도 이외 사용 또는 규정사용량 이상 사용해서는 안 됨 • 가공, 조리기구 세척제의 목적으로 사용 가능(1종 사용목적 불가)
가공, 조리기구 세척제 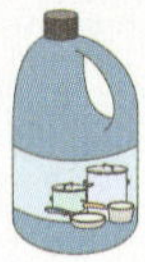	식품의 가공, 조리기구 등의 세척	• 세척제 사용 후 조리기구 등에 세척제 잔류하지 않도록 음용수로 세척 • 세척제를 용도 이외 사용 또는 규정 사용량 이상 사용해서는 안 됨 • 과일, 채소 세척제 및 기구, 용기 세척제의 목적으로 사용 불가

- 세척·소독의 효율성을 높이기 위해 조리장 내 조리도구의 정리정돈을 우선적으로 시행하며, 이를 위해 종업원의 교육훈련과 습관적인 시행이 중요하다.

㊴ 세제·소독제, 세척 및 소독용 기구나 용기는 정해진 장소에 보관·관리한다. (0~1점)

- 소독제와 세제는 종업원이 오인하여 사용하지 않도록 지정된 장소에 보관하며, 각 소독제와 세제 용기에 대해 식별이 용이하도록 표시한다.

㊵ 세척 및 소독의 효과를 확인하고, 정해진 관리계획에 따라 세척 또는 소독을 실히한다. (0~3점)

- 구역별, 세척·소독 대상별 및 부위별 등 세척·소독 효과에 대한 기준을 설정한다.
- 세척·소독기준의 적정성 확인을 위해 기구·용기, 시설, 설비, 검사장비, 종업원 손 검사는 간이배지, ATP측정기(효과성 상관관계 근거)를 사용할 수 있다.
- 작업 중 발생된 식품 잔사물이 아닌 제조 설비 및 도구 등에 누적된 식품 잔사물, 녹, 이물, 곰팡이, 찌든 때 등이 발생하지 않도록 관리한다.

(3) 제조·가공·조리 시설·설비 관리

㊶ 조리장에는 주방용 식기류를 소독하기 위한 자외선 또는 전기 살균소독기를 설치하거나 열탕 세척 소독시설(식중독을 일으키는 병원성미생물 등이 살균될 수 있는 시설이어야 함)을 갖추어야 한다. (0~2점)

- 주방용 식기류를 소독할 수 있는 기구 및 시설(자외선 살균소독기, 전기 살균소독기, 열탕 세척 소독시설 등)을 갖추도록 한다.
- 식중독을 일으키는 병원성미생물 등이 살균할 수 있는 온도, 시간 등의 조건을 설정한다.
- 설치된 소독 설비는 항상 정상적으로 작동되도록 하고, 살균기의 설정온도 및 실제 내부온도 또는 자외선 조사량 등이 유지되도록 관리하며, 자외선 등의 교체주기를 설정하여 준수한다.

㊷ 식품과 직접 접촉하는 부분은 내수성 및 내부식성 재질로 세척이 쉽고 열탕·증기·살균제 등으로 소독·살균이 가능한 것이어야 한다. (0~1점)

- 식품과 접촉하는 시설·설비 등의 재질은 내수성, 내부식성으로 열탕·증기·살균제 등 소독·살균이 가능한 재질(스테인리스, 플라스틱, 코팅된 도자기 등)을 사용하며, 이를 증빙할 수 있는 자료를 구비한다.

㊸ 모니터링 기구 등은 사용 전후에 지속적인 세척·소독을 실시하여 교차오염이 발생하지 않아야 한다. (0~1점)

- 조리장에서 사용하는 모니터링 기구(탐침온도계, 적외선온도계, 타이머 등) 등에 대한 사용 전·후 세척·소독 기준을 설정하여 교차오염이 예방될 수 있도록 한다.

㊹ 식품 취급시설·설비는 정기적으로 점검·정비를 하여야 하고, 그 결과를 보관한다. (0~1점)

- 시설·설비에 대한 점검 주기·방법과 소모성 부품 등에 대한 교체 기준을 구체적으로 설정하여 유지보수를 실시하고, 이에 대한 이력을 관리한다.
- 정기적인 점검·정비를 통한 생물학적(파손, 누수, 필터 미교체로 인한 교차오염 등)·화학적(누유, 청관제 등)·물리적(이물 등) 위해가 발생하지 않도록 예방한다.

- 식품등급 윤활유 사용, 청관제 사용 시 식품첨가물 성분을 사용한다.

(4) 냉장·냉동 시설·설비 관리

㊺ 냉장·냉동·냉각실은 냉장 식재료 보관, 냉동 식재료의 해동, 가열 조리된 식품의 냉각과 냉장 보관에 충분한 용량이 되어야 한다. (0~1점)

- 냉장·냉동·냉각실은 식재료 및 조리의 특성을 고려하여 보관 용량의 기준을 수립하고, 보관되어 있는 물품 및 냉장·냉동·냉각 시설·설비의 용량을 주기적으로 점검 및 관리한다.

㊻ 냉장시설은 내부의 온도를 10℃ 이하(다만, 신선편의식품, 훈제연어는 5℃ 이하 보관 등 보관온도 기준이 별도로 정해져 있는 식품의 경우에는 그 기준을 따름), 냉동시설은 -18℃로 유지하여야 하고, 외부에서 온도 변화를 관찰할 수 있어야 하며, 온도 감응장치의 센서는 온도가 가장 높게 측정되는 곳에 위치하도록 한다. (0~1점)

- 냉장·냉동 기준에 따라 온도관리를 한다.
- 냉장·냉동 시설 내 온도센서는 온도가 가장 높게 특정되는 위치에 설정하되, 유니트쿨러 등에 의해 직접적으로 영향을 받지 않도록 한다.

(5) 용수관리

㊼ 식품 제조·가공·조리에 사용되거나, 식품에 접촉할 수 있는 시설·설비, 기구·용기, 종업원 등의 세척에 사용되는 용수는 수돗물이나 「먹는물관리법」 제5조의 규정에 의한 먹는물 수질기준에 적합한 지하수이어야 한다. 지하수를 사용하는 경우 취수원은 화장실, 폐기물·폐수 처리시설, 동물사육장 등 기타 지하수가 오염될 우려가 없도록 관리하여야 하며, 필요한 경우 용수 살균 또는 소독장치를 갖추어야 한다. (0~3점)

- 사용하는 용수는 먹는물 수질기준에 적합하여야 하며, 이때 수돗물은 별도의 검사자료가 필요없으며, 화장실용, 소방용 용수는 제외할 수 있으나 사용용수에 대한 구분이 불명확한 경우에는 관기 기준을 수립하여야 한다.
- 지하수를 사용하는 경우 오염원 등으로부터 보호해야 하며, 이때 지하수 교

차오염 관리와 지하수 보호 시설(또는 설비)의 잠금장치 등에 대한 관리기준을 수립한다.

- 지하수를 비가열 섭취식품의 원재료·부재료의 세척용수 또는 배합수로 사용하는 경우 살균 또는 소독을 하여야 하며, 살균제가 잔류될 수 있는 화학적 살균·소독 장치, 살균·소독 효과가 있는 장비를 구비하여야 한다.

표 6-13 용수검사 기준 규격

항목	일반세균	총대장균군	대장균·분원성대장균군	검사주기	기록관리
기준 및 규격	10^2cfu/mL 이하	음성/100mL	음성/100mL	1회/1월	용수 검사성적서

⑱ 가공·조리에 사용되거나, 식품에 접촉할 수 있는 시설·설비, 기구·용기, 종업원 등의 세척에 사용되는 용수는 다음과 같이 검사를 실시하여야 한다.

- 지하수를 사용하는 경우에는 먹는물 수질기준 전 항목에 대하여 연 1회 이상(음료류 등 직접 마시는 용도의 경우는 반기 1회 이상) 검사를 실시하여야 한다.
- 먹는물 수질기준에 정해진 미생물학적 항목에 대한 검사를 월 1회 이상 실시하여야 하며, 미생물학적 항목에 대한 검사는 간이검사 키트를 이용하여 자체적으로 실시할 수 있다. (0~3점)

- 먹는물 수질기준 항목에 대해 연 1회(음료류 등 직접 마시는 용도는 반기 1회) 이상 검사를 실시한다
- 먹는물 수질기준에 따라 미생물학적 항목(일반세균, 총대장균군 또는 분원성대장균군)에 대한 검사를 월 1회 이상 실시하며, 이때 검사는 수도꼭지 검사를 기본으로 시행한다.

⑲ 저수조, 배관 등은 인체에 유해하지 아니한 재질을 사용하여야 하며, 외부로부터의 오염물질 유입을 방지하는 잠금장치를 설치하여야 하고, 누수 및 오염 여부를 정기적으로 점검하여야 한다. (0~1점)

- 저수조 재질은 인체에 용출 등으로 인한 위해가 없는 섬유강화플라스틱fiber reinforces plastics, FRP, SMC 스테인리스 등을 사용해야 하며, 시멘트 재질의 경우에는 적절한 방수 및 코팅 처리를 한다.

- 저수조 또는 저수조 보관실에 잠금장치를 설치한다.

> **[법적 근거] 수도법 시행규칙 제9조의 2(저수조의 설치기준)**
>
> 8. 저수조 및 저수조에 설치하는 사다리, 버팀대, 물과 접촉하는 접합부속 등의 재질은 섬유보강플라스틱·스테인리스스틸·콘크리트 등의 내식성(耐蝕性)재료를 사용하여야 하며, 콘크리트 저수조는 수질에 영향을 미치지 아니하는 재질로 마감할 것
>
> 13. 저수조의 뚜껑은 잠금장치를 하여야 하고, 출입구 부분은 이물질이 들어가지 않는 구조여야 하며, 측면에 출입구를 설치할 경우에는 점검 및 유지관리가 쉽도록 안전발판을 설치할 것

㊿ 저수조는 반기별 1회 이상 청소와 소독을 자체적으로 실시하거나, 저수조 청소업자에게 대행하여 실시하여야 하며 그 결과를 기록·유지하여야 한다. (0~1점)

- 반기별 1회 이상 청소와 소독 기준을 설정하고 실시한다.
- 용수에 이상(사용용수의 기준 이탈, 저수조 청결상태 악화 등)이 발생할 경우에는 반기 이내라도 청소 및 소독을 실시하며, 저수조가 신축되거나 1개월 이상 사용이 중단된 경우에는 사용 전에 청소하도록 한다.
- 자체적으로 청소·소독할 경우에는 청소·소독 전·후의 사진 등 증빙자료와 청소·소독 실시에 따른 결과를 기록한다.
- 외부업체에 청소·소독을 위탁할 경우에는 청소 기준 준수 여부(잔류염소 등), 관련 증빙 자료(사진, 서류) 등을 구비한다.

51 비음용수 배관은 음용수 배관과 구별되도록 표시하고 교차되거나 합류되지 않아야 한다. (0~1점)

- 화장실용수, 소방용수 등 비음용수 배관은 음용수 배관과 구분 표시 및 교차·합류되지 않도록 한다.

(6) 보관·운송 관리

가. 구입 및 입고

52 검사성적서로 확인하거나 자체적으로 정한 입고 기준 및 규격에 적합한 원·부자재만을 구입한다. (0~1점)

- 원·부재료의 입고 기준 및 규격을 설정하고, 설정 시 법적 규격이 포함된 자체 규격을 설정하며, 이때 원료별 관리 기준과 위해 관리를 위한 주기 및 방법을 설정한다.
  - 위해(생물학적, 화학적, 물리적)에 대한 항목(예시 식중독균, 잔류농약, 중금속, 이물 등) 및 범위
  - 원·부재료의 업소가 변경되는 경우 등 발생 가능한 위해에 대한 지속적인 정보를 수집 및 관리
  - 원·부재료에 대한 위해정보를 수집하는 방법으로 자체검사, 시험성적서 수령, 육안검사 등 다양한 방법을 이용한다.
  - 생물학적, 화학적, 물리적 각 위해에 대한 예방관리 주기 설정(월/분기/반기/연간)
  - 자체 검사 또는 외부 검사 의뢰 또는 시험성적서 관리(수입필증 포함) 등 관리방법 설정
- 원·부재료에 입고 시 검수기준을 설정하며, 관리항목은 입고일시, 원·부재료명, 성상, 피손, 유통기한·제조년월일·품질유지기한, 온도, 차량 위생, 이물혼입, 알레르기 유발 물질 함유 정보, 시험성적서 등이다.
  - 알레르기 유발 물질 : 난류(가름류에 한함), 우유, 메밀, 땅콩, 대두, 밀, 고등어, 게, 새우, 돼지고기, 복숭아, 토마토, 아황산류, 호두, 닭고기, 쇠고기, 오징어, 조개류(굴, 전복, 홍합 포함), 잣

⑬ 부적합한 원·부자재는 적절한 절차를 정하여 반품 또는 폐기 처분하여야 한다. (0~1점)

- 원·부자재가 입고 기준 및 규격과 상이하거나, 기준 이탈에 대한 처리 절차 및 방법을 수립하여야 하며, 입고 기준 및 규격 기준 이탈 시 즉시 반품, 별도 보관하여 폐기처분 등 개선조치 기준을 설정하고, 부적한한 원·부자재에 의한 교차오염 예방 관리도 설정하도록 한다.

⑭ 입고검사를 위한 검수 공간을 확보하고, 검수대에는 온도계 등 필요한 장비를 갖추고 청결을 유지하여야 한다. (0~1점)

- 입고검사를 위한 검수공간 마련 및 검수를 위한 장비를 갖추어야 한다.
- 검수 시 검수실 등 별도의 공간에서 실시하는 것을 원칙으로 하나, 교차오염 등의 우려가 없을 경우에는 분리, 구획하지 않아도 된다.

㊺ 원·부자재 검수는 납품 즉시 실시하여야 하며, 부득이 검수가 늦어질 경우에는 원·부자재별로 정해진 냉장·냉동 온도에서 보관하여야 한다. (0~1점)

- 원·부자재는 검수 지연에 따른 온도 관리 미흡 시 미생물 증식 등의 우려로 납품 즉시 검수를 실시하고, 검수가 늦어질 경우 정해진 냉장·냉동 온도에서 보관할 수 있도록 기준을 수립한다.

나. 운송

㊻ 운송차량(지게차 등 포함)으로 인하여 제품이 오염되어서는 안 된다. (0~1점)

- 운송차량(지게차 등 포함)으로 인한 제품이 오염되지 않도록 교차오염 예방관리 기준을 설정하고 관리한다.

㊼ 운송차량은 냉장의 경우 10℃ 이하, 냉동의 경우 -18℃ 이하를 유지할 수 있어야 하며, 외부에서 온도 변화를 확인할 수 있도록 임의조작이 방지된 온도 기록장치를 부착하여야 한다. (0~1점)

- 운송차량의 경우 냉장·냉동온도 관리기준을 수립하고, 온도변화를 확인할 수 있는 온도 기록 장비를 부착한다.

㊽ 운반 중인 식품은 비식품 등과 구분하여 취급하여 교차오염을 방지한다. (0~1점)

- 운송차량 내부는 다른 물품과 구분하여 교차오염이 없도록 분리 및 보관하여, 청결한 상태로 관리하여야 한다.
- 완전히 밀봉된 상태가 아닌 알레르기 유발식품과 함께 운반되는 경우는 다음 공정에서 주의를 하도록 관리(알림 등)한다.

㊾ 운송차량, 운반 도구 및 용기는 관리계획에 따라 세척·소독을 실시하여야 한다. (0~1점)

- 운송차량과 운반 도구 및 용기는 계획에 따라 세척·소독 기준을 수립하며, 주기적으로 점검 및 관리한다.

다. 보관

⑥⓪ 원료 및 완제품은 선입선출원칙에 따라 입고·출고 상황을 관리·기록한다. (0~1점)

- 원료 및 완제품에 대한 선입선출 관리기준을 수립하고, 별도 수기 또는 전자시스템이 있는 경우 관리방법에 대해 구체적으로 기준을 수립한다.
- 운송 완료시간이 거리별로 정해진 경우 조리가 완료된 완제품부터 순차적으로 출고할 수 있도록 설정하며, 입고·출고사항은 생산일보, 원료수불부 등을 사용할 수 있다.
- 입·출고 사항은 식재료 수불부, 식당 운영일지 등에 기록한다.

⑥① 원·부자재 및 완제품은 구분하여 관리하고 바닥이나 벽에 밀착되지 않도록 적재·관리한다. (0~1점)

- 원·부자재 등은 교차오염의 우려가 없도록 구분 관리하고 바닥, 벽에서 최소 10cm 이상 이격을 원칙으로 하는 이격관리를 설정한다.
- 원·부자재, 반제품 및 완제품은 교차오염의 우려가 없도록 밀봉을 원칙으로 보관하며, 일부 원·부자재 및 반제품이 개봉된 상태인 경우 별도 구분 또는 구체적인 관리 기준을 설정한다.
- 알레르기 유발 물질의 함유 여부에 따라 비 함유 원·부자재가 교차혼입되지 않도록 분리보관하고, 별도로 알레르기 유발 식품을 위한 보관장소를 지정 및 상단에 비알레르기 식품/하단 알레르기 유발 식품을 보관하는 등 방법을 권고할 수 있다.
- 원료 이격으로 인해 안전사고 등의 우려가 높을 경우 별도의 관리기준을 설정하여 관리한다.

⑥② 원·부자재에는 덮개나 포장을 사용하고, 날 음식과 가열조리 음식을 구분하여 보관하는 등 교차오염이 발생하지 않도록 한다. (0~1점)

- 원·부자재 및 조리 음식 등을 보관하는 경우 교차오염 방지를 위하여 구분·보관, 덮개 사용 또는 포장 등의 기준을 수립한다.
- 날 음식과 가열조리 음식을 구분 보관하여 교차오염이 발생하지 않도록 한다.

⑥③ 검수기준에 부적합한 원·부자재나 보관 중 유통기한이 경과한 제품, 포장이 손상

된 제품 등은 별도의 지정된 장소에 명확하게 식별되는 표식을 하여 보관하고 반송, 폐기 등의 조치를 취한 후 그 결과를 기록·유지하여야 한다. (0~1점)

- 부적합한 원·부자재 등은 별도의 지정된 장소에 보관하고, 식별표시(표식)을 포함한 개선조치 기준을 구체적으로 수립한다.
- 부적합품이 완제품(정상품) 등으로 혼입되지 않도록 기준을 설정한다.

(64) 유독성 물질, 인화성 물질 비식용 화학물질은 식품 취급구역으로부터 격리된 환기가 잘 되는 지정된 장소에서 구분하여 보관·취급되어야 한다. (0~1점)

- 유독성 물질(가성소다, 윤활유, 살충제, 구서제, 세제 등) 등은 식품에 영향을 줄 우려가 있어 별도 구역에 격리 및 환기가 잘되는 지정된 장소에 보관하는 기준과 환기로 인해 식품에 영향을 미치지 않도록 기준을 설정한다.
- 유독성 물질, 인화성 물질(페인트, 스프레이 제품 등), 비식용 화학물질(접착제, 본드 등)은 교차오염이 없도록 별도 지정된 장소에 보관하며, 유독물질 보관장소에 대한 잠금장치를 설정하고 입·출고 등 보관 기준을 설정한다.

(7) 검사관리

가. 제품검사

(65) 제품검사는 자체 실험실에서 검사계획에 따라 실시하거나 검사기관과의 협약에 의하여 실시한다. (0~1점)

- 제품검사 시 검사기준, 검사방법 등 구체적인 검사계획을 수립하여 실시한다.
- 정해진 실험방법에 따라 제품검사를 실시하여야 하며, 공인되지 않은 검사기관(대학 실험실, 타 회사의 실험실 등)일 경우 협약서, 계약서, 실험관리 내역 등을 구비한다.

(66) 검사결과에는 다음 내용이 구체적으로 기록되어야 한다. (0~1점)

- 검체명
- 제조연월일 또는 유통기한(품질유지기한)
- 검사연월일
- 검사항목, 검사기준 및 검사결과

- 판정결과 및 판정년월일
- 검사자 및 판정자의 서명 날인
- 기타 필요한 사항

- 신뢰성 있는 검사를 위하여 검사결과와 관련 사항, 관리 절차 및 방법 등에 대해 구체적인 기준을 수립한다.
- 외부 의뢰 또는 자체 검사하는 경우 검사기록서(성적서 포함)에 품목명(원료명, 공정명 등 포함), 유통기한·제조년월일/로트/입고년월일(농산물 등), 검사년월일 등 구체적으로 기록한다.
- 자체 실험실에서 검사를 진행할 경우에는 검사결과에 대한 신뢰성 확보를 위하여 실험방법(시료 구매내역, 실험 방법·결과raw data) 및 시약수불관계 서류 등을 구비한다.

나. 시설·설비·기구 등 검사

(67) 냉장·냉동 및 가열 처리시설 등의 온도측정장치는 연 1회 이상, 검사용 장비 및 기구는 정기적으로 교정하여야 한다. 이 경우 자체적으로 교정검사를 하는 때에는 그 결과를 기록·유지하여야 하고, 외부 공인 국가교정기관에 의뢰하여 교정하는 경우에는 그 결과를 보관하여야 한다. (0~1점)

- 냉장·냉동 및 가열 처리시설 등은 검·교정 받은 날로부터 1년 이내 연 1회 이상, 검사용 장비 및 기구는 정해진 주기에 따라 검·교정을 실시하여야 한다.
- 외부공인기관 또는 자체 검·교정을 실시하는 경우 각 계측장비별 객관적·구체적인 검·교정 절차 및 방법을 설정한다.
  - 분동 검·교정 주기 : 표준분동은 검·교정 주기 2년으로 설정할 수 있고, 기타 계측장비는 사용빈도에 따라 1년 이내의 범위에서 검·교정의 주기 단축을 할 수 있다.
  - 신규 계측기기 검·교정 : 새로 구매하는 계측장비 등의 보증범위를 고려하여 제조년월일을 기준으로 1년의 범위에서 별도 검·교정 없이 사용 가능하며, 관련 증빙자료를 구비하고, 정상가동 여부를 확인한다.

- 온도계 검·교정 : 외부공인기관 또는 자체 검·교정 시 사용 온도대역으로 검·교정을 하는 것이 바람직하며, 계측장비의 오차범위를 고려하여 검·교정을 실시한다.
- 표준물질(시약) 활용 : 측정기기(pH미터 등) 중 표준물질을 통해 검정할 수 있는 경우 자체 검·교정 기준을 수립할 수 있다.
- 자체 검·교정 시 검교정 익ㄹ자, 방법, 표준품, 오차범위, 측정결과, 판정 등 기록

(68) 조리장의 청정도 유지를 위하여 공중낙하세균 등을 관리계획에 따라 측정·관리하여야 한다. 다만, 식품이 노출되지 않거나 식품을 포장된 상태로 취급하는 작업장은 그렇게 하지 않아도 된다. (0~1점)

- 조리장별 청정도 기준 및 개선조치 방안을 수립한다.
- 청정도 관리기준 수립 시 일반구역, 청결구역으로 구분하여 관리하며, 일반구역보다 청결구역을 강화하여 설정하고, 청정도 측정 기준 및 방법을 구체적으로 설정한다.
- 공중낙하균 측정지점은 조리장의 청정도를 대표할 수 있는 곳이거나 별도의 기준을 수립한다.
- 일반세균과 대장균(군) 검사를 기본원칙으로 하고, 교차오염 가능한 생물학적 위해요소를 추가할 수 있다.
- 검사방법은 낙하법sediment method이나 Bioaerosol sampling method를 이용할 수 있으며, 이에 따른 기준은 별도로 수립한다. 낙하법은 작업 위치에서 15분간 노출 후 검사한다.
- 조리장별(일반, 청결구역)에 대한 청정도 점검 및 기준 이탈 시 정해진 계획에 따라 적절한 개선조치를 실시한다.

(8) 회수 프로그램 관리(시중에 유통·판매 되는 포장제품에 한함)

(69) 영업자는 당해제품의 유통경로, 소비 대상과 판매처의 범위를 파악하여 제품 회수에 필요한 업소명과 연락처 등을 기록·보관한다. (0~1점)

- 문제가 발생한 제품으로 인한 소비자 피해를 최소화하기 위하여 제품 회수에 필요한 유통경로, 소비대상 및 판매처 범위를 설정하고, 관련 업소명 및 연락처 등 정보를 기록·보관한다.

⑦⓪ 부적합품이나 반품된 제품의 회수를 위한 구체적인 회수절차나 방법을 기술한 회수 프로그램을 수립·운영하여야 한다. (0~1점)

- 회수 프로그램에는 자진회수, 강제회수 등 회수기준을 설정한다.
- 강제회수는 「식품위생법」 시행규칙 제58조(회수대상 식품 등의 기준), 동법 제59조(위해식품 등의 회수계획 및 절차 등)를 참고하여 설정하고, 자진회수의 경우 주요 발생 클레임claim 사례나 추정사례 등을 종합적으로 고려하여 설정한다.
- 회수절차는 구체적으로 설정하고, 각 구성원의 책임과 역할에 대해 명확히 설정한다 그림 6-2.
- 각 구성원의 책임과 역할에 대한 적절성을 확인하기 위해 모의 회수 프로그램을 운영하며, 모의 회수 프로그램의 결과에 회수 단계별 문제점 및 개선방안, 책임과 역할의 적절성, 회수량 등을 기록한다.

⑦① 부적합품의 원인 규명이나 확인을 위한 제품별 생산장소, 일시, 제조라인 등 해당 시설 내의 필요한 정보를 기록·보관하고 제품 추적을 위한 코드표시 또는 로트관리 등의 적절한 확인방법을 강구한다. (0~1점)

- 제품에 대한 코드표시 또는 로트관리기준을 수립하고, 제품 추적을 위한 정보를 주기적으로 점검 및 관리한다.

순서	내 용	담당자 및 담당부서
1. 회수 상황 접수	• 유통제품 회수 상황 접수 • 제품 회수, 상황 정보 수립 • 회수제품 위해물질 시험분석, 고객 품질정보 수집 • 자체 회수 보고	품질 물류
2. 회수 대상제품 출고 중지 및 보류 조치	• 회수 대상제품 출고 및 판매 보류 조치 • 회수품목, 예상 물량 및 고객 사용 중지 통보 및 교환(유선, 팩스)	물류
3. 회수 분류 결정	• 자율회수, 강제회수 상황 분류 • 회수제품의 분포, 수량, 회수 범위 결정 • 회수 명령 결정	팀장 물류 품질
4. 회수 계획 수립	• 회수 계획의 수립(회수 상황 분류, 범위, 방법) • 회수 공문 작성	물류
5. 회수 실시	• 회수 계획에 의한 회수 실시 • 유통지역, 거래선 통보 • 회수 제품 별도 보관 관리	물류
6. 회수제품 품질평가 분석	• 회수제품 로트 샘플 분석 평가 • 품질 파악 및 회수 상황 확인 • 위해물질 시험 분석	품질
7. 회수 결과	• 회수의 실시 및 결과 보고 • 미회수 처리 제품에 대한 사후 대책 • 회수 처리 제품 폐기 처리 • 회수평가서 작성 • 법적 대응 및 조치	물류
8. 사후관리	• 회수 관련 제품 원인 및 대책 수립 • 사전예방관리 체계 수립	생산

그림 6-2 **회수 업무 처리의 흐름도**

출처 : 식품의약품안전처, 알기 쉬운 HACCP 관리, 2017

3. 선행요건프로그램의 실행 및 평가

최초 수립된 선행요건프로그램은 작업장에 우선 적용해 보고 효과성 평가를 위한 검증을 실시해야 한다. 효과성은 수립된 선행요건프로그램이 해당 식품의 안전성을 확보하는데 충분한지를 나타내는 것으로, 효과성 검증 결과 해당되는 식품과 새로운 정보가 발생되었거나 원료·제조 공정 등의 변동이 발생할 경우 선행요건프로그램을 수정·보완한다. 또한 실행 가능성을 평가하여 그 실행에 필요한 인적·물적 자원을 재검토한 후 선행요건프로그램을 완성한다. 선행요건프로그램은 운영과정에서도 정기적으로 그 효과성을 확인·평가하며, 기준서의 수정·보완 및 시설·설비의 개보수, 작업공정의 개선, 종업원의 교육·훈련 계획 등을 수립하여 실행한다.

1) 평가(심사) 매뉴얼 구성

평가(심사) 매뉴얼은 식품·축산물 업종별로 구성되어 있으며, 해당 업종에 맞는 실시상황 평가표와 평가(심사) 매뉴얼을 기반으로 평가한다. 매뉴얼의 세부구성은 각 평가항목별로 기준, 관리, 현장 3가지로 구분되어 있다.

(기준) 식품 및 축산물 안전관리인증기준 실시상황평가표의 평가항목별로 업소 현황에 맞는 세부기준을 수립하여 운영하여야 한다.

(관리) 기준에 따라 점검·기록 및 이탈 시 개선조치를 실시하고, 주기적으로 기준 변경사항 등을 반영하여 점검·기록 관리를 실시하여야 한다.

(현장) 현장(영업장, 조리장 포함)은 기준에 따라 유지되어야 한다.

선행요건관리

00. 실시상황평가표의 평가항목(점수)

세부항목

- ▣ 기준 ………..(점수)
- ▣ 관리 ………..(점수)
- ▣ 현장 ………..(점수)

지도관 고려사항

지도관(심사관을 포함한다. 이하 같다.)을 위한 평가 가이드이며, 기준·관리·현장의 세부기준에 대한 지도관 고려사항을 참고 또는 지도한다.

〔평가항목 배점 및 감점〕

구분	평가항목별 점수 체계		
	3점	2점	1점
기준	1점	1점	1점
관리	1점	1점	
현장	1점		
감점	각 항목 중 미흡한 경우 1점씩 감점	기준 또는 관리·현장 중 미흡한 경우 1점씩 감점	하나라도 미흡한 경우 감점

※ 선행요건관리는 평가항목별 배점에 따라 기준, 관리 및 현장에 대해 감점하며. 기준에 대한 관리·현장 준수가 미흡한 경우 기준까지 개선을 요구할 수 있다.

2) 선행요건프로그램 인증 평가 시 판정기준

선행요건 각 항목에 대한 취득점수의 합계가 85점 이상일 경우 적합으로, 70점 이상에서 85점 미만이면 보완, 70점 미만이면 부적합으로 판정한다. 다만, 평가에서 제외되는 항목이 있을 경우 평가 제외 항목을 제외한 총 점수 대비 취득점수를 백분율로 환산하여 85%(소수 첫째자리 반올림 처리) 이상일 경우 적합으로, 70%에서 85% 미만은 보완, 70% 미만이면 부적합으로 판정한다. 다만 평가항목 47, 52번은 필수항목으로 인증평가 시 미흡한 경우 부적합으로 판정한다.

3) HACCP 인증 후 사후관리(정기조사·평가) 평가 시 판정기준

선행요건 각 항목에 대한 취득점수의 합계가 85점 이상일 경우 수정·보완하도록 조치하되, 85점 미만이면 부적합으로 판정한다. 다만, 평가에서 제외되는 항목이 있을 경우 평가 제외 항목을 제외한 총 점수 대비 취득점수를 백분율로 환산하여 85%(소수 첫째자리 반올림 처리) 이상일 경우 적합으로, 85% 미만이면 부적합으로 판정한다. 그리고 전년도 정기 조사·평가 시 전년도 정기 조사·평가의 개선조치를 이행하지 않은 경우 해당 항목에 대한 감점 점수의 2배를 감점하며, 전년도 정기 조사·평가가 2회 이상이었을 경우 마지막 정기·조사평가 결과를 적용한다.

표 6-14 선행요건의 종합평가방법

<table>
<tr><th rowspan="3">선행요건 영역</th><th rowspan="3">항목 수</th><th rowspan="3">점수</th><th colspan="5">평가 구분</th></tr>
<tr><th colspan="3">인증평가</th><th colspan="2">정기조사·평가</th></tr>
<tr><th>적합</th><th>보완</th><th>부적합</th><th>수정·보완</th><th>부적합</th></tr>
<tr><td>영업장관리</td><td>14</td><td>24</td><td rowspan="8">85점 이상</td><td rowspan="8">70점 이상~
85점 미만</td><td rowspan="8">70점 미만</td><td rowspan="8">85점 이상</td><td rowspan="8">85점 미만</td></tr>
<tr><td>위생관리</td><td>26</td><td>39</td></tr>
<tr><td>제조·가공·조리 시설·설비 관리</td><td>4</td><td>5</td></tr>
<tr><td>냉장·냉동 시설·설비 관리</td><td>2</td><td>2</td></tr>
<tr><td>용수관리</td><td>5</td><td>9</td></tr>
<tr><td>보관·운송 관리</td><td>13</td><td>14</td></tr>
<tr><td>검사관리</td><td>4</td><td>4</td></tr>
<tr><td>회수 프로그램 관리</td><td>3</td><td>3</td></tr>
<tr><td>계</td><td>71</td><td>100</td><td colspan="3">다만, 평가 제외 항목이 있을 경우 평가 제외 항목을 제외한 총 점수 대비 취득점수를 백분율로 환산하여 85%(소수 첫째자리 반올림 처리) 이상일 경우에는 적합, 70%에서 85% 미만은 보완, 70% 미만이면 부적합으로 판정한다. 다만 평가항목 47, 52번은 필수항목으로 인증평가 시 미흡한 경우 부적합으로 판정한다.</td><td colspan="2">다만, 평가 제외 항목이 있을 경우 평가제외 항목을 제외한 총 점수 대비 취득점수를 백분율로 환산하여 85%(소수 첫째자리 반올림 처리) 이상일 경우에는 적합, 85% 미만이면 부적합으로 판정한다.
〈감점기준〉 전년도 정기 조사·평가의 개선조치를 이행하지 않은 경우 해당 항목에 대한 감점 점수의 2배를 감점한다.</td></tr>
</table>

Part 2

HACCP 실무

Hazard Analysis and Critical Control Point

CHAPTER 7

HACCP 시스템의 준비단계

1. HACCP의 12절차 7원칙
2. HACCP의 준비단계

학습목표

1. 급식 및 외식업소를 대상으로 HACCP 팀 구성과 구성원의 역할에 대해 설명할 수 있다.
2. 급식 및 외식 업소에서 제공되는 메뉴에 대한 메뉴설명서와 조리공정흐름도를 작성할 수 있다.
3. 급식 및 외식 업소의 조리장 평면도를 고찰하고, 가상의 급식 및 외식 업소의 조리장 평면도를 작성할 수 있다.

CHAPTER 7

HACCP 시스템의 준비단계

1. HACCP의 12절차 7원칙

HACCP 시스템이 적용되는 업소에서는 해당 식품의 안전성을 확보하기 위하여 제조·조리 공정/단계별로 유입 가능성이 있는 생물학적, 화학적, 물리적 위해요소의 유입경로를 파악하고 해당 위해요소를 안전한 수준까지 감소 또는 완전 제거할 수 있도록 HACCP 시스템을 구축해야 한다. 먼저 선행요건프로그램을 개발하여 실행하면서 이를 토대로 해당 제품에서의 중요한 위해요소를 중점 관리하여 완전한 식품이 공급될 수 있도록 식품별 HACCP 관리계획을 개발한다.

HACCP 시스템은 총 12단계의 절차로 구성되어 있다. 1절차(단계)에서 5절차(단계)까지는 HACCP 시스템을 개발하기 위하여 미리 실행하여야 하는 준비(예비)단계이며, 6절차(단계)에서부터 12절차(단계)까지는 HACCP이 적용되는 7가지 원칙으로 순서에 따라 운영·관리된다 그림 7-1.

[법적 근거] **식품 및 축산물안전관리인증기준법 제6조(안전관리인증기준 관리)**

① 안전관리인증기준(HACCP) 적용업소는 다음 각 호의 안전관리인증기준(HACCP) 적용원칙과 [별표 2]의 안전관리인증기준(HACCP) 적용 순서도에 따라 제조·가공·조리·소분·유통·판매하는 식품, 가축의 사육과 축산물의 원료관리·처리·가공·포장·유통 및 판매에 사용하는 원·부재료와 해당 공정에 대하여 적절한 안전관리인증기준(HACCP) 관리계획을 수립·운영하여야 한다.

1. 위해요소 분석
2. 중요관리점 결정
3. 한계기준 설정
4. 모니터링 체계 확립
5. 개선조치 방법 수립
6. 검증 절차 및 방법 수립
7. 문서화 및 기록 유지

② 제1항에 따른 안전관리인증기준(HACCP) 관리계획은 과학적 근거나 사실에 기초하여 수립·운영하여야 하며, 중요관리점, 한계기준 등 변경사항이 있는 경우에는 이를 재검토하여야 한다.

③ 「식품위생법」에 따른 안전관리인증기준(HACCP) 적용업소는 제1항에 따른 안전관리인증기준(HACCP) 관리계획의 적절한 운영을 위하여 다음 각 호의 사항을 포함하는 안전관리인증기준(HACCP) 관리기준서를 작성·비치하여야 한다.

1. 집단급식소, 식품접객업소, 집단급식소식품판매업소
   - 가. 안전관리인증기준(HACCP)팀 구성
     - (1) 조직 및 인력현황
     - (2) 안전관리인증기준(HACCP)팀 구성원별 역할
     - (3) 교대 근무 시 인수·인계 방법
   - 나. 조리·제조·소분 공정도(과정별 조리·제조·소분방법) 작성
   - 다. 원·부자재, 조리·제조·소분·판매에 따른 위해요소분석
     - (1) 원·부자재별·공정별 생물학적·화학적·물리적 위해요소 목록 및 발생원인
     - (2) 위해평가(원·부자재별, 조리·제조·소분 공정별 각 위해요소에 대한 심각성과 위해발생가능성 평가)
     - (3) 위해요소분석결과 및 예방조치·관리 방법
   - 라. 중요관리점 결정
     - (1) 확인된 주요 위해요소를 예방·제어(또는 허용수준 이하로 감소)할 수 있는 공정상의 단계·과정 또는 공정 결정
   - 마. 중요관리점의 한계기준 설정
   - 바. 중요관리점 모니터링 체계 확립
   - 사. 개선 조치방법 수립
   - 아. 검증 방법 및 절차 수립
   - 자. 문서화 및 기록유지방법 설정

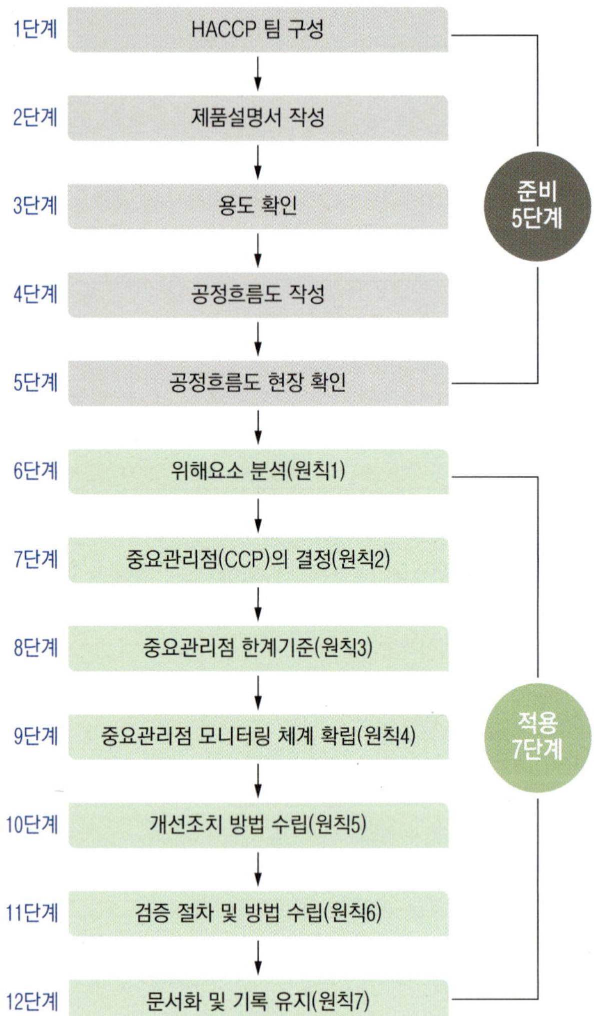

그림 7-1 **HACCP 7원칙 12절차 적용 순서도(식품 및 축산물안전관리인증기준법 제6조 관련)**

2. HACCP의 준비단계

1) HACCP 팀 구성(절차 1)

HACCP 시스템에서 가장 먼저 해야 할 준비단계는 HACCP 시스템을 주도적으로 담당할 HACCP 팀을 구성하는 것이다. HACCP 도입과 성공적인 운영은 최고경영자의 실행 의지가 결정적 영향을 미치기 때문에 HACCP 팀을 구성할 때는 어떤 형태로

든 최고경영자의 직접적인 참여가 바람직하며, 조리공정도상의 각 분야에서 전문적인 지식과 기술을 갖춘 핵심요원들을 팀원에 포함시키고, 이들에게 업무를 분장하고 책임과 권한을 부여한다.

HACCP 시스템의 개발 및 운영에 필요한 HACCP 팀의 규모는 업소 규모 및 여건이 다르기 때문에 일정하지 않다. HACCP 팀장은 조직의 최고경영자(영업자 또는 공장장) 또는 선임적 위치에 있는 사람으로 하고, 팀원은 조리현장의 책임자, 시설·설비 책임자, 물류관리업무 책임자, 품질관리업무 책임자 및 종업원 보건관리 책임자 등으로 구성한다. 구성원들은 관련 규정에 준하여 HACCP 교육을 받고 일정 수준의 전문성을 갖추어야 한다.

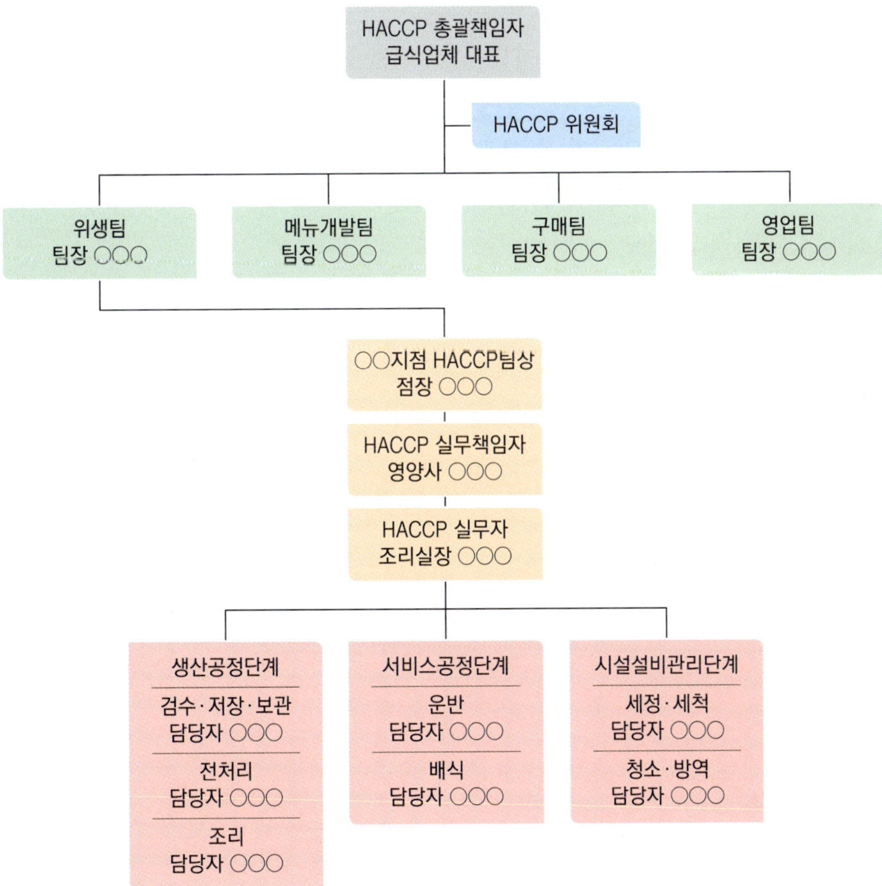

그림 7-2 급식업체의 HACCP 팀 조직 구성의 예

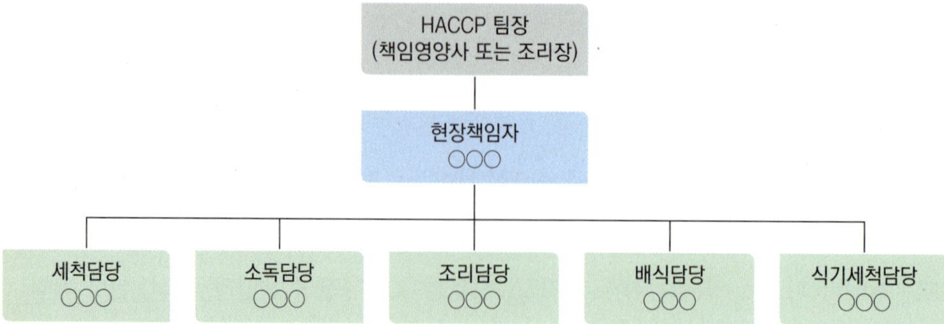

그림 7-3 **소규모 급식업체의 HACCP 팀 조직 구성의 예**

또한 HACCP 팀에는 필요 시 외부 전문가를 포함한 HACCP 위원회를 구성할 수 있으며, 자체적으로 취약하다고 판단되는 부분에 대해 HACCP 위원회로부터 전문지식을 지원받을 수 있다. 그러나 전적으로 외부 전문가에 의해 HACCP 계획이 개발되는 것은 현장의 실정이 제대로 반영되지 못할 수 있기 때문에 비효율적인 HACCP 계획이 수립될 수 있으므로 바람직하지 못하다 그림 7-2, 그림 7-3.

(1) HACCP 팀원 이력표

HACCP 팀원의 적합성 확인과 인적자원관리를 위한 HACCP 팀원 이력표를 작성하여야 하며, 각 팀원의 성명, 부서명, 직책·직위, 학위·전공분야, 실무경력, HACCP 교육·훈련 참가 실적 등에 대하여 작성한다 표 7-1.

표 7-1 **HACCP 팀원 이력표 양식의 예**

성명	부서명	직책·직위	학위·전공	실무경력			HACCP 교육·훈련 참가실적
				입사 전	입사 후	전체	

(2) HACCP 팀의 책임과 권한

HACCP 팀 구성원에 대한 책임과 권한을 구체적으로 작성한다. HACCP 팀장은 HACCP 업무의 전체적인 계획을 총괄하고, 작업 전·후와 작업 중의 위생관리, 각종 위생관리사항에 대한 승인·감독·검증의 책임을 맡는다. HACCP 팀원 중 HACCP 실무책임자는 조리장의 위생 상태를 수시로 확인하여 필요할 때 즉시 시정조치하며, 검증과정 참여와 종업원 위생교육 담당 및 팀장 결원 시 업무를 대행하고, 종업원은 각자에게 부여된 작업내용을 책임자의 지시하에 착오 없이 실시해야 한다 표 7-2.

HACCP을 수행하는 부서별 또는 종업원 개인별 책임과 권한은 서로 중복되거나 누락되지 않도록 해야 하며, 구성원의 업무와 관련된 위임사항이나 업무 인수·인계사항에 대하여 구체적인 절차와 확인방법을 기술한다. 특히 인수·인계내용과 확인 날인을 할 수 있도록 해야 하며, 비상시 대체 인력이 필요할 경우에는 HACCP 교육을 받은 인력을 배치할 수 있도록 하고 이를 위해 대체 인력에 대한 교육계획도 수립·시행해야 한다.

표 7-2 HACCP 팀의 업무분담표의 예

구분		구성원	주요 업무
총책임자		급식업체 대표	HACCP 업무 총괄과 책임
팀장		점장, 영양사	HACCP 계획 수립, 작업 전후와 작업 중의 위생관리, 각종 위생관리사항에 대한 승인·감독·검증의 책임
팀원	실무책임자	영양사	식재료, 시설·설비, 조리, 배식 등 위생 총괄 위생 및 HACCP 관련 교육·훈련 실시 HACCP 기록 유지·보관 및 외부 점검 대응
	검수·저장·보관	종업원	원료 식재료나 가공제품 등 검수 업무 담당
	전처리	종업원	원료 식재료의 전처리 업무 담당
	조리	종업원	밥류, 국류, 찬류별 조리나 온도 체크 업무 담당
	운반	종업원	완성된 제품의 운반업무 담당
	배식	종업원	완성된 제품, 조리의 냉·온식품 배식업무 담당
	세정·세척	종업원	식후 식기 등 세정·세척 업무 담당
	청소·방역	종업원	세척제, 소독제 확인과 소독 및 정리 업무 담당

2) 제품(메뉴)설명서 작성(절차 2)

두 번째 단계는 제품(메뉴)설명서를 작성하는 것이다. 제품(메뉴)설명서는 생산되는 식품의 특성과 용도를 기술한 것으로, 제품(메뉴)명, 제품 유형 및 성상, 품목 제조보고 연월일, 작성자 및 작성연월일, 성분(또는 식재료) 배합비율 및 제조(또는 조리)방법, 제조(포장)단위, 완제품의 규격, 보관·유통(또는 배식)상의 주의사항, 제품 용도 및 유통(또는 배식)기간, 포장 방법 및 재질, 표시사항, 기타 필요한 사항이 포함되어야 한다. 급식이나 외식 업소에서는 표준레시피 형식을 기본으로 작성하고, 식재료 배합비율은 각 메뉴의 식재료 분량을 기재하며, 조리방법은 일반적인 조리방법이나 조리공정흐름도로 대신할 수 있다. 제조단위는 완제품의 최소 단위를 중량, 용량, 개수 등으로 기재하고, 완제품의 규격은 업소 자체 규격, 유사 메뉴에 대한 관련 연구논문 등을 참고하여 안전성과 관련된 항목에 대하여 음식의 성상 및 생물학적·화학적·물리적 규격을 기재하면 된다. 제품용도는 건강한 일반 성인 또는 특별한 관리가 필요한 사람인지 구분하여 기재하고, 유통(또는 배식)기간은 조리 완료 후 배식(서빙)까지의 시간을 기재한다. 포장 방법 및 재질은 식기의 재질 등을 기재하며, 보관 및 유통(또는 배식)상의 주의사항은 유통·판매 및 배식 중 CCP관리를 위한 주의사항 등을 기재한다.

제품설명서는 식품별로 작성하는 것이 원칙이며, 각 식품의 공정 등 특성이 같거나 비슷한 경우에는 식품을 그룹별로 분류하거나 식품 유형별로 작성할 수 있다. 급식소의 경우 조리되는 식품의 종류가 수천 가지 이상으로 다양하여 식품별로 작성하는 것은 적용상 무리가 따르기 때문에 조리공정별로 분류하여 대표적인 식품을 선정, 작성하는 것이 좋다 표 7-3, 표 7-4.

3) 용도 확인(절차 3)

세 번째 단계는 완성된 제품의 의도된 사용방법 및 고객을 파악하는 것이다. 그대로 섭취할 것인지, 가열조리 후 섭취할 것인지 또는 다른 식품의 원료로 사용되는지 등을 조사하여 사용 방법 및 범위, 제품에 포함될 잠재적 위해요소에 대해 감수성이 있는 대상, 예를 들어 유아, 어린이, 노인, 임산부 및 수유부, 병약자, 알레르기 등 면역관련

표 7-3 **메뉴설명서의 예 1**

<table>
<tr><th colspan="4">메뉴설명서</th></tr>
<tr><td>1. 메뉴명</td><td colspan="3">모듬채소샐러드</td></tr>
<tr><td>2. 조리 형태 및 유형</td><td colspan="3">비가열조리공정, 샐러드류</td></tr>
<tr><td>3. 작성자 및 작성연월일</td><td colspan="3">2018. 10. 30, 홍길순</td></tr>
<tr><td>4. 원재료명 및 함량(1인분 기준)</td><td colspan="3">양배추 100 g, 적채 3 g, 오이 5 g, 당근 2 g, 드레싱 50g</td></tr>
<tr><td>5. 알레르기 유발물질</td><td colspan="3">우유(드레싱), 달걀(드레싱)</td></tr>
<tr><td rowspan="6">6. 완제품의 규격
(「식품공전」 규격)</td><td rowspan="2">구분</td><td colspan="2">규격</td></tr>
<tr><td>법적 규격</td><td>사내 규격</td></tr>
<tr><td>성상</td><td colspan="2">고유의 색택과 향미를 가지며, 이미·이취가 없어야 한다.</td></tr>
<tr><td>물리적 항목</td><td colspan="2">이물이 없어야 한다.</td></tr>
<tr><td>화학적 항목</td><td colspan="2">잔류농약/중금속/산가·과산화물가 : 기준치 이하(원료별 관리)</td></tr>
<tr><td>생물학적 항목</td><td>대장균 : 음성
황색포도상구균 : 10^2 CFU/g
살모넬라 : 음성
리스테리아 : 음성
장출혈성 대장균 : 음성
여시니아 엔테로골리티기 : 음성
장염비브리오균 : 10^2 CFU/g
클로스트리디움 퍼프리젠스 : 10^2 CFU/g
캠필로박터 제주니/콜리 : 음성
바실러스세레우스 : 10^4 CFU/g</td><td>대장균 : 음성
황색포도상구균 : 10^2 CFU/g
살모넬라 : 음성
리스테리아 : 음성
장출혈성 대장균 : 음성
여시니아 엔테로콜리티카 : 음성
장염비브리오균 : 10^2 CFU/g
클로스트리디움 퍼프리젠스 : 10^2 CFU/g
캠필로박터 제주니/콜리 : 음성
바실러스세레우스 : 10^4 CFU/g</td></tr>
<tr><td>7. 보관/배식 시 주의사항</td><td colspan="3">• 냉장식품 : 배식 직전까지 5℃ 냉장고에 보관
• 온장식품 : 배식 직전까지 60℃ 이상에서 보관
• 상온식품 : 조리 후 2시간 이내에 배식
• 조리 완제품은 덮개를 사용하여 이물 혼입을 방지한다.</td></tr>
<tr><td>8. 제품 용도</td><td colspan="3">• 제품용도 : 일반 건강인의 식사용</td></tr>
<tr><td>9. 배식시간 및 잔식 관리</td><td colspan="3">• 냉장식품 : 조리완료 후 4시간 이내 배식 완료
• 온장식품 : 조리완료 후 4시간 이내 배식 완료
• 상온식품 : 조리완료 후 2시간 이내 배식 완료
• 배식 후 잔식 전량 폐기</td></tr>
<tr><td>10. 배식형태 및 제공방법</td><td colspan="3">• 대면배식
• 메뉴별 전용 용기에 담아 제공, 용기 재질 : 멜라민 소재</td></tr>
<tr><td>11. 기타 필요사항</td><td colspan="3">* 기타 위해분석에 활용될 수 있는 메뉴의 정보를 기록</td></tr>
</table>

출처 : 식품의약품안전처, 집단급식소 HACCP 관리(예시본), 2014

표 7-4 메뉴설명서의 예 2

<table>
<tr><td colspan="6">메뉴설명서</td></tr>
<tr><td>메뉴명</td><td></td><td>메뉴번호</td><td></td><td>작성연월일</td><td></td></tr>
<tr><td>메뉴 유형</td><td></td><td>메뉴 용도</td><td></td><td>작성자</td><td></td></tr>
<tr><td colspan="3">성분 배합비율(1인분 기준)</td><td colspan="3" rowspan="7">메뉴 사진</td></tr>
<tr><td>재료명</td><td>1인 분량(g)</td><td>비고</td></tr>
<tr><td></td><td></td><td></td></tr>
<tr><td></td><td></td><td></td></tr>
<tr><td></td><td></td><td></td></tr>
<tr><td></td><td></td><td></td></tr>
<tr><td></td><td></td><td></td></tr>
<tr><td></td><td></td><td></td><td colspan="3">완제품의 규격</td></tr>
<tr><td></td><td></td><td></td><td>배식량(g/dish)</td><td></td><td></td></tr>
<tr><td></td><td></td><td></td><td>배식용기 재질</td><td></td><td></td></tr>
<tr><td></td><td></td><td></td><td>열량(kcal/dish)</td><td></td><td></td></tr>
<tr><td></td><td></td><td></td><td>단백질(g/dish)</td><td></td><td></td></tr>
<tr><td></td><td></td><td></td><td>성상</td><td></td><td></td></tr>
<tr><td colspan="3">조리방법</td><td>이물</td><td></td><td></td></tr>
<tr><td></td><td></td><td></td><td>일반세균 수</td><td></td><td></td></tr>
<tr><td></td><td></td><td></td><td>대장균 수</td><td></td><td></td></tr>
<tr><td></td><td></td><td></td><td>대장균</td><td></td><td></td></tr>
<tr><td></td><td></td><td></td><td>살모넬라균</td><td></td><td></td></tr>
<tr><td></td><td></td><td></td><td>황색포도상구균</td><td></td><td></td></tr>
<tr><td></td><td></td><td></td><td>장염비브리오균</td><td></td><td></td></tr>
<tr><td></td><td></td><td></td><td>리스테리아</td><td></td><td></td></tr>
<tr><td></td><td></td><td></td><td></td><td></td><td></td></tr>
<tr><td></td><td></td><td></td><td></td><td></td><td></td></tr>
<tr><td colspan="2">조리 시 주의사항</td><td colspan="4"></td></tr>
<tr><td colspan="2">배식 시 주의사항</td><td colspan="4"></td></tr>
<tr><td colspan="2">기타</td><td colspan="4"></td></tr>
</table>

출처 : 김지응 외, 식품위생 및 HACCP 실무, 2017

특이체질 환자 등 누구에게 제공되는지를 파악하고 제품의 사용의도를 확인하는 것이 중요하다. 이 자료는 식품의 위험도 평가와 위해요소 한계기준 결정과 HACCP 관리 계획을 수립하는 데 중요한 근거자료가 된다.

4) 공정흐름도 및 평면도 작성(절차 4)

네 번째 단계는 업소에서 직접 관리하는 원료의 입고부터 완제품의 출하까지 모든 공정단계를 파악하여 공정흐름도flow diagram를 작성하고, 작업특성별 구획, 기계·기구 등의 배치, 조리의 흐름과정, 종업원 이동경로, 세척·소독조 위치, 출입문 및 창문, 공조시설 계통도, 용수 및 배수처리 계통도 등을 표시한 작업장 평면도layout를 작성한다. 이러한 공정흐름도와 평면도는 원료의 입고부터 완제품의 출하에 이르는 식품의 공급에 필요한 모든 공정별로 위해요소의 교차오염 또는 2차 오염, 증식 등의 가능성을 파악하는 데 유용하다.

(1) 조리공정흐름도 작성

조리공정흐름도는 업소에서 식재료 반입부터 조리완료하여 배식(서빙)되기까지의 모든 공정단계를 파악하여 작성한다. 식품 제조·가공 업체는 대상제품의 단일 공정에 대한 제조공정흐름도에 따라 위해요소분석을 수행하는데 비하여 급식 및 외식의 경우 수많은 메뉴가 동시에 복합적으로 처리되고 조리되어 사용되는 식품의 종류가 수천 가지에 이르기 때문에 식품별로 적용하여 위해를 통제하는 것은 현실적으로 어려움이 많다. 따라서 제공되는 다양한 메뉴를 FDA에서 제시한 공정접근법process approach에 따라 공통적인 특성을 가진 조리공정별로 분류하여 세 종류의 그룹으로 묶어서 조리

표 7-5 메뉴의 분류

분류	내용
대분류	비가열조리공정, 가열 후 처리공정, 가열조리공정
중분류	유사한 조리방법 및 메뉴에 따른 분류
소분류	세부 메뉴명

출처 : 식품의약품안전처, 집단급식소 HACCP 관리(예시본), 2014

공정흐름도를 작성하는 것이 효과적이다 표 7-5, 표 7-6, 표 7-7.

표 7-6 공정접근법에 따른 조리공정 분류

대분류	내용
조리공정Ⅰ	가열공정이 전혀 없는 조리공정 또는 가열 처리하지 않은 재료가 일부 사용되는 조리공정
조리공정Ⅱ	원·부재료를 가열 조리한 후 수작업을 요하는 조리공정
조리공정Ⅲ	가열조리공정

표 7-7 조리공정에 따른 그룹별 메뉴의 예

조리공정(대분류)	조리방법(중분류)	메뉴명(소분류)
공정Ⅰ	생채류	단무지무침, 도라지무침, 도라지오이생채, 도토리묵무침, 메밀묵무침, 무말랭이무침, 무미역초무침, 무생채, 무초절이, 미나리초무침, 미역초무침, 사과오이초무침, 삼색냉채, 상추겉절이, 어묵초무침, 오이생채, 오이지무침, 오이피클무침, 오징어젓무침, 오징어채무침, 오징어포어묵무침, 창란젓무침, 물파래무침, 해파리냉채, 배추겉절이, 기타 생채무침류
	쌈류	모듬쌈, 상추쌈
	빵류	햄샌드위치
	샐러드류	과일샐러드, 떡샐러드, 옥수수샐러드, 채소샐러드
	음료, 과일	과일화채, 과일셰이크, 배화채, 프루트 펀치, 과일
	소스류	겨자소스, 마늘소스, 양겨자소스, 요구르트소스, 타르타르소스, 프렌치드레싱
공정Ⅱ	밥류	김치볶음밥, 김밥, 비빔밥, 볶음밥, 초밥, 콩나물비빔밥, 치킨밥, 콩나물밥, 주먹밥
	국류	미역오이냉국, 오이냉국, 청포묵국
	볶음류	호박숙회, 잡채, 콩나물잡채
	조림류	달걀장조림
	무침류	고춧잎무침, 골뱅이무침, 근대무침, 김무침, 노각무침, 돌나물무침, 비름나물, 숙주나물무침, 숙주미나리무침, 쑥갓무침, 시금치무침, 열무된장무침, 오징어무침, 취나물무침, 콩나물냉채, 콩나물무침, 건파래무침, 팽이버섯무침, 호배추무침, 맛살냉채, 삼색나물, 탕평채
	찜류	편육
	쌈류	다시마쌈, 양배추쌈
	전류	달걀김말이, 감자전, 부추전, 빈대떡, 애호박새우살전, 장떡, 해물파전, 해물완자전
	면류	물냉면, 국수장국, 만둣국, 스파게티, 잔치국수
	샐러드류	cold : 감자범벅, 닭살샐러드, 모듬샐러드, 양배추샐러드(베이컨), 양상추샐러드(달걀), 요구르트샐러드, 참치채소샐러드, 콩샐러드, 햄마카로니샐러드
	음료, 과일	보리수단, 수정과, 식혜

(계속)

조리공정 (대분류)	조리방법 (중분류)	메뉴명(소분류)
공정II	소스류	cold : 간장소스, 건포도소스, 사우전드아일랜드드레싱, 미트소스, 사과소스, 참깨소스, 크림소스, 탕수육소스, 토마토소스, 화이트소스
공정III	밥류	감자밥, 고구마밥, 밤밥, 보리밥, 삼색채소밥, 새우볶음밥, 쇠고기덮밥, 쇠고기버터라이스, 약식, 영양밥, 오곡밥, 오징어카레라이스, 옥수수밥, 완두콩밥, 율무밥, 자장밥, 잡곡밥, 차수수밥, 차조밥, 찰밥, 채소밥, 카레라이스, 콩밥, 팥밥, 해시라이스, 현미밥, 현미쑥쌀밥
	국류	감잣국, 감자미역국, 건새우시금칫국, 근대된장국, 김국, 김칫국, 김치만둣국, 냉잇국, 달걀파국, 당면국, 들깨무채국, 미역된장국, 미역수제비국, 배추된장국, 버섯국, 북엇국, 새알미역국, 쇠고기감잣국, 쇠고기뭇국, 쇠고기미역국, 쇠고기콩나물국, 쑥국, 아욱국, 어묵국, 열무된장국, 오징어국, 왜된장국, 유부국, 유부된장국, 조갯국, 참치미역국, 콩가루배춧국, 콩나물국, 콩나물된장국, 토란국, 해물모듬국, 홍합무국, 홍합미역국
	찌개류	굴두부찌개, 김치전골, 김치찌개, 동태찌개, 된장찌개, 두부고추장찌개 I · II, 두부명란젓찌개, 두부새우젓찌개, 북어고추장찌개, 쇠고기낙지전골, 쇠고기된장찌개, 쇠고기두부찌개, 쇠고기스튜, 순두부찌개, 어묵김치찌개, 조기찌개, 청국장찌개, 치킨스튜, 콩나물된장찌개, 콩비지찌개, 해물찌개, 햄모듬찌개
	탕류	갈비탕, 곰탕, 닭개장, 감자탕, 두부달걀탕, 민어매운탕, 사골우거지탕, 설렁탕, 쇠갈비감자탕, 알탕, 어묵매운탕, 우거지갈비탕, 우럭매운탕, 육개장, 추어탕, 해물탕
	찜류	깻잎찜, 달걀찜, 닭찜, 떡돼지갈비찜, 떡쇠고기찜, 돼지갈비찜, 돼지LA갈비찜, 사태찜, 쇠고기LA갈비찜, 해물콩나물찜
	죽류	닭죽, 쇠고기양송이죽, 애호박죽, 채소죽, 팥죽, 호박죽, 홍합미역죽
	전류	생선전, 연근전
	볶음류	가지볶음, 감자멸치볶음, 감자채볶음, 감자햄볶음, 중국식닭볶음, 건새우채소볶음, 건새우케첩볶음, 껍질콩맛살볶음, 고구마줄기볶음, 꽈리고추볶음, 고추장볶음, 김치볶음, 낙지볶음, 닭볶음, 맛살채소볶음, 닭카레볶음, 떡잡채볶음, 떡볶음, 도라지나물, 돼지고기두루치기, 돼지고기자장볶음, 돼지고기케첩볶음, 돼지고기튀김채소볶음, 돼지불고기, 두부양념볶음, 마늘쫑볶음, 마늘쫑오징어볶음, 마카로니케첩볶음, 마파두부, 멸치볶음, 멸치풋고추볶음, 무나물, 미역줄기볶음, 버섯잡채, 베이컨채소볶음, 부추잡채, 생새우볶음, 소시지볶음, 쇠고기양송이버섯볶음, 쇠고기채소볶음, 쇠불고기, 스파게티, 스크램블드에그, 양송이오믈렛, 어묵잡채, 어묵채소볶음, 오이갑장과, 오이버섯볶음, 오징어떡볶음, 오징어채소볶음, 잔멸치채소볶음, 쥐어채볶음, 참치볶음, 취나물볶음, 치즈오믈렛, 해물볶음 I, 햄채소볶음, 호박볶음, 프랑크소시지케첩볶음, 오징어채볶음
	조림류	갈치무조림, 감자어묵조림, 감자조림, 건갈치조림, 건꼴뚜기풋고추조림, 고등어무조림, 곤약콩조림, 꽁치무조림, 돼지갈비엿장조림, 돼지고기감자조림, 돼지고기장조림, 두부고기조림, 두부완자조림, 두부튀김조림, 메추리알케첩조림, 미트볼케첩조림, 밤초, 밤떡초, 북어(반건태)조림, 북어포조림, 삼치무조림, 삼치튀김조림, 생땅콩조림, 소시지어묵케첩조림, 쇠갈비무조림, 어묵조림, 어묵멸치풋고추조림, 연근조림, 오징어고추조림, 오징어땅콩조림, 오징어무조림, 우엉조림, 우엉콩조림, 장똑똑이, 장어조림, 쥐치포조림, 콩조림, 풋고추감자조림, 풋고추멸치조림, 홍합초
	튀김류	가지탕수, 감자튀김, 게맛살튀김, 고구마돼지고기강정, 고구마맛탕, 고구마튀김, 꽁치양념구이, 꽁치커틀릿, 다시마튀각, 닭강정, 닭다리튀김, 대구튀김, 떡강정, 돼지고기양념튀김, 만두탕수, 만두튀김, 멸치튀김, 미역자반튀김, 바나나탕수, 뱅어포튀김, 비프스테이크, 새우튀김, 어묵탕수, 연근튀김, 오징어링튀김, 오징어탕수, 옥수수채소튀김, 완자탕수, 참치강정, 채소멸치튀김, 채소볼탕수, 콩빠오치킨, 콩튀김, 탕수육, 포크커틀릿, 폭찹
	면류	국수전골, 닭칼국수, 떡국, 수제비, 우동, 해물칼국수
	수프류	감자수프, 쇠고기수프, 채소수프, 크림수프

출처 : 교육부, 학교급식위생관리지침서(2004년 2차개정판), 2004

① 조리공정흐름도 작성방법

가. 식재료의 종류를 파악한다.

나. 식재료의 입고부터 배식 및 식기세척에 이르는 전 과정을 조사하여 조리장에서 조리되는 방식과 동일한 순서로 세부적으로 작성한다.

다. 각 공정에 맞는 공정명을 표시하고 공정의 흐름을 알기 쉽게 작성한다.

라. 메뉴의 특성별 또는 조리형태별로 작성한다.

마. 해당 공정의 기본양식을 활용하면 편리하다 그림 7-4.

바. 조리공정별로 구분하여 작성한 실제 조리공정흐름도의 예 그림 7-5, 그림 7-6, 그림 7-7

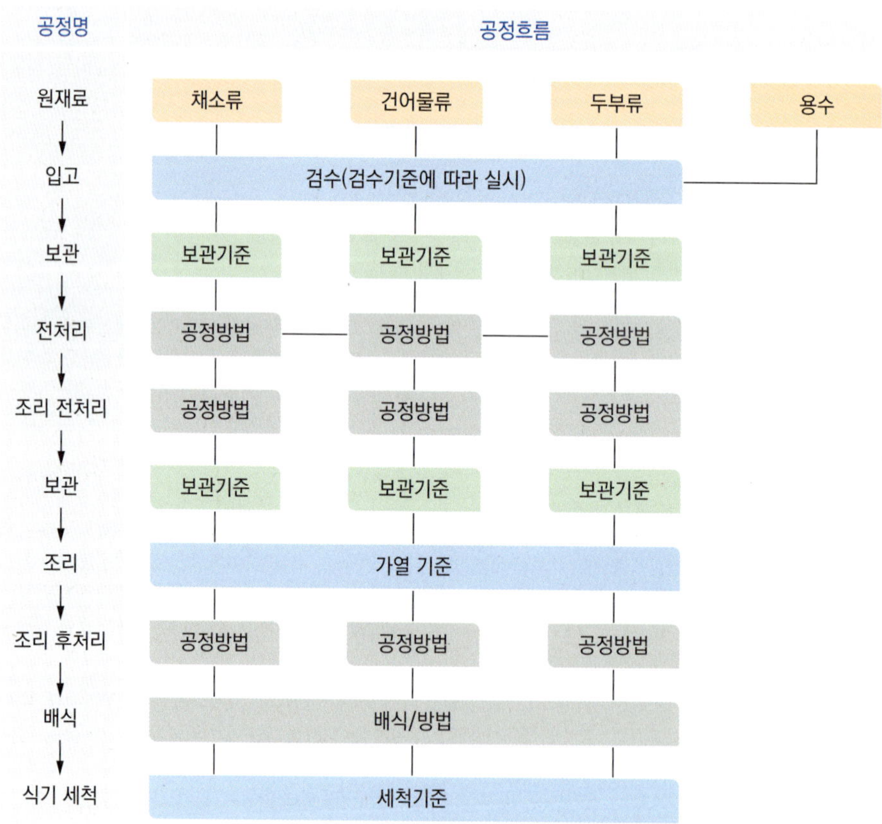

그림 7-4 **조리공정흐름도 예시 기본 양식**
출처 : 식품의약품안전처, 집단급식소 HACCP 관리(예시본), 2014

메뉴 : 무생채

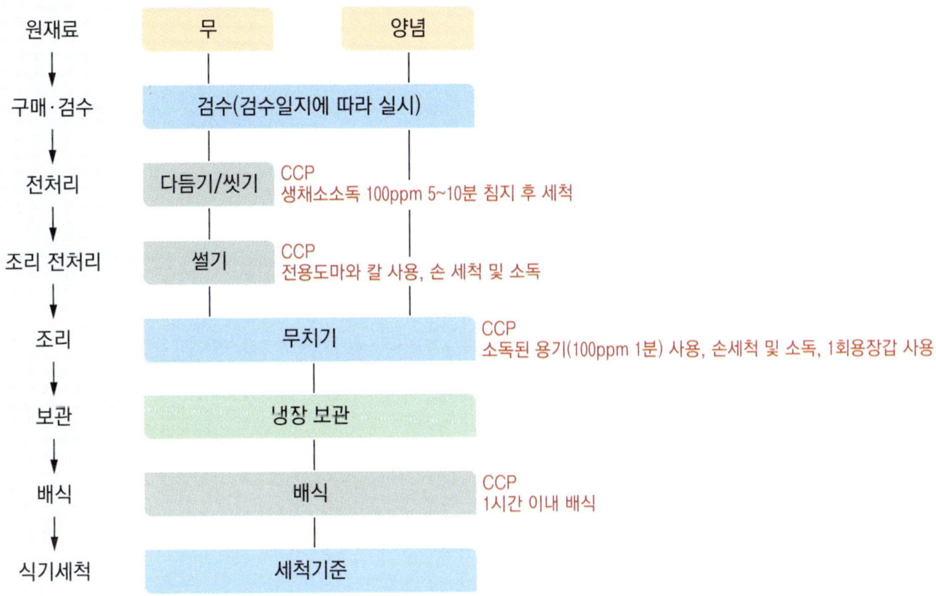

그림 7-5 **조리공정흐름도-조리공정I의 예**

메뉴 : 잡채

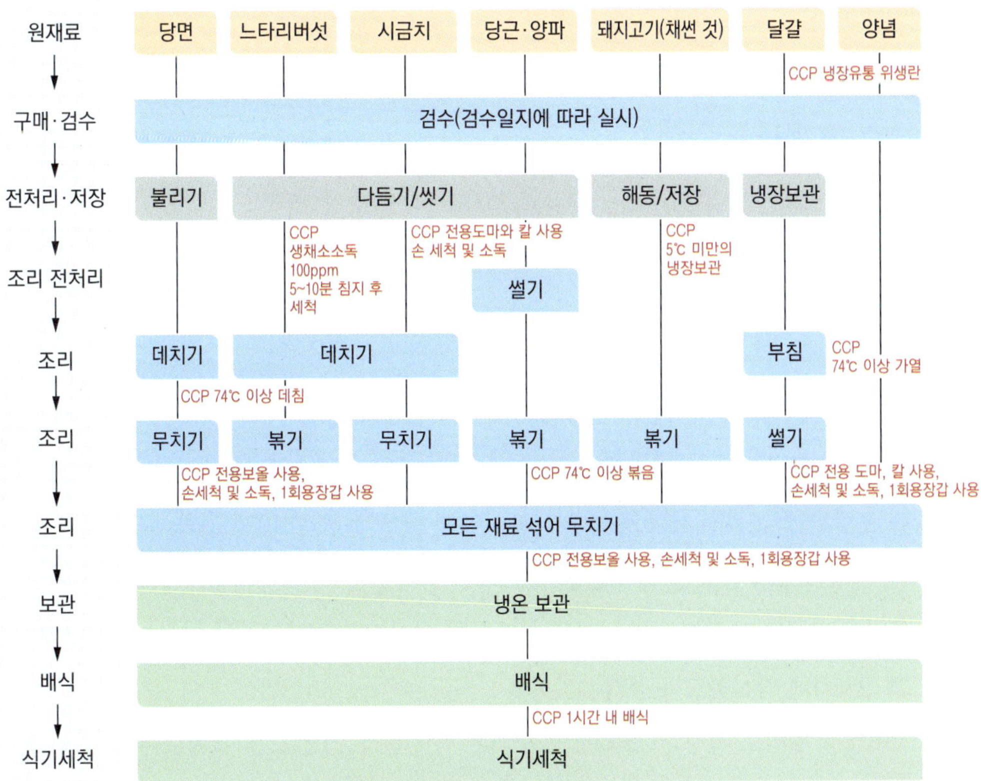

그림 7-6 **조리공정흐름도-조리공정II의 예**

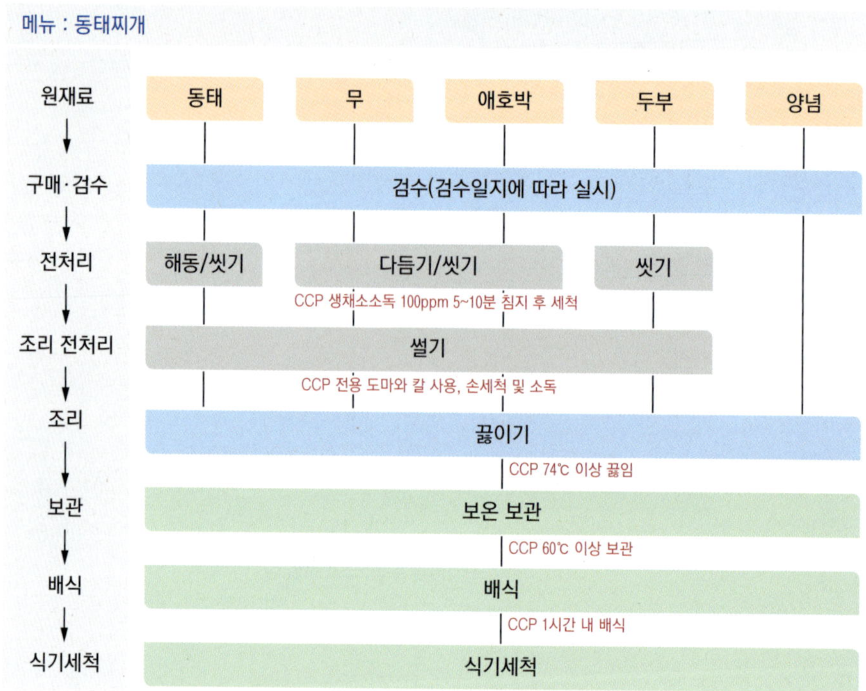

그림 7-7 **조리공정흐름도-조리공정Ⅲ의 예**

② 공정별 조리방법

각 공정별 주요 조리조건의 개요를 기재한다. 이때 구체적인 조리공정별 조리방법에 대하여 일목요연하게 정리한다 표 7-8.

(2) 조리장 평면도 작성

급식 또는 외식 업소에서 사용되는 모든 식재료의 입고, 저장, 전처리, 조리, 배식, 세척, 소독에 이르는 전 과정의 흐름을 파악하고, 탈의실, 샤워실 등의 부대시설과 식당을 포함한 업소 내에서의 종업원 이동경로와 외부 환경, 조리장 구획, 기기 설비 및 배치, 제품의 흐름경로 등이 포함된다. 조리장 평면도는 최종 조리음식에 대한 조리장 내에서의 잠재적 교차오염 가능성을 파악하기 위하여 작성되는 것으로 가능한 구체적이고 상세하게 작성하도록 한다 그림 7-8.

조리장 평면도 작성 시 조리장의 구역은 작업목적, 작업조건, 청정도 분포 등의 특성

표 7-8 조리공정흐름도-조리공정별 조리방법

순서	조리공정	사용 기계 및 기구	조리 방법 및 조건	담당자	비고
식재료 및 포장재 입고, 검수					
1	식재료 입고	검수대, 온도계, 저울, 파레트	1) 납품업체로부터 구매한 식재료 입고 2) 검수기준에 의거 식재료 검수 실시	영양사	
보관					
2	식재료 보관	냉동창고(-18℃ 이하) 냉장창고(10℃ 이하) 상온창고 적재용 선반	1) 합격품에 한하여 보관기준에 따라 식재료창고에 종류별로 구분하여 적재시킨다(교차오염 예방, 입고일자별(선입선출 가능) 직재 - 신선도관리 보관)	전처리 담당	
제조공정					
3	해동	이동대차, 전용작업대, 칼, 도마	1) 냉동원료(육류, 어류, 냉동품)는 해동(냉장, 유수) 후 조리장으로 이동	세척담당	
4	세척	세척기, 이동대차	1) 채소류 비가식 부위 제거 2) 세척은 유형별 세척기준 참고하여 실시	세척담당	CCP1
5	소독 및 헹굼	소독용기	1) 채소류, 과일류 등 비가열공정 식재료에 대해 소독 실시 2) 소독은 유형별 소독기준을 참고하여 실시	소독담당	CCP2
6	조리 전처리(절단)	전용작업대, 칼, 도마, 작업도구	1) 용도별 칼, 도마를 구분하여 규격에 맞게 절단	절단담당	
7	보관	냉장고	1) 전처리된 채소류, 과일류 등은 냉장 보관	절단담당	
8	조리(가열)	전용작업대, 스팀솥, 작업도구	1) 가열은 유형별 가열기준을 참고하여 실시	조리담당	CCP3
9	배식	배식대, 온장고, 냉장고	1) 배식기준에 따른 온도 및 시간 관리 실시	배식담당	CCP4
10	식기 세척	식기세척기	1) 세척기를 이용하여 식기 세척 2) 식판 표면온도는 71℃ 이상 되도록 관리	식기세척 담당	

출처 : 식품의약품안전처, 집단급식소 HACCP 관리(예시본), 2014

에 따라 설정하여 일반구역(검수구역, 식재료 저장구역, 전처리구역, 세정구역)과 청결구역(조리구역, 조리음식보관구역, 배선구역, 식기보관구역)으로 구분하여 작성하며, 작업 특성상 일반구역과 청결구역 사이에 준청결구역을 설정하기도 한다. 저장시설은 검수구역과 조리구역 사이에 위치하는 것이 좋다. 종업원의 이동경로에서는 종업원의 이동 동선을 세척공정, 가열·건조공정, 소독공정 등을 표시하여 효율성과 신속성을 확보하고, 일반구역에서 청결(준청결)구역으로의 이동 및 경로상의 교차가 되지 않도록 한다. 또한 작업실명, 기계·기구의 구조와 배치, 탈의실, 휴게실, 사무실, 세척실 등 부대시설의 위치와 손 세척시설, 에어커튼 등의 위생설비의 위치, 문·창문의 위치 등을 표시한다.

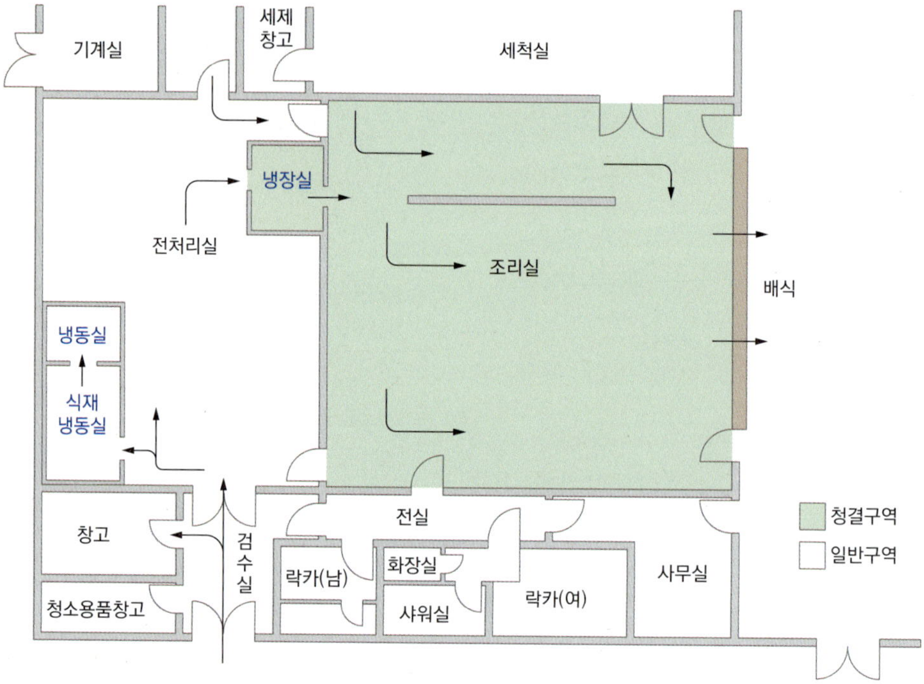

그림 7-8 **조리장 평면도의 예(위생구역 구분 및 식재료 흐름도)**
출처 : 강영재 외, HACCP 일반위생관리기준관련 적용단체급식소 시설모델개발 최종보고서, 2001

5) 공정흐름도 현장 확인(절차 5)

다섯 번째 단계는 작성된 조리공정흐름도 및 조리장 평면도가 현장과 일치하는지를 검증하는 것이다. 조리공정흐름도와 조리장 평면도가 실제 조리공정과 동일한지 여부를 확인하기 위해 작업현장에서 공정별 각 단계를 직접 확인하면서 검증해야 한다. 조리공정흐름도와 조리장 평면도의 작성목적은 각 공정 및 조리장 내에서 위해요소가 발생할 수 있는 모든 조건과 지점을 찾아내기 위한 것이므로 정확성을 유지하는 것이 중요하다. 따라서 현장검증 결과 수정이 필요한 경우에는 해당 조리공정흐름도와 조리장 평면도를 적절하게 수정해야 하며, 정확한 조리공정흐름도와 조리장 평면도가 완성되면 본격적인 HACCP 시스템을 시작할 수 있다.

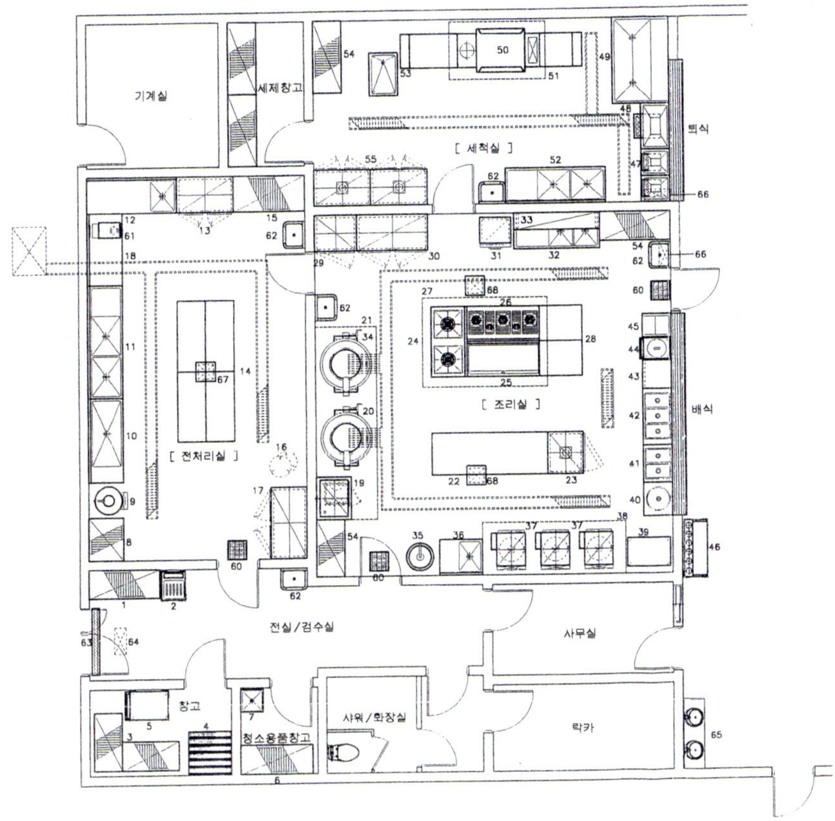

그림 7-9 **조리장 평면도의 예(급식인원 500명 규모의 산업체급식)**
출처 : 강영재 외, HACCP 일반위생관리기준관련 적용단체급식소 시설모델개발 최종보고서, 2001

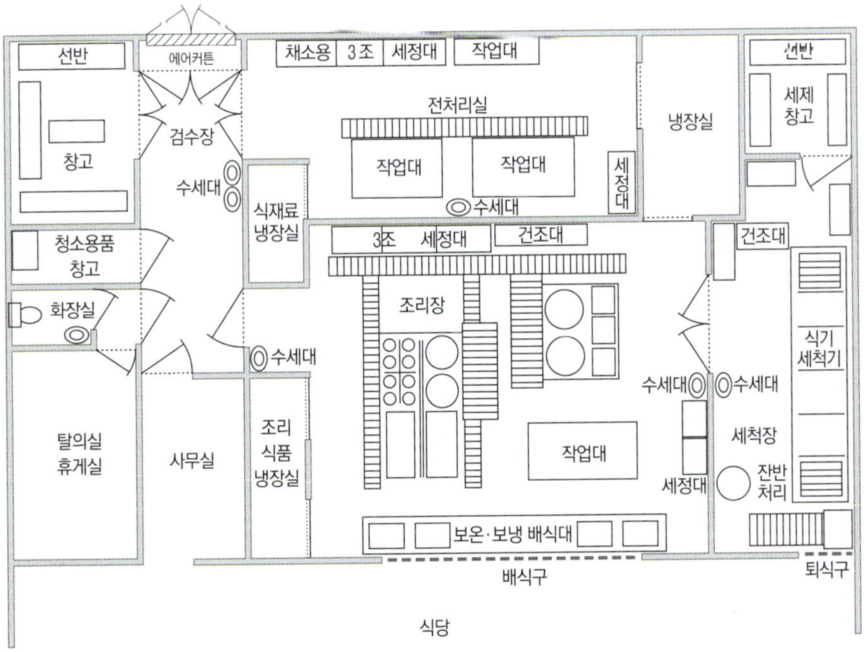

그림 7-10 **조리장 평면도의 예(학교급식소)**
출처 : 교육부, 학교급식 위생관리지침서(3차 개정판), 2010

Hazard Analysis and Critical Control Point

CHAPTER 8

HACCP 시스템의 7원칙

1. 위해요소분석
2. 중요관리점 결정
3. CCP 한계기준 설정
4. CCP 모니터링 체계 확립
5. 개선조치 방법 수립
6. 검증 방법 및 절차 수립
7. 문서화 및 기록 유지방법 설정

학습목표

1. HACCP 7원칙의 내용을 정의하고, 식품 위생 안전성 확보 목적을 이해할 수 있다.
2. 생물학적, 화학적, 물리적인 위해요소분석 과정을 파악할 수 있다.
3. 각 위해요소에 대하여 중요관리점을 설정할 수 있다.
4. 중요관리점의 한계기준을 설정할 수 있다.
5. 중요관리점의 모니터링을 수행할 수 있다.
6. 중요관리점의 개선조치를 수행할 수 있다.
7. 검증의 방법 및 내용과 중요성을 설명할 수 있다.
8. HACCP 시스템의 일지와 관리문서를 작성할 수 있다.

CHAPTER 8

HACCP 시스템의 7원칙

1. 위해요소분석(절차 6, 원칙 1)

집단급식소에서 HACCP 시스템의 7원칙을 적용할 때 첫 번째 과정은 잠재적 위해요소hazard를 분석하는 것이다. 위해요소분석이란 식품 안전에 영향을 줄 수 있는 위해요소와 이를 유발할 수 있는 조건의 유무 여부를 판별하기 위하여 필요한 정보를 수집하고 평가하는 과정이다. 위해risk란 인체의 건강을 해치거나 해칠 우려가 있는 것으로 「식품위생법」 시행령 제4조에서 설명하는 생물학적, 화학적 또는 물리적 인자나 조건을 말한다. 메뉴설명서에서 파악된 식재료별 또는 공정흐름도에서 파악된 공정 및 단계별로 구분하여 위해요소분석을 실시한다. 분석을 통하여 식재료별 또는 공정 및 단계별로 발생 가능한 모든 위해요소를 파악하고 목록을 작성한다. 각 위해요소의 유입경로와 요소들을 제어할 수 있는 예방수단을 파악하여 기술하며, 이러한 유입경로와 제어수단을 고려하여 위해요소의 심각성과 발생 가능성을 고려하여 위해를 평가한다 그림 8-1.

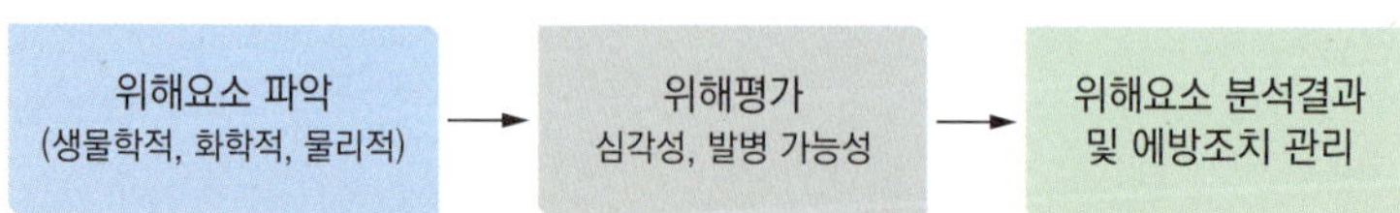

그림 8-1 **위해요소분석 절차**

1) 식재료별, 공정별 위해요소 목록 및 발생원인 파악

식재료별 또는 공정별로 생물학적, 화학적 또는 물리적 위해요소와 발생원인을 모두 파악하여 위해요소분석을 위한 질문사항을 작성한다.

생물학적 위해요소는 세균과 그 독소, 곰팡이, 효모, 바이러스 등 병원성 및 부패미생물과 기생충 등을 포함한다. 이는 원료의 생산과 유통 과정에서 조리장으로 유입될 수 있으며, 조리장 환경, 종업원, 식품 성분, 제조 및 가공 과정 그 자체에 의하여 오염될 수도 있다.

화학적 위해요소는 식품에서 자연적으로 존재하는 버섯독, 복어독, 곰팡이독 등의 천연독과 식품의 제조·가공·포장·보관·유통·조리 등의 과정에서 오염되는 것으로 구분된다. 식품의 생산 및 가공 중에 오염될 수 있는 화학적 위해요소에는 독성물질 또는 유해물질로 허용 외 식품첨가물, 잔류농약, 중금속, 세척제, 알레르기 유발물질 등이 있으며, 식품의 생산·시설·장비·기구 등에 사용되는 화학물질들을 포함한다.

물리적 위해요소는 건강상의 장애(질병 또는 상처)를 유발할 수 있는 외부로부터의 이물이다. 돌, 유리, 플라스틱, 뼈, 금속, 포장재료, 머리카락, 장신구류와 같이 다양한 이물질을 포함하며, 오염된 원료, 시설과 장비의 불충분한 관리, 오염된 포장재료, 종업원의 부주의 등의 원인과 관련된다. 특히 벌레(21.5%)와 곰팡이(15.9%)는 가장 오염되기 쉬운 이물로 알려졌으며, 다음 순서로는 플라스틱(9.0%)과 금속(7.6%)이 이물 종류로 2021년에 신고되었다(식품의약품안전백서, 2022).

위해요소와 발생원인을 파악하기 위하여 메뉴설명서를 바탕으로 식재료 목록을 작성한다. 식재료 목록은 분석을 위하여 농·수산물, 축산물 등으로 분류하거나 냉장, 냉동, 상온 보관의 형태 또는 액상, 고상, 분말의 형태로 분류하여 작성하고 복합원재료의 경우는 성분명을 기재하도록 한다.

2) 위해평가 : 위해요소에 대한 심각성과 발생 가능성 평가

각 위해요소에 대한 심각성과 발생 가능성의 평가는 위해요소 평가기준을 이용하여 수행한다. 심각성은 위해요소에 대한 발생 가능성이 없는 '낮음', 경미한 상태의 '보통', 식중독 및 급성 질병 발생 등의 치명적 상태인 '높음'으로 구분한다. 발생 가능성의 근거 자료는 국내·외의 발생 사례 및 문헌상의 발생 가능성 조사자료, 클레임 통계자료, 조리장 위생관리 수준, 메뉴 형태 및 용도, 소비자 규제 요건 만족도, 식재료 및 조리공정에서의 위해요소별 공정평가 통계자료를 활용할 수 있다. 도출된 위해요소는 공정별로 검사한 통계자료 등을 바탕으로 발생 가능성 기준을 구분하여 설정할 필요

표 8-1 위해요소 심각성 평가기준법

심각성	위해 종류	위해요소
높음	생물학적	*Clostridium botulinum* toxin, *Salmonella*(typhi), *Shigella dysenteriae*, *Vibrio cholerae*, *Vibrio vulnificus*, hepatitis A, E virus, *Listeria monocytogenes*(일부), *Escherichia coli* O157:H7
	화학적	화학오염물질, 식품첨가물, 중금속 등에 의한 직접적인 오염
	물리적	금속, 유리조각 등
보통	생물학적	장내병원성 *Escherichia coli*, *Salmonella* spp., *Shigella* spp., *Vibrio parahaemolyticus*, *Listeria monocytogenes*, rotavirus, norovirus
	화학적	타르색소, 잔류농약, 잔류용제(톨루엔, 프탈레이트 등), 잔류훈증 약제
	물리적	돌, 나무조각, 플라스틱 등 경질 이물
낮음	생물학적	*Bacillus cereus*, *Clostridium perfringenes*, *Campylobacter jejuni*, *Yersinia enterocolitica*, *Staphylococcus aureus* toxin
	화학적	알레르기 등의 증상을 수반하는 화학오염 물질
	물리적	머리카락, 비닐 등 연질 이물

출처 : 국제식품규격위원회

표 8-2 위해요소 발생 가능성 평가 예시

구분	발생 가능성
높음	• 해당 위해요소가 지속적으로 자주 발생하였거나 발생 가능성이 높음 • 3건 이상/월 발생 • 식품의 오염 및 변질, 한계기준 일탈 가능성이 높은 결함사항
보통	• 해당 위해요소의 발생 가능성이 낮음 또는 높음에 해당되지 않는 경우 모두를 포함함 • 1~2건/월 발생
낮은	• 해당 위해요소의 발생 가능성이 거의 없음 • 0건/월 • 조리장에서 식품의 오염 및 변질, 기준 일탈 위험을 일으킬 수 있는 결함이 발견되지 않는 상태이거나, 예상되는 식품의 오염 또는 변질 가능성이 낮은 결함사항

출처 : 식품의약품안전처, 집단급식소 HACCP 관리(예시본), 2014

표 8-3 위해평가도 예시

발생 가능성	높음(3)	3	6	9
	보통(2)	2	4	6
	낮음(1)	1	2	3
		낮음(1)	보통(2)	높음(3)
	심각성			

출처 : 국제식품규격위원회

가 있다. 위해요소의 심각성 평가기준과 발생 가능성 평가 예시이다 표 8-1, 표 8-2. 위해평가도 결과에서 3점(심각성과 발생 가능성의 종합 점수) 이상에 해당하는 위해요소는 중요관리점 결정도에 적용하여 중요관리점critical control point, CCP 또는 일반관리점control point, CP으로 구분하도록 한다 표 8-3.

3) 위해요소분석 결과 및 예방조치와 관리방법

위해요소분석을 할 때 이용 가능한 기본자료로는 역학조사자료, 오염실태조사자료, 조리환경조건, 종업원 현장조사자료, 보존시험, 비생물시험, 관련 규정 또는 연구자료 등이 있으며, 기존의 조리공정에 대한 정보도 활용할 수 있다. HACCP 팀은 위해요소분석 목록표를 이용하여 파악된 위해요소를 평가기준에 따라 심각성과 발생 가능성의 점수를 부여하고 관리점을 찾는다.

파악된 잠재적 위해요소의 발생원인과 각 위해요소를 안전한 수준으로 예방하거나 완전히 제거하거나 또는 허용 가능한 수준까지 감소시킬 수 있는 예방조치방법을 확인한다. 집단급식소 위해요소의 예방조치방법은 선행요건관리기준의 영역과 CCP 공정에서 관리할 수 있는 가능한 방법으로 적용하고 기술하며 현재 시행하고 있는 내용만을 기재하도록 한다.

위해요소의 예방조치 관리방법은 다음과 같다 표 8-4.

표 8-4 위해요소 예방조치 관리방법

생물학적 위해요소	화학적 위해요소	물리적 위해요소
• 시설기준에 적합하게 개·보수 • **원료 협력업체로부터 시험성적서 수령** • **입고 식재료의 검사** • 보관, 가열, 배식 등의 조건(온도, 시간 등) 준수 • 시설·설비에 대한 세척 및 소독 • 공기 중에 식품 노출 최소화 • **종업원에 대한 위생교육**	• **원료 협력업체로부터 시험성적서 수령** • **입고 식재료의 검사** • 승인된 화학물질만을 사용 • 화학물질의 적절한 식별 표시 및 보관 • 화학물질의 사용기준 준수 • **화학물질을 취급하는 종업원의 훈련**	• 시설기준에 적합하게 개·보수 • **원료 협력업체로부터 시험성적서 수령** • **입고 식재료의 검사** • 육안 선별, 금속검출기 등의 이용 • **종업원의 훈련**

표 8-5 급식소 원재료별 위해요소분석 예시

원재료		위해요소			위해평가			예방조치 및 관리방법 (관리일지)
분류 I	분류 II	구분	명칭	발생원인	심각성	발생 가능성	종합 평가	
축산물	돼지고기·닭고기	B	*Listeria monocytogenes*	1. 원료 자체 및 사육과정 관리 부족으로 오염 2. 협력업체 공정·위생 관리 미흡 및 종사자 부주의로 인한 교차오염 3. 포장재 파손으로 인한 교차오염 4. 운송 및 보관 온도 미준수, 배송차량 청결관리 미흡으로 인한 미생물 증식	3	1	3	1. 검수기준에 따른 검수 실시(검수일지) 2. 시험성적서 확인(검수일지) 3. 지정업체를 통한 구입(검수일지) 4. 원료 및 사육과정 관리(협력업체 점검표) 5. 협력업체 점검/교육관리(협력업체 점검표) 6. 납품차량 온도 및 청결상태 확인(협력업체 점검표) 7. 가열공정에서 제거
			장출혈성 대장균		3	1	3	
			Salmonella spp.		2	1	2	
		C	중금속	1. 사육과정 관리 부족으로 오염	3	1	3	1. 시험성적서 확인(검수일지) 2. 협력업체 점검/교육관리(협력업체 점검표)
			항생물질		3	1	3	
			잔류농약		2	1	2	
		P	금속(나사, 못, 칼날)	1. 작업도구 등 부주의한 사용으로 교차오염 2. 공정·위생 관리 미흡 및 종사자 부주의로 인한 혼입 3. 포장재 파손으로 인한 혼입	3	1	3	1. 검수기준에 따른 검수 실시(검수일지) 2. 지정업체를 통한 구입(검수일지) 3. 협력업체 점검/교육관리(협력업체 점검표)
			돌, 모래		2	1	2	
			플라스틱		2	1	2	
	우유 및	B	*Listeria monocytogenes*	1. 사육과정에서 자연적인 오염 2. 사육, 운반 과정에서의 오염	3	1	3	1. 검수기준에 따른 검수 실시(검수일지) 2. 시험성적서 확인(검수일지)

(계속)

원재료		위해요소			위해평가			예방조치 및 관리방법 (관리일지)
분류 I	분류 II	구분	명칭	발생원인	심각성	발생 가능성	종합 평가	
축산물	유가공품	B	장출혈성 대장균	3. 생산 공정에서 공정관리 미흡에 의한 오염 4. 원료 취급자 개인위생관리 미흡으로 인한 오염 5. 포장재 파손으로 인한 교차오염 6. 운송 및 보관 온도 미준수, 배송차량 청결관리 미흡으로 인한 미생물 증식	3	1	3	3. 협력업체 위생관리(협력업체 점검표) 4 원료 취급자에 대한 위생교육 및 관리(협력업체 점검표) 5. 납품차량 온도 및 청결상태 확인(협력업체 점검표)
			Salmonella spp.		2	1	2	
		C	중금속	1. 사육과정 관리 부족으로 오염 2. 사용량 미준수로 인한 오염	3	1	3	1. 시험성적서 확인(검수일지) 2. 력업체 점검/교육관리(협력업체 점검표)
			산화방지제		3	1	3	
			보존료		3	1	3	
		P	금속(나사, 못, 칼날)	1. 작업도구 등 부주의한 사용으로 교차오염 2. 공정·위생 관리 미흡 및 종사자 부주의로 인한 혼입 3. 포장재 파손으로 인한 혼입	3	1	3	1. 검수기준에 따른 검수 실시(검수일지) 2. 지정업체를 통한 구입(검수일지) 3. 협력업체 점검/교육관리(협력업체 점검표)
			돌, 모래		2	1	2	
			플라스틱		2	1	2	
수산물	어류 및 패류	B	*Listeria monocytogenes*	1. 해양에서의 자연적인 교차오염 2. 원료의 양식, 수확, 운반과정에서 교차오염 3. 협력업체 공정·위생 관리 미흡 및 종사자 부주의로 인한 교차오염 4. 포장재 파손으로 인한 교차오염 5. 운송 및 보관 온도 미준수, 배송차량 청결관리 미흡으로 인한 미생물 증식	3	1	3	1. 검수기준에 따른 검수 실시(검수일지) 2. 시험성적서 확인(검수일지) 3. 지정업체를 통한 구입(검수일지) 4. 양식과정 관리(협력업체 점검표) 5. 협력업체 점검/교육관리(협력업체 점검표) 6. 납품차량 온도 및 청결상태 확인(협력업체 점검표) 7. 가열공정에서 제거
			장출혈성 대장균		3	1	3	
			Vibrio parahaemolyticus		2	1	2	
			Salmonella spp.		2	1	2	
		C	중금속	1. 해양에서의 자연적인 교차오염 2. 원료의 양식, 수확, 운반 과정에서 교차오염	3	1	3	1. 시험성적서 확인(검수일지) 2. 협력업체 점검(협력업체 점검표)
			벤조피렌		3	1	3	
		P	금속(나사, 못, 칼날)	1. 작업도구 등 부주의한 사용으로 교차오염 2. 공정·위생 관리 미흡 및 종사자 부주의로 인한 혼입 3. 포장재 파손으로 인한 혼입	3	1	3	1. 검수기준에 따른 검수 실시(검수일지) 2. 지정업체를 통한 구입(검수일지) 3. 협력업체 점검/교육관리(협력업체 점검표)
			돌, 모래		2	1	2	
			플라스틱		2	1	2	

(계속)

원재료		위해요소			위해평가			예방조치 및 관리방법 (관리일지)
분류 I	분류 II	구분	명칭	발생원인	심각성	발생 가능성	종합 평가	
농산물	채소류	B	*Listeria monocytogenes*	1. 토양에서 자연적인 교차오염 2. 생산, 수확, 운반 과정에서 오염 3. 원료 취급자로부터의 오염 4. 포장재 파손으로 인한 교차오염 5. 운송 중 적재불량, 배송차량 청결관리 미흡으로 인한 미생물 증식	3	1	3	1. 검수기준에 따른 검수 실시(검수일지) 2. 시험성적서 확인(검수일지) 3. 협력업체 점검/교육관리(협력업체 점검표) 4. 납품차량 청결상태 확인(협력업체 점검표) 5. 소독, 가열 공정에서 제거
			장출혈성 대장균		3	1	3	
			Salmonella spp.		2	1	2	
		C	중금속	1. 토양에서 자연적인 교차오염 2. 생산, 수확, 운반 과정에서 오염 3. 허용치 이상의 농약 사용	3	1	3	1. 시험성적서 확인(검수일지) 2. 협력업체 점검/교육관리(협력업체 점검표) 3. 외부 검사기관 의뢰(검수일지)
			잔류농약		2	1	2	
		P	금속(나사, 못, 칼날)	1. 작업도구 등 부주의한 사용으로 교차오염 2. 공정·위생 관리 미흡 및 종사자 부주의로 인한 혼입 3. 포장재 파손으로 인한 혼입	3	1	3	1. 검수기준에 따른 검수 실시(검수일지) 2. 지정업체를 통한 구입(검수일지) 3. 협력업체 점검/교육관리(협력업체 점검표)
			돌, 모래		2	1	2	
			플라스틱		2	1	2	
	곡류·과실류	B	*Listeria monocytogenes*	1. 토양에서 자연적인 교차오염 2. 생산, 수확, 운반 과정에서 오염 3. 원료 취급자로부터의 오염 4. 포장재 파손으로 인한 교차오염 5. 운송 중 적재불량, 배송차량 청결관리 미흡으로 인한 미생물 증식	3	1	3	1. 검수기준에 따른 검수 실시(검수일지) 2. 시험성적서 확인(검수일지) 3. 협력업체 점검/교육관리(협력업체 점검표) 4. 납품차량 청결상태 확인(협력업체 점검표) 5. 가열(곡류), 소독(과실류)공정에서 제거
			장출혈성 대장균		3	1	3	
			Salmonella spp.		2	1	2	
		C	중금속	1. 토양에서 자연적인 교차오염 2. 보관 시 관리 미흡으로 인한 오염 및 증식 3. 허용치 이상의 농약 사용	3	1	3	1. 검수기준에 따른 검수 실시(검수일지) 2. 시험성적서 확인(검수일지) 3. 협력업체 점검/교육관리(협력업체 점검표) 4. 외부 검사기관 의뢰(검수일지)
			총아플라톡신		3	1	3	
			오크라톡신 A		3	1	3	
			잔류농약		2	1	2	
		P	금속(나사, 못, 칼날)	1. 작업도구 등 부주의한 사용으로 교차오염 2. 공정·위생 관리 미흡 및 종사자 부주의로 인한 혼입 3. 포장재 파손으로 인한 혼입	3	1	3	1. 검수기준에 따른 검수 실시(검수일지) 2. 지정업체를 통한 구입(검수일지) 3. 협력업체 점검/교육관리(협력업체 점검표)
			돌, 모래		2	1	2	
			플라스틱		2	1	2	

(계속)

원재료		위해요소			위해평가			예방조치 및 관리방법 (관리일지)
분류 I	분류 II	구분	명칭	발생원인	심각성	발생 가능성	종합 평가	
용수	조리용수	C	납, 불소, 비소, 셀레늄, 수은, 시안, 크롬, 암모니아성 질소, 질산성 질소, 카드뮴, 보론, 브론산염, 스트론튬, 페놀, 다이아지논, 파라티온, 페니트로티온, 카바릴, 1,1,1-트리클로로에탄, 테트라클로로에틸렌, 디클로로메탄, 벤젠, 톨루엔, 에틸벤젠, 크실렌, 1,1-디클로로에틸렌, 사염화탄소, 1,2-디브로모-3-클로로프로판, 1,4-다이옥산, 잔류염소, 총트리할로메탄, 클로로포름 등	1. 첨가물의 허용치 이상 사용 2. 중금속, 소독제의 잔류	3	1	3	1. 시험성적서 확인(용수점검표) 2. 물탱크 세척·소독 관리(위생관리 점검표)
		P	돌가루	1. 상수도의 청결관리 미흡에 따른 이물질 유입	2	1	2	
			흙		2	1	2	
기타	병·통조림	B	*Listeria monocytogenes*	1. 협력업체 공정·위생 관리 미흡 및 종사자 부주의로 인한 교차오염 2. 포장재 파손으로 인한 교차오염 3. 운송 중 적재불량, 배송차량 청결관리 미흡으로 인한 미생물 증식	3	1	3	1. 검수기준에 따른 검수 실시(검수일지) 2. 시험성적서 확인(검수일지) 3. 협력업체 점검/교육관리(협력업체 점검표) 4. 납품차량 청결상태 확인(협력업체 점검표)
			장출혈성 대장균		3	1	3	
			Clostridium botulinum		3	1	3	
			Salmonella spp.		2	1	2	
		C	중금속	1. 협력업체 사용기준 미준수에 의한 잔류	3	1	3	1. 시험성적서 확인(검수일지) 2. 협력업체 점검/교육관리(협력업체 점검표)
		P	금속(나사, 못, 칼날)	1. 작업도구 등 부주의한 사용으로 교차오염 2. 공정·위생 관리 미흡 및 종사자 부주의로 인한 혼입 3. 포장재 파손으로 인한 혼입	3	1	3	1. 검수기준에 따른 검수 실시(검수일지) 2. 지정업체를 통한 구입(검수일지) 3. 협력업체 점검/교육관리(협력업체 점검표)
			돌, 모래		2	1	2	
			플라스틱		2	1	2	
	김치류	B	*Listeria monocytogenes*	1. 토양에서 자연적인 교차오염 2. 협력업체 공정·위생관리 미흡 및 종사자 부주의로 인한 교차오염 3. 포장재 파손으로 인한 교차오염	3	1	3	1. 검수기준에 따른 검수 실시(검수일지) 2. 시험성적서 확인(검수일지) 3. 지정업체를 통한 구입(검수일지) 4. 협력업체 점검/교육관리(협력업체 점검표)
			장출혈성 대장균		3	1	3	
			Clostridium botulinum		3	1	3	

(계속)

원재료		위해요소			위해평가			예방조치 및 관리방법(관리일지)
분류 I	분류 II	구분	명칭	발생원인	심각성	발생 가능성	종합 평가	
기타	김치류	B	*Salmonella* spp.	4. 운송 및 보관 온도 미준수, 배송차량 청결관리 미흡으로 인한 미생물 증식	2	1	2	5. 납품차량 온도 및 청결상태 확인(협력업체 점검표)
		C	중금속	1. 토양에서 자연적인 교차오염 2. 사용량 미준수로 인한 오염	3	1	3	1. 시험성적서 확인(검수일지) 2. 협력업체 점검/교육관리(협력업체 점검표)
			보존료		3	1	3	
			타르색소		2	1	2	
		P	금속(나사, 못, 칼날)	1. 작업도구 등 부주의한 사용으로 교차오염 2. 공정·위생 관리 미흡 및 종사자 부주의로 인한 혼입 3. 포장재 파손으로 인한 혼입	3	1	3	1. 검수기준에 따른 검수 실시(검수일지) 2. 지정업체를 통한 구입(검수일지) 3. 협력업체 점검/교육관리(협력업체 점검표)
			돌, 모래		2	1	2	
			플라스틱		2	1	2	
			머리카락		1	1	1	
			비닐, 노끈		1	1	1	
			벌레		1	1	1	

출처 : 식품의약품안전처, 집단급식소 HACCP 관리(예시본), 2014

표 8-6 급식소 공정별 위해요소분석 예시

공정명	위해요소			위해평가			예방조치 및 관리방법(관리일지)
	구분	명칭	발생원인	심각성	발생 가능성	종합 평가	
입고(공통)	B	*Listeria monocytogenes*	1. 원료 자체에서 잔존 2. 운송 및 보관 온도 미준수, 배송차량 청결관리 미흡으로 인한 미생물 증식 3. 포장재 파손으로 인한 교차오염 4. 검수 구역 및 도구의 불청결에 의한 교차오염 5. 종업원의 위생상태 불량에 의한 교차오염	3	1	3	1. 검수기준에 따른 검수실시(검수일지) 2. 시험성적서 확인(검수일지) 3. 지정업체를 통한 구입(검수일지) 4. 협력업체 점검/교육관리(협력업체 점검표) 5. 납품차량 온도 및 청결상태 확인(협력업체 점검표) 6. 검수구역 및 도구에 대한 세척·소독 관리(위생관리 점검표) 7. 부적합품은 반품 또는 폐기(부적합품 관리 점검표) 8. 종업원의 개인위생관리 점검(개인위생 점검표) 9. 지속적인 종업원 위생교육 실시(교육일지) 10. 소독 및 가열 공정에서 제거
		장출혈성 대장균		3	1	3	
		Salmonella spp.		2	1	2	
		Vibrio parahaemolyticus		2	1	2	

(계속)

<table>
<tr><th rowspan="2">공정명</th><th colspan="3">위해요소</th><th colspan="3">위해평가</th><th rowspan="2">예방조치 및 관리방법
(관리일지)</th></tr>
<tr><th>구분</th><th>명칭</th><th>발생원인</th><th>심각성</th><th>발생 가능성</th><th>종합 평가</th></tr>
<tr><td rowspan="6">입고
(공통)</td><td rowspan="6">P</td><td>금속(나사, 못, 칼날)</td><td rowspan="6">1. 원료부터의 잔존
2. 작업도구 등 부주의한 사용으로 교차오염
3. 공정·위생 관리 미흡 및 종사자 부주의로 인한 혼입
4. 포장재 파손으로 인한 혼입
5. 반춘·관리 미흡으로 인한 해충 유입</td><td>3</td><td>1</td><td>3</td><td rowspan="6">1. 검수기준에 따른 검수 실시(검수일지)
2. 검수구역 및 도구에 대한 세척·소독 관리(위생관리 점검표)
3. 종업원의 개인위생관리 점검(개인위생 점검표)
4. 방충·방서 관리(포충등, 트랩관리 점검표)
5. 지속적인 종업원 위생교육 실시(교육일지)
6. 세척공정에서 제거</td></tr>
<tr><td>돌, 모래</td><td>2</td><td>1</td><td>2</td></tr>
<tr><td>플라스틱</td><td>2</td><td>1</td><td>2</td></tr>
<tr><td>미리기락</td><td>1</td><td>1</td><td>1</td></tr>
<tr><td>종이, 비닐</td><td>1</td><td>1</td><td>1</td></tr>
<tr><td>벌레</td><td>1</td><td>1</td><td>1</td></tr>
<tr><td rowspan="10">보관
(공통)</td><td rowspan="4">B</td><td>Listeria monocytogenes</td><td rowspan="4">1. 원료 자체에서 잔존
2. 보관기준 미준수로 인한 미생물 증식
3. 포장재 파손으로 인한 교차오염
4. 보관 구역 및 용기의 불청결에 의한 교차오염
5. 유통기한 경과로 인한 미생물 증식
6. 종업원의 위생상태 불량에 의한 교차오염</td><td>3</td><td>1</td><td>3</td><td rowspan="4">1. 자사 기준에 맞는 원료 사용(검수일지, 협력업체 점검표)
2. 냉장·냉동 온도 관리(냉장·냉동고 관리점검표)
3. 보관구역 및 용기에 대한 세척·소독 관리(위생관리 점검표)
4. 개봉된 식재료의 경우 별도의 밀폐용기에 상미기한을 부착하여 보관(재고관리일지)
5. 보관된 식재료의 유통기한 확인(재고관리일지)
6. 부적합품은 반품 또는 폐기(부적합품 관리 점검표)
7. 종업원의 개인위생관리 점검(개인위생 점검표)
8. 지속적인 종업원 위생교육 실시(교육일지)
9. 소독 및 가열 공정에서 제거</td></tr>
<tr><td>장출혈성 대장균</td><td>3</td><td>1</td><td>3</td></tr>
<tr><td>Salmonella spp.</td><td>2</td><td>1</td><td>2</td></tr>
<tr><td>Vibrio parahaemolyticus</td><td>2</td><td>1</td><td>2</td></tr>
<tr><td rowspan="6">P</td><td>금속(나사, 못, 칼날)</td><td rowspan="6">1. 원료부터의 잔존
2. 작업도구 등 부주의한 사용으로 교차오염
3. 공정·위생 관리 미흡 및 종사자 부주의로 인한 혼입
4. 포장재 파손으로 인한 혼입
5. 방충관리 미흡으로 인한 해충 유입</td><td>3</td><td>1</td><td>3</td><td rowspan="6">1. 자사 기준에 맞는 원료 사용(검수일지, 협력업체 점검표)
2. 구역 및 도구에 대한 세척·소독 관리(위생관리 점검표)
3. 종업원의 개인위생관리 점검(개인위생 점검표)
4. 방충·방서 관리(포충등, 트랩관리 점검표)
5. 지속적인 종업원 위생교육 실시(교육일지)
6. 세척공정에서 제거</td></tr>
<tr><td>돌, 모래</td><td>2</td><td>1</td><td>2</td></tr>
<tr><td>플라스틱</td><td>2</td><td>1</td><td>2</td></tr>
<tr><td>머리카락</td><td>1</td><td>1</td><td>1</td></tr>
<tr><td>종이, 비닐</td><td>1</td><td>1</td><td>1</td></tr>
<tr><td>벌레</td><td>1</td><td>1</td><td>1</td></tr>
</table>

(계속)

<table>
<tr><th colspan="2" rowspan="2">공정명</th><th colspan="3">위해요소</th><th colspan="3">위해평가</th><th rowspan="2">예방조치 및 관리방법
(관리일지)</th></tr>
<tr><th>구분</th><th>명칭</th><th>발생원인</th><th>심각성</th><th>발생 가능성</th><th>종합 평가</th></tr>
<tr><td rowspan="19">비가열공정</td><td rowspan="9">세척</td><td rowspan="3">B</td><td>Listeria monocytogenes</td><td rowspan="3">1. 원료 자체에서 잔존
2. 구역, 작업도구 및 용기의 불청결에 의한 교차오염
3. 칼, 도마, 장갑의 구분 사용 미준수로 인한 교차오염
4. 바닥의 고인 물, 폐기물 등으로 인한 교차오염
5. 종업원의 위생상태 불량에 의한 교차오염</td><td>3</td><td>1</td><td>3</td><td rowspan="3">1. 자사 기준에 맞는 원료 사용(검수일지, 협력업체 점검표)
2. 구역, 도구 및 용기에 대한 세척·소독 관리(위생관리 점검표)
3. 칼, 도마, 장갑의 용도별 구분 사용 교육(교육일지)
4. 바닥에서 작업하지 않도록 종업원 교육(교육일지)
5. 종업원의 개인위생관리 점검(개인위생 점검표)
6. 소독공정에서 제거</td></tr>
<tr><td>장출혈성 대장균</td><td>3</td><td>1</td><td>3</td></tr>
<tr><td>Salmonella spp.</td><td>2</td><td>1</td><td>2</td></tr>
<tr><td rowspan="6">P</td><td>금속(나사, 못, 칼날)</td><td rowspan="6">1. 원료부터의 잔존
2. 작업도구 등 부주의한 사용으로 교차오염
3. 공정·위생 관리 미흡 및 종사자 부주의로 인한 혼입
4. 방충관리 미흡으로 인한 해충 유입
5. 세척기준 미준수에 의한 이물의 잔존</td><td>3</td><td>1</td><td>3</td><td rowspan="6">1. 자사 기준에 맞는 원료 사용(검수일지, 협력업체 점검표)
2. 구역 및 도구에 대한 세척·소독 관리(위생관리 점검표)
3. 종업원의 개인위생관리 점검(개인위생 점검표)
4. 방충·방서 관리(포충등, 트랩관리 점검표)
5. 지속적인 종업원 위생교육 실시(교육일지)
6. 세척공정관리(CCP)</td></tr>
<tr><td>돌, 모래</td><td>2</td><td>1</td><td>2</td></tr>
<tr><td>플라스틱</td><td>2</td><td>1</td><td>2</td></tr>
<tr><td>머리카락</td><td>1</td><td>1</td><td>1</td></tr>
<tr><td>종이, 비닐</td><td>1</td><td>1</td><td>1</td></tr>
<tr><td>벌레</td><td>1</td><td>1</td><td>1</td></tr>
<tr><td rowspan="7">소독</td><td rowspan="3">B</td><td>Listeria monocytogenes</td><td rowspan="3">1. 원료 자체에서 잔존
2. 작업도구 및 용기의 불청결에 의한 교차오염
3. 종업원의 위생상태 불량에 의한 교차오염
4. 소독기준 미준수에 의한 잔존</td><td>3</td><td>1</td><td>3</td><td rowspan="3">1. 자사 기준에 맞는 원료 사용(검수일지, 협력업체 점검표)
2. 구역 및 용기에 대한 세척·소독 관리(위생관리 점검표)
3. 종업원의 개인위생관리 점검(개인위생 점검표)
4. 지속적인 종업원 위생교육 실시(교육일지)
5. 소독공정관리(CCP)</td></tr>
<tr><td>장출혈성 대장균</td><td>3</td><td>1</td><td>3</td></tr>
<tr><td>Salmonella spp.</td><td>2</td><td>1</td><td>2</td></tr>
<tr><td rowspan="4">P</td><td>플라스틱</td><td rowspan="4">1. 작업도구 등 부주의한 사용으로 교차오염
2. 공정·위생 관리 미흡 및 종사자 부주의로 인한 혼입
3. 방충관리 미흡으로 인한 해충 유입</td><td>2</td><td>1</td><td>2</td><td rowspan="4">1. 구역 및 도구에 대한 세척·소독 관리(위생관리 점검표)
2. 종업원의 개인위생관리 점검(개인위생 점검표)
3. 방충·방서 관리(포충등, 트랩관리 점검표)
4. 지속적인 종업원 위생교육 실시(교육일지)</td></tr>
<tr><td>머리카락</td><td>1</td><td>1</td><td>1</td></tr>
<tr><td>종이, 비닐</td><td>1</td><td>1</td><td>1</td></tr>
<tr><td>벌레</td><td>1</td><td>1</td><td>1</td></tr>
</table>

(계속)

공정명		위해요소			위해평가			예방조치 및 관리방법 (관리일지)
		구분	명칭	발생원인	심각성	발생 가능성	종합 평가	
가열공정	세척	B	*Listeria monocytogenes*	1. 원료 자체에서 잔존 2. 구역, 작업 도구 및 용기의 불청결에 의한 교차오염 3. 칼, 도마, 장갑의 구분 사용 미준수로 인한 교차오염 4. 바닥의 고인 물, 폐기물 등으로 인한 교차오염 5. 종업원의 위생상태 불량에 의한 교차오염	3	1	3	1. 자사 기준에 맞는 원료 사용(검수일지, 협력업체 점검표) 2. 구역, 도구 및 용기에 대한 세척·소독 관리(위생관리 점검표) 3. 칼, 도마, 장갑의 용도별 구분 사용 교육(교육일지) 4. 바닥에서 작업하지 않도록 종업원 교육(교육일지) 5. 종업원의 개인위생관리 점검(개인위생 점검표) 6. 가열공정에서 제거
			장출혈성 대장균		3	1	3	
			Salmonella spp.		2	1	2	
			Vibrio parahaemolyticus		2	1	2	
		P	금속(나사, 못, 칼날)	1. 원료부터의 잔존 2. 작업도구 등 부주의한 사용으로 교차오염 3. 공정·위생 관리 미흡 및 종사자 부주의로 인한 혼입 4. 방충관리 미흡으로 인한 해충 유입 5. 세척기준 미준수에 의한 이물의 잔존	3	1	3	1. 자사 기준에 맞는 원료 사용(검수일지, 협력업체 점검표) 2. 구역 및 도구에 대한 세척·소독 관리(위생관리 점검표) 3. 종업원의 개인위생관리 점검(개인위생 점검표) 4. 방충·방서 관리(포충등, 트랩관리 점검표) 5. 지속적인 종업원 위생교육 실시(교육일지) 6. 세척공정관리(CCP)
			돌, 모래		2	1	2	
			플라스틱		2	1	2	
			머리카락		1	1	1	
			종이, 비닐		1	1	1	
			벌레		1	1	1	
	해동	B	*Listeria monocytogenes*	1. 원료 자체에서 잔존 2. 작업 도구 및 용기의 불청결에 의한 교차오염 3. 밀폐 미흡으로 인한 교차오염 4. 해동기준 미준수에 의한 증식 5. 종업원의 위생상태 불량에 의한 교차오염	3	1	3	1. 지시 기준에 맞는 원료 사용(검수일지, 협력업체 점검표) 2. 구역 및 용기에 대한 세척·소독 관리(위생관리 점검표) 3. 해동 시 밀폐 여부 확인 후 진행(해동관리 점검표) 4. 해동기준에 따른 해동 실시(해동관리 점검표) 5. 종업원의 개인위생관리 점검(개인위생 점검표) 6. 지속적인 종업원 위생교육 실시(교육일지) 7. 가열공정에서 제거
			장출혈성 대장균		3	1	3	
			Salmonella spp.		2	1	2	
			Vibrio parahaemolyticus		2	1	2	
	냉장보관	B	*Listeria monocytogenes*	1. 원료부터의 잔존 2. 보관기준 미준수로 인한 미생물 증식 3. 보관용기 밀폐 미흡으로 인한 교차오염	3	1	3	1. 자사 기준에 맞는 원료 사용(검수일지, 협력업체 점검표) 2. 냉장온도 관리(냉장고 관리점검표) 3. 보관구역 및 용기에 대한 세척·소독 관리(위생관리 점검표)
			장출혈성 대장균		3	1	3	
			Salmonella spp.		2	1	2	

(계속)

공정명		구분	명칭	발생원인	심각성	발생 가능성	종합 평가	예방조치 및 관리방법 (관리일지)
가열공정	냉장보관	B	*Vibrio parahaemolyticus*	4. 보관 구역 및 용기의 불청결에 의한 교차오염 5. 종업원의 위생상태 불량에 의한 교차오염	2	1	2	4. 덮개 여부 확인(냉장고 관리점검표) 5. 종업원의 개인위생관리 점검(개인위생 점검표) 6. 지속적인 종업원 위생교육 실시(교육일지) 7. 가열공정에서 제거
	가열	B	*Listeria monocytogenes*	1. 원료 자체에서 잔존 2. 작업 도구 및 용기의 불청결에 의한 교차오염 3. 종업원의 위생상태 불량에 의한 교차오염 4. 가열기준 미준수에 의한 잔존	3	1	3	1. 자사 기준에 맞는 원료 사용(검수일지, 협력업체 점검표) 2. 구역 및 용기에 대한 세척·소독 관리(위생관리 점검표) 3. 종업원의 개인위생관리 점검(개인위생 점검표) 4. 지속적인 종업원 위생교육 실시(교육일지) 5. 가열공정관리(CCP)
			장출혈성 대장균		3	1	3	
			Salmonella spp.		2	1	2	
			Vibrio parahaemolyticus		2	1	2	
가열후처리공정	세척	B	*Listeria monocytogenes*	1. 원료 자체에서 잔존 2. 구역, 작업 도구 및 용기의 불청결에 의한 교차오염 3. 칼, 도마, 장갑의 구분 사용 미준수로 인한 교차오염 4. 바닥의 고인 물, 폐기물 등으로 인한 교차오염 5. 종업원의 위생상태 불량에 의한 교차오염	3	1	3	1. 자사 기준에 맞는 원료 사용(검수일지, 협력업체 점검표) 2. 구역, 도구 및 용기에 대한 세척·소독 관리(위생관리 점검표) 3. 칼, 도마, 장갑의 용도별 구분 사용 교육(교육일지) 4. 바닥에서 작업하지 않도록 종업원 교육(교육일지) 5. 종업원의 개인위생관리 점검(개인위생 점검표) 6. 소독, 가열 공정에서 제거
			장출혈성 대장균		3	1	3	
			Salmonella spp.		2	1	2	
			Vibrio parahaemolyticus		2	1	2	
		P	금속(나사, 못, 칼날)	1. 원료부터의 잔존 2. 작업도구 등 부주의한 사용으로 교차오염 3. 공정·위생 관리 미흡 및 종사자 부주의로 인한 혼입 4. 방충관리 미흡으로 인한 해충 유입 5. 세척기준 미준수에 의한 이물의 잔존	3	1	3	1. 자사 기준에 맞는 원료 사용(검수일지, 협력업체 점검표) 2. 구역 및 도구에 대한 세척·소독 관리(위생관리 점검표) 3. 종업원의 개인위생관리 점검(개인위생 점검표) 4. 방충·방서 관리(포충등, 트랩관리 점검표) 5. 지속적인 종업원 위생교육 실시(교육일지) 6. 세척공정관리(CCP)
			돌, 모래		2	1	2	
			플라스틱		2	1	2	
			머리카락		1	1	1	
			종이, 비닐		1	1	1	
			벌레		1	1	1	
	해동	B	*Listeria monocytogenes*	1. 원료 자체에서 잔존 2. 작업 도구 및 용기의 불청결에 의한 교차오염	3	1	3	1. 자사 기준에 맞는 원료 사용(검수일지, 협력업체 점검표)
			장출혈성 대장균		3	1	3	

(계속)

<table>
<tr><th rowspan="2" colspan="2">공정명</th><th colspan="3">위해요소</th><th colspan="3">위해평가</th><th rowspan="2">예방조치 및 관리방법
(관리일지)</th></tr>
<tr><th>구분</th><th>명칭</th><th>발생원인</th><th>심각성</th><th>발생 가능성</th><th>종합 평가</th></tr>
<tr><td rowspan="6">가열후처리공정</td><td rowspan="2">해동</td><td rowspan="2">B</td><td>Salmonella spp.</td><td rowspan="2">3. 밀폐 미흡으로 인한 교차오염
4. 해동기준 미준수에 의한 증식
5. 종업원의 위생상태 불량에 의한 교차오염</td><td>2</td><td>1</td><td>2</td><td rowspan="2">2. 구역 및 용기에 대한 세척·소독 관리(위생관리 점검표)
3. 해동 시 밀폐 여부 확인 후 진행(해동관리 점검표)
4. 해동기준에 따른 해동 실시(해동관리 점검표)
5. 종업원의 개인위생관리 점검(개인위생 점검표)
6. 지속적인 종업원 위생교육 실시(교육일지)
7. 가열공정에서 제거</td></tr>
<tr><td>Vibrio parahaemolyticus</td><td>2</td><td>1</td><td>2</td></tr>
<tr><td rowspan="4">소독·가열</td><td rowspan="4">B</td><td>Listeria monocytogenes</td><td rowspan="4">1. 원료 자체에서 잔존
2. 작업도구 및 용기의 불청결에 의한 교차오염
3. 종업원의 위생상태 불량에 의한 교차오염
4. 소독, 가열기준 미준수에 의한 잔존</td><td>3</td><td>1</td><td>3</td><td rowspan="4">1. 자사 기준에 맞는 원료 사용(검수일지, 협력업체 점검표)
2. 구역 및 용기에 대한 세척·소독 관리(위생관리 점검표)
3. 종업원의 개인위생관리 점검(개인위생 점검표)
4. 지속적인 종업원 위생교육 실시(교육일지)
5. 소독, 가열공정관리(CCP)</td></tr>
<tr><td>장출혈성 대장균</td><td>3</td><td>1</td><td>3</td></tr>
<tr><td>Salmonella spp.</td><td>2</td><td>1</td><td>2</td></tr>
<tr><td>Vibrio parahaemolyticus</td><td>2</td><td>1</td><td>2</td></tr>
<tr><td colspan="2">배식(공통)</td><td>B</td><td>Staphylococcus aureus</td><td>1. 구역, 작업도구 및 용기의 불청결에 의한 교차오염
2. 장갑의 구분 사용 미준수로 인한 교차오염
3. 배식온도 및 시관간리 미흡에 따른 증식
4. 자율배식 시 배식자에 의한 교차오염</td><td>1</td><td>3</td><td>3</td><td>1. 구역, 도구 및 용기에 대한 세척·소독 관리(위생관리 점검표)
2. 장갑의 용도별 구분사용 교육(교육일지)
3. 종업원의 개인위생관리 점검(개인위생 점검표)
4. 지속적인 종업원 위생교육 실시(교육일지)
5. 배식공정관리(CCP)</td></tr>
</table>

출처 : 식품의약품안전처, 집단급식소 HACCP 관리(예시본), 2014

2. 중요관리점 결정(절차 7, 원칙 2)

식품안전관리인증기준에 따르면 "중요관리점CCP이란 HACCP을 적용하여 식품의 위해요소를 예방, 제어하거나 허용 수준 이하로 감소시켜 식품의 안전성을 확보할 수 있는 중요한 단계, 과정 또는 공정"을 말한다. 즉, 원칙 1-위해요소분석에서 파악된 생물학적, 화학적 또는 물리적 위해요소를 방지하기 위한 안전관리를 의미하며, HACCP을 적용하여 관리해야 하는 모든 대상을 CP라고 하고, 특히 중점적으로 관리해야 할 지점, 공정 또는 절차를 CCP라고 한다. 식품의 제조·가공·조리 공정에서 CCP가 될 수 있는 예시는 다음과 같다.

- 병원성미생물을 사멸시키기 위한 특정 시간 및 온도에서 가열 처리
- 미생물의 성장을 최소화시킬 수 있는 냉각 처리
- pH 및 수분활성도 조절
- 통조림·병조림과 같은 밀봉 처리

위해요소분석 결과에서 위해가 높은 항목만 CCP 결정도에 적용하고 그 결과를 CCP 결정표에 작성한다. CCP 결정도 순서에 따른 해석은 다음과 같다.

질문 1 확인된 위해요소를 관리하기 위한 선행요건프로그램이 있으며 잘 관리되고 있는가?

→ 선행요건프로그램(선행위생관리기준)이 문서화되어 있으며, 그 기준대로 위생관리가 실질적으로 실행되고 이행된 모든 사항이 기록으로 유지되고 있고, 이 선행과정을 통해 중요 위해가 모두 관리될 수 있는가를 평가하는 질문으로서 제품의 안전성을 사전에 확보하도록 하는 부분

질문 2 모든 공정(단계)에서 확인된 위해요소에 대한 조치방법이 있는가?

→ 확인된 위해에 대한 관리가 해당 공정 및 이후의 공정에서 이루어지고 있는지를 평가하는 질문

그림 8-2 CCP 결정도

질문 2-1 이 공정(단계)에서 안전성을 위한 관리가 필요한가?

→ 이후 공정에서 관리방안이 없어 이 단계에서 반드시 관리되어야 하는지를 평가하는 질문

질문 3 이 공정(단계)에서 발생 가능성이 있는 위해요소를 제어하거나 허용 수준까지 감소시킬 수 있는가?

→ 해당 공정이 위해를 제어, 감소시키기 위한 목적성이 부여되어 있는가에 대한 평가

질문 4 확인된 위해요소의 오염이 허용 수준을 초과하는가 또는 허용할 수 없는 수준으로 증가하는가?

→ 해당 공정의 관리 차원에서 중요성 평가

질문 5 확인된 위해요소를 제어하거나 또는 그 발생을 허용 수준으로 감소시킬 수 있는 이후의 공정이 있는가?

→ 이후 공정의 위해 관리방법의 유무에 따라 해당공정의 중점관리 필요

표 8-7 급식소 CCP 결정표 예시

공정 단계	위해 구분	위해요소	질문 1	질문 2	질문 2-1	질문 3	질문 4	질문 5	CCP 결정
입고 (공통)	B	*Listeria monocytogenes* 장출혈성 대장균	No	Yes 소독, 가열 공정		No	Yes	Yes 소독, 가열 공정	
	P	나사, 못, 칼날	No	Yes 세척공정		No	Yes	Yes 세척공정	
보관 (보관)	B	*Listeria monocytogenes* 장출혈성 대장균	No	Yes 소독, 가열 공정		No	Yes	Yes 소독, 가열 공정	
	P	나사, 못, 칼날	No	Yes 세척공정		No	Yes	Yes 세척공정	
세척 (공통)	B	*Listeria monocytogenes* 장출혈성 대장균	No	Yes 소독, 가열 공정		No	Yes	Yes 소독, 가열 공정	
	P	나사, 못, 칼날	No	Yes		Yes			CCP1
해동 (가열, 가열 후 처리공정)	B	*Listeria monocytogenes* 장출혈성 대장균	No	Yes 가열공정		No	Yes	Yes 가열공정	
	P	나사, 못, 칼날	No	Yes 세척공정		No	Yes	Yes 세척공정	
소독 (비가열공정)	B	*Listeria monocytogenes* 장출혈성 대장균	No	Yes		Yes			CCP2
절단 (가열, 가열 후 처리공정)	B	*Listeria monocytogenes* 장출혈성 대장균	No	Yes 가열공정		No	Yes	Yes 가열공정	
가열 (가열, 가열 후 처리공정)	B	*Listeria monocytogenes* 장출혈성 대장균	No	Yes		Yes			CCP3
배식(공통)	B	*Staphylococcus aureus*	No	Yes		Yes			CCP4

출처 : 식품의약품안전처, 집단급식소 HACCP 관리(예시본), 2014

학교급식 HACCP의 CCP

학교급식 위생관리를 위해 개발된 HACCP 시스템에서는 CCP1은 검수, CCP2는 식품취급 및 조리, CCP3은 조리완료 및 배식으로 하고 있다. 또한 CP1은 냉장·냉동고(실) 온도관리, CP2는 식품접촉표면 세척 및 소독으로 정하고 있다(학교급식위생관리지침서, 5차개정, 2021).

3. CCP 한계기준 설정(절차 8, 원칙 3)

한계기준critical limit, CL은 CCP에서의 위해요소관리가 허용 범위 이내로 충분히 이루어지고 있는지의 여부를 판단할 수 있는 기준이나 기준치를 말한다. CCP에서 관리되어야 하는 생물학적, 화학적 또는 물리적 위해요소를 예방, 제거 또는 허용 가능한 안전한 수준까지 감소시킬 수 있는 최대치 또는 최소치로 안전성을 보장할 수 있는 과학적 근거에 기초하여 설정하도록 한다.

한계기준은 현장에서 쉽게 확인이 가능하도록 육안 관찰이나 간단한 측정에 의해 확인할 수 있는 수치 또는 특정지표로 나타내도록 하며, 그 예는 다음과 같다.

- 온도 및 시간
- 습도
- 수분활성도A_w
- pH
- 염소·염분 농도
- 관련 서류 확인

HACCP 시스템을 적용한 급식소에서 조리음식의 미생물 관리 평가를 조사한 결과, HACCP 적용 전에 비하여 적용 후에는 미생물의 위해요인이 감소하는 것으로 확인되었다 표 8-10.

표 8-8 급식소의 한계기준 설정 예시

CCP	공정명	위해요소 구분	위해요소	한계기준
CCP-1	세척	P	나사, 못, 칼날	• 세척수량 : 70~75 L • 원료 투입량 :10~11 kg • 세척횟수 : 3회(3단 세척조) • 세척시간 : 2~3분 • 세척수 교체 주기 : 2회 사용 후 교환
CCP-2	소독	B	*Listeria monocytogenes* 장출혈성 대장균	• 소독농도 : 차아염소산나트륨 100~120 ppm • 소독수량 : 100~110 L • 원료 투입량 : 10~12 kg • 소독시간 : 5분~5분 30초 • 소독수 교체주기 : 2시간 사용 후 전체 소독수 교체
CCP-3	가열	B	*Listeria monocytogenes* 장출혈성 대장균	• 가열 온도 및 시간 : 품온 74℃ 이상 도달 후 1분~1분 10초
CCP-4	배식	B	*Staphylococcus aureus*	• 배식시간 : 조리 종료 후 2시간 이내

출처 : 식품의약품안전처, 집단급식소 HACCP 관리(예시본), 2014

표 8-9 급식소 조리식품 등의 미생물 위해요소 관리기준

대상	일반세균수	대장균	식중독균
조리식품 등 (식품접객업소, 집단급식소 포함)	3,000 CFU/g 이하 (슬러시에 한함. 유가공품, 유산균, 발효식품 및 비살균제품이 함유된 경우는 제외함)	10 CFU/g 이하 (단순 절단을 포함하여 직접 조리한 식품에 한함)	• 살모넬라(*Salmonella* spp.), 황색포도상구균(*Staphylococcus aureus*), *Listeria monocytogenes*, 장출혈성 대장균, *Camplyobacter jejuni/coli*, *Yersinia enterocolitica*, 비브리오 패혈증균, 비브리오 콜레라 : 음성 • 장염비브리오균(*Vibrio parahaemolyticus*), *Clostridium perfringens* : 100 CFU/g 이하 • *Bacillus cereus* : 10,000 CFU/g 이하 • 조리과정 중 가열처리를 하지 않거나 가열 후 조리한 식품의 경우 황색포도상구균(*Staphylococcus aureus*) : 100 CFU/g 이하
접객용 음용수		음성/250 mL	• 살모넬라(*Salmonella* spp.), *Yersinia enterocolitica* : 음성/250 mL
행주 (사용 중인 것은 제외함)		음성	
칼·도마, 숟가락, 젓가락, 식기, 찬기 등 (음식을 먹을 때 사용하거나 담는 것으로 사용 중인 것은 제외함)		음성	• 살모넬라(*Salmonella* spp.) : 음성

(계속)

대상	일반세균수	대장균	식중독균
즉석조리식품 (예, 국, 탕, 수프, 순대 등)	n=5, c=0, m=0 (멸균제품에 한함)	n=5, c=1, m=0, M=10 (살균, 멸균제품은 제외함)	• 황색포도상구균(*Staphylococcus aureus*) : n=5, c=1, m=100, M=1,000 • 살모넬라(*Salmonella* spp.) : n=5, c=0, m=0/25 g

※ n : 검사하기 위한 시료 수

c : 최대 허용 시료 수(허용기준치 M을 초과하고 최대허용한계치 M 이하인 시료 수로서 결과가 m을 초과하고, M 이하인 시료 수가 c 이하일 경우에 적합으로 판정함)

m : 미생물 허용기준치로 결과가 모두 m 이하인 경우 적합으로 판정함

M : 미생물 최대허용한계치로 결과가 하나라도 M을 초과하는 경우는 부적합으로 판정함

출처 : 식품의약품안전처, '식품의 기준 및 규격' 고시 제2022-84호

표 8-10 HACCP 적용 대학급식소 조리음식의 미생물 관리 평가

음식	일반 세균(log CFU/g)		대장균(log CFU/g)		대장균군(log CFU/g)		황색포도상구균(log CFU/g)		장내세균(log CFU/g)	
	적용 전	적용 후	적용 전	적용 후	적용 전	적용 후	적용 전	적용 후	적용 전	적용 후
양상추샐러드	5.67±0.4	3.23±0.3	-	-	3.09±0.6	0.63±0.8	1.55±0.9	-	3.47±0.5	0.70±0.9
멸치꽈리볶음	4.18±0.7	2.43±0.1	-	-	0.2±0.4	-	-	-	0.78±1.1	-
숙주나물	4.20±0.3	3.27±0.2	0.2±0.4	-	2.56±0.2	0.67±0.9	-	-	3.14±0.1	0.78±1.0
잡채	5.12±0.5	3.03±0.4	-	-	2.47±0.6	0.58±0.8	-	-	3.06±0.4	0.67±0.9

출처 : 임태현 외, 2013

4. CCP 모니터링 체계 확립(절차 9, 원칙 4)

모니터링이란 CCP에 해당되는 공정이 한계기준을 벗어나지 않고 안정적으로 운영되도록 관리하기 위한 종업원 또는 기계적인 방법에 의한 관찰 및 측정 수단이다. 모니터링을 수행함으로써 발생되는 위해요소의 추적이 쉽고, 발생한 기준 이탈시점의 확인이 가능하며, 문서화된 기록을 제공하여 검증과 식품사고 발생 시에 증빙자료로 활용이 가능하다.

HACCP 팀은 연속적으로 모니터링을 실시해야 하며, 연속적인 모니터링이 불가능한 경우 비연속적인 모니터링의 절차와 주기 또는 빈도수는 CCP가 한계기준 범위 내에서 관리될 수 있도록 정확하게 설정되어야 한다. CCP를 모니터링하는 종업원은 해당 항목과 방법을 효과적으로 올바르게 수행하기 위하여 기술적인 교육과 훈련을 받

고, 모니터링 결과를 정확한 수치로 기록하도록 한다. 모니터링의 체계는 다음 순서에 따라 확립한다.

① 각 식재료와 공정별로 가장 적합한 모니터링 절차를 파악한다.

② 모니터링 항목을 결정한다.

③ 모니터링 위치/지점, 방법을 결정한다.

④ 모니터링 주기 또는 빈도를 결정한다.

⑤ 모니터링 결과를 기록할 서식을 결정한다.

⑥ 모니터링 담당자를 지정하고 훈련시킨다.

설정된 모니터링 방법이 올바른가는 다음의 질문을 통하여 확인할 수 있다.

- 모든 CCP가 포함되어 있는가?
- 모니터링의 신뢰성이 평가되었는가?
- 모니터링 장비의 상태는 양호한가?
- 작업현장에서 실시하는가?
- 기록서식은 사용하는데 편리한가?
- 기록은 정확하게 이루어지는가?
- 기록은 실시간으로 이루어지는가?
- 기록이 지속적으로 이루어지는가?
- 모니터링 주기가 적절한가?
- 시료 채취계획은 통계적으로 적절한가?
- 기록 결과는 정기적으로 통계 처리하여 분석하는가?
- 현장 기록과 모니터링 계획이 일치하는가?

모니터링 결과는 개선조치를 취할 수 있는 지식, 경험 및 권한을 가진 지정된 자에 의해서 평가된다. 한계기준을 이탈한 경우에는 신속하고 정확한 판단에 의해 개선조치가 취해지도록 하며, 일반적으로 물리적 또는 화학적 모니터링이 미생물학적 모니터링 방법보다 신속한 결과를 얻을 수 있어서 우선적으로 적용된다.

표 8-11 모니터링 방법 예시

공정명	CCP	한계기준	모니터링 방법			
			대상	방법	주기	담당자
가열	CCP-1B	65℃ 이상, 1분 이상	가열시간, 온도	1. 가열기의 정상작동 유무를 확인한다. 2. 가열기에서 가열 온도와 시간을 모니터링 일지에 기록한다. 3. 모니터링 일지를 HACCP 팀장에게 승인받는다.	매 작업 시	공정담당
세척	CCP-2B	6단 세척, 가수량 3배, 세척시간 5분 이상	세척방법	1. 세척기의 정상 작동 유무를 확인한다. 2. 세척방법에 따라 세척 시간, 횟수, 가수량을 모니터링 일지에 기록한다. 3. 모니터링 일지를 HACCP 팀장에게 승인받는다.	매 작업 시	공정담당
소독	CCP-3B	소독농도 50~100 ppm, 소독시간 1분~1분 30초	소독농도, 시간	1. 소독기의 정상 작동 유무를 확인한다. 2. 소독 농도, 시간을 모니터링 일지에 기록한다. 3. 모니터링 일지를 HACCP 팀장에게 승인받는다.	매 작업 시	공정담당
금속 검출	CCP-4P	금속 2 mm 이상 불검출, 쇳가루 불검출	금속검출기 감도	1. 금속검출기의 정상작동 유무를 확인한다. 2. 테스트 피스를 이용하여 금속검출기의 감도를 기기, 제품에 측정한 후 모니터링 일지에 기록한다. 3. 모니터링 일지를 HACCP 팀장에게 승인받는다.	매 작업 시	공정담당

출처 : 한국식품안전관리인증원(https://fresh.haccp.or.kr/haccp/introduction/haccpIntroduction.do?tp=7_10)

5. 개선조치 방법 수립(절차 10, 원칙 5)

모니터링 결과 한계기준을 이탈한 경우 취해야 하는 개선조치 방법을 사전에 설정하여 신속한 대응조치가 이루어지도록 하여야 한다. 일반적으로 개선조치 내용으로는 공정상태의 원상 복귀, 한계기준 이탈에 의해 영향을 받은 관련 식품에 대한 조치사항, 이탈에 대한 원인 규명 및 재발 방지조치, HACCP 계획의 변경 등이 포함된다. 개선조치 방법을 설정할 때에는 다음의 사항을 확인한다.

- 이탈된 제품을 관리하는 책임자와 기준 이탈 시 모니터링 담당자는 누구인가?
- 이탈의 원인이 무엇인지 어떻게 결정하는가?
- 이탈의 원인을 확인한 후 어떤 방법을 통하여 원래의 관리 상태로 복원시킬 것인가?

- 한계기준이 이탈된 식품은 어떻게 조치할 것인가?
- 이탈 시 조치해야 할 모든 작업에 대한 책임자는 누구인가?
- 개선조치 계획에 책임을 담당할 사람이 없을 경우 누가 대신할 것인가?
- 개선조치는 언제든지 실행 가능한가?

개선조치 확립의 순서는 다음과 같다.

① 각 CCP별로 가장 적합한 개선조치 절차를 파악한다.

② CCP별로 잠재적 위해요소의 심각성에 따라 차등화하여 개선조치 방법을 결정한다.

③ 개선조치 결과의 기록 서식을 결정한다.

④ 개선조치 담당자를 지정하고 교육 및 훈련시킨다.

개선조치 완료 후 다음의 기본 사항을 확인한다.

- 한계기준 이탈의 원인을 확인하고 제거하였는가?

표 8-12 개선조치 방법 예시

공정명	CCP	개선 조치방법
가열	CCP-1B	• 가열 온도, 시간을 이탈하거나 기기 고장인 경우 공정담당자는 즉시 작업을 중지한다. • 해당 식품은 즉시 재가열하고 기기 수리 완료 후 모니터링 일지에 이탈 사항과 개선조치 사항을 기록하며 HACCP 팀장에게 보고한다.
세척	CCP-2B	• 세척 횟수, 시간, 가수량을 이탈하거나 기기 고장인 경우 공정담당자는 즉시 작업을 중지한다. • 해당 식품은 즉시 재세척하고 기기 수리 완료 후 모니터링 일지에 이탈 사항과 개선조치 사항을 기록하며 HACCP 팀장에게 보고한다.
소독	CCP-3B	• 소독의 농도, 시간을 이탈하거나 기기 고장인 경우 공정담당자는 즉시 작업을 중지한다. • 소독 농도를 보정하고 해당 식품은 즉시 재소독하며 기기 수리 완료 후 모니터링 일지에 이탈 사항과 개선조치 사항을 기록하며 HACCP 팀장에게 보고한다.
금속검출	CCP-4P	• 혼입되거나 기기 고장 또는 감도가 저하될 경우 공정담당자는 즉시 작업을 중지한다. • 해당 식품은 재통과하여 확인하고 기기 수리 완료 또는 감도 확인 후 모니터링 일지에 이탈 사항과 개선조치 사항을 기록하며 HACCP 팀장에게 보고한다.

출처 : 한국식품안전관리인증원(https://fresh.haccp.or.kr/haccp/introduction/haccpIntroduction.do?tp=7_11)

- 개선조치 후 CCP 관리는 잘 되는가?
- 한계기준 이탈의 재발을 방지할 수 있는 조치가 마련되었는가?
- 한계기준 이탈로 인하여 오염되었거나 건강에 위해를 주는 식품이 배식되지 않도록 개선조치 절차를 시행하고 있는가?

6. 검증 방법 및 절차 수립(절차 11, 원칙 6)

검증은 HACCP 시스템의 적절성과 효과성을 평가하여 항상 효율적으로 운영되게 함으로써 조리 완제품의 안전성을 보증하도록 한다.

HACCP 시스템이 적절하게 운영되고 있는지를 확인하기 위한 검증절차를 설정하고, HACCP 팀은 HACCP 시스템이 설정한 안전성 목표를 달성하는데 효과적인지, HACCP 관리계획에 따라 제대로 실행되는지, 관리계획의 변경 필요성이 있는지를 확인한다.

검증의 실시시기는 최초검증, 일상검증, 정기검증, 특별검증이 있으며 각각의 검증 내용은 다음과 같다.

1) 최초검증

HACCP 계획의 최초 실행과정, 즉 해당 계획서가 작성된 이후 현장에 적용하면서 실제로 해당 계획이 효과가 있는지 확인하며, 다음 사항에 대하여 실시한다.

- 선행요건프로그램의 개정 필요성
- 문서화된 HACCP 관리계획의 유효성
- 문서화된 HACCP 관리계획에 따른 실행의 효과성(기록 분석 및 실증시험)
- HACCP 관리계획이 완성되면, 다음 사항에 대하여 실시한다.
  - 기초정보 파악 결과의 적절성(메뉴설명서, 공정흐름도, 설비배치도 등)
  - 선행요건프로그램의 적절성(위생관리, 검사업무, 보관관리 등)
  - HACCP 관리계획의 합리성 및 적절성(위해분석, 중요관리점, 모니터링, 개선조치 방법, 검증방법, 기록관리방법 등)
- HACCP 관리계획 검증 시 식품의약품안전처가 고시한 HACCP 실시상황 평가표

를 이용하여 실시하며 시험결과 또는 검증보고서를 첨부한다.

2) 일상검증

일상검증은 각 기준서에서 정한 해당 모니터링 활동을 담당하는 담당자가 실시함을 원칙으로 한다.

- 일상검증은 다음 중 하나 이상의 방법으로 실시한다.
  - 모니터링 활동 결과 기록의 검토(한계기준 이탈 여부, 개선조치 실시 여부 등)
  - 현장 입회 관찰
  - 모니터링 항목이 의도하는 안전성 목표에 대한 검증시험(미생물시험 등)
- 일상검증 실시 결과는 해당 담당자의 검토와 해당 팀장의 승인으로 종결 처리한다.

3) 정기검증

정기검증은 각 기준서에서 정한 모니터링 활동의 유효성과 효과성을 평가하기 위하여 연간 검증계획서에 의거 HACCP 팀장이 실시함을 원칙으로 한다.

- 정기검증은 다음 중 하나 이상의 방법으로 실시한다.
  - 모니터링 활동 결과 기록의 통계적 분석(data 분석, 그래프 분석 등)
  - 독립된 인원에 의한 해당 모니터링 항목의 입회 관찰
  - 안전성 목표 달성에 관한 검증시험(미생물시험, 기기분석, 공인기관시험 등)

4) 특별검증

- HACCP 관리계획의 실질적인 변경사항이 있는 경우, 또는 기존 계획서가 충분히 효과적이지 못할 수 있음을 나타내는 경우마다 실시한다.
- 새로운 위해정보 발생 시, 조리 완제품의 특성 변경 시, 식재료·공정 등의 변동 시, HACCP 계획의 문제점 발생 시에 실시한다.
- 다음과 같은 상황이 발생될 때 특별검증(재평가)을 실시한다.
  - 해당 식품과 관련된 새로운 안전성 정보가 있을 때

- 해당 식품이 식중독, 질병 등과 관련될 때
- 설정된 한계기준이 맞지 않을 때
- HACCP 계획의 변경 시(신규 원료 사용 및 변경, 식재료 공급업체의 변경, 공정의 변경, 신규 또는 대체 장비 도입, 작업량의 큰 변동, 섭취대상의 변경, 공급체계의 변경, 종업원의 대폭 교체)

검증내용은 유효성 평가와 실행성 검증으로 구성된다. 유효성 평가란 HACCP 계획이 올바르게 수립되어 있어 충분한 효과가 있는가를 확인하는 검증의 한 요소이다. 과학적이고 기술적인 자료의 수집과 평가를 통하여 다음과 같은 내용의 해당 여부를 확인하며 미생물 또는 잔류 화학물질 검사 등이 이용된다.

- 발생 가능한 모든 위해요소의 확인 및 분석
- 메뉴설명서, 공정흐름도의 현장 일치
- CCP, CP 결정의 적절성
- 한계기준의 안전성 확보
- 모니터링 체계의 올바른 설정

또한 실행성 검증은 HACCP 계획이 수립된 대로 효과적으로 이행되고 있는지 확인하는 것으로 다음과 같은 방법으로 시행한다. 이러한 검증활동은 선행요건프로그램의 검증활동과 병행 또는 분리하여 실시할 수 있다.

- 종업원이 작업현장에서 정해진 주기로 CCP 공정을 측정하고 관찰 수행하는가를 확인함
- 한계기준 이탈 시에 개선조치가 적절했는지 확인을 위해 기록을 검토함
- 개선조치 실행 여부와 적절성 확인을 위하여 자격이 있는 담당자가 기록을 완전하고 정확하게 검토하고 있는가를 확인함
- 검사 및 모니터링 장비의 주기적인 검·교정 실시 여부를 확인함

HACCP 시스템의 검증은 자체적으로 검증원의 자격요건 등을 정하여 검증팀을 구성

표 8-13 급식소 HACCP 시스템의 주요 검증 항목과 내용

주요 검증항목	검증내용
위해요소분석 결과의 검증	• 선행요건프로그램은 최종 위해요소분석 수행 시와 동일한 신뢰 수준을 유지하면서 운영·관리되고 있는가? • 메뉴설명서, 용도, 급식대상 등이 정확히 기술되어 있으며, 조리장 평면도, 환기시설 계통도, 용수 및 배수 처리 계통도 등이 현장과 일치하는가? • 예비단계에서 수집된 위해관련 정보가 충분하고 정확한가? • 식재료·공정별 발생 가능한 위해요소를 모두 단위물질로 도출하였는가? • 도출된 위해요소를 식재료, 실제 공정별로 공정에서 반제품, 완제품을 대상으로 시험한 통계자료를 바탕으로 발생 가능성 기준이 수립되었는가? • 현장 공정평가자료(식재료·공정별 위해요소 시험자료)를 바탕으로 발생 가능성을 평가하였는가? • 식재료·공정별 심각성과 발생 가능성을 고려하여 평가한 위해평가 결과가 동일한 수준으로 판단되는가? • 위해요소를 관리하기 위한 예방조치방법이 조리 완제품 및 공정에 가장 적합한 현실성 있는 방법인가? • 관리방법이 신뢰할 수 없거나 또는 효과적이지 않다는 것을 나타내는 모니터링 기록이나 개선조치 기록이 있는가? • 보다 효과적으로 관리할 수 있는 새로운 정보가 있는가?
CCP 검증	• 현행 CCP가 위해요소관리를 위한 공정상의 최적의 선택인가? • 실제 공정라인에서 도출된 위해요소별로 원료, 반제품, 완제품 등을 대상으로 하는 공정평가자료를 바탕으로 CCP를 설정하였는가? • 조리 완제품, 공정, 조리장 환경 변화 등으로 인하여 현행 CCP가 위해를 관리하기에 충분하지 않은가? • CCP에서 관리되는 위해요소가 더 이상 심각한 위해가 아니거나 또는 다른 CCP에서 보다 효과적으로 관리되고 있는가?
한계기준 평가	• 설정된 한계기준이 과학적인 근거를 충분히 가지고 있는가? - 새로운 위해관련 정보가 있을 경우 이러한 정보가 기존의 한계기준을 변경하도록 요구하는지를 판단한다. - 한계기준 변경 시에는 응용연구 결과, 문헌 보고 내용, 식품 안전 관련 관계 법령 변경 등 모든 정보와 자료를 근거로 한계기준에 대한 재평가를 수행하고 변경 여부를 결정해야 한다. • 실제 공정라인에서 도출된 위해요소별로 식재료, 반제품, 완제품 등을 대상으로 하는 공정평가자료를 바탕으로 한계기준을 설정하였는가? • CCP 공정에서 가공조건별(가열 시간·온도, 세척 시간·횟수·가수량 등)로 위해요소 제어 또는 제거효과 시험자료를 바탕으로 유효성 평가를 하였는가?
모니터링 활동 재평가	• 개별 CCP에서의 모니터링 활동 내용이 정확한가? • 모니터링은 해당 공정이 한계기준 이내에서 운영되고 있는지를 판정할 수 있는가? • 모니터링은 관리활동이 보증될 수 있는 충분한 빈도로 실시되고 있는가? • 안정적인 관리상태 유지를 위해서 공정 조정 혹은 개선조치가 얼마나 자주 요구되는가? • 보다 좋은 모니터링 방법이 있는가? • 모니터링 도구 및 장비가 제대로 기능을 발휘하고 있으며, 교정된 상태를 유지하는가? • 빈번한 일탈현상이 자동화된 모니터링 체계에 따른 문제점으로 밝혀진 경우에는 수동 모니터링 체계 및 다른 방법으로 변환하도록 요구될 수도 있다. 또한 모니터링 방법이 위해요소의 제어에 간접적인 수단이 되는 경우에는 HACCP 계획의 효율적 운영 여부를 검증하기 위하여 미생물실험, 이화학적 검사 등의 방법을 실시할 필요가 있다.
개선조치 평가	• 현행 개선조치가 모니터링 활동 또는 한계기준 이탈 현상을 개선하고 관리하는데 적절한가? • 한계기준 이탈 시에 모두 개선조치가 가능한 방법인가? • 선조치 후보고 체계를 바탕으로 모니터링 담당자가 이해 가능하도록 구체적으로 수립되었는가?

한 후 실시하거나 검증의 객관성을 유지하기 위해 외부 전문가를 통하여 검증을 실시할 수 있다. HACCP 팀은 연간 검증계획을 수립하고 이를 근거로 검증 실시 이전에 검증종류, 검증원, 검증항목, 검증일정 등을 포함한 검증 실시계획을 수립하도록 한다. HACCP 계획의 검증은 현행 계획의 운영 현황을 파악하고 개선의 필요성을 구체적으로 제시하기 위한 것으로, 각 주요 항목의 검증 시 고려해야 할 사항은 다음과 같다 표 8-13.

HACCP 검증의 결과는 반드시 보고서 작성으로 문서화하여 급식관리자에 의해 검토 또는 승인받는다. 해당 문서에는 검증종류, 검증원, 검증일자, 검증결과, 개선·보완 내용 및 조치결과를 포함하도록 한다. 검증 결과 관찰된 부적합 사항이 있을 경우 해당 내용을 보고서에 기입하고, 개선 요구방법을 작성한다. 부적합 내용은 사실에 근거하여야 하며, 반드시 객관적 증거가 있어야 한다. 증거자료로 일지 및 사진, 실험값 등을 첨부한다. 검증활동 중 발생한 HACCP 계획의 개(수)정 사항의 관련 내용은 교육한 후 교육보고서를 작성하여 기록을 유지한다. 검증내용에 따라 관리함으로써 검증활동을 종결한다.

7. 문서화 및 기록 유지방법 설정(절차 12, 원칙 7)

HACCP 시스템의 기록 유지는 운영 근거를 확보하기 위한 필수 요소이다. 기록 유지의 가장 좋은 방법은 필요한 기록의 내용을 알기 쉽고 단순하게 통합하는 것으로, 최적의 기록 담당자 및 검토자, 기록 시점 및 주기, 기록의 보관 기간 및 장소 등을 고려하여 이해하기 쉬운 단순한 기록 서식을 개발하도록 한다. 기록 목록의 예시는 다음과 같으며, 이 기록들은 해당 공정에서 HACCP 관리계획을 준수하였음을 보증한다.

- 식재료의 적합한 규격을 증빙하는 공급업체의 시험증명서
- 식재료의 보관 온도 및 기간 기록
- CCP와 관련된 모든 모니터링 기록
- 식품 취급과정이 적절하게 지속적으로 운영되었는지를 검증한 기록
- 안전한 조리를 보장할 수 있는 보관 및 온도 기록
- CCP의 한계기준 이탈 시 개선조치 기록 검증

- HACCP 수행 및 계획의 설정, 변경 또는 재평가 기록에 관한 종업원 교육·훈련 기록

12절차 7원칙에 따라 HACCP 관리계획이 수립되면 해당 계획을 HACCP 계획 일람표 양식에 따라 도표화하여 기록·관리한다. 이와 같이 HACCP 관리계획이 작성되면 HACCP 팀원 및 현장 종업원들에 대한 교육을 통하여 해당 내용을 주지시킨 후 현장에 시범 적용하여 실제 현장에 적용하였을 경우 효과가 있는지, 종업원들이 실행함에 있어 문제점은 없는지 등을 확인한다. 이러한 과정을 '최초검증'이라 하며 HACCP 관리계획을 수립한 후 이 과정을 거친다. 최초검증 결과 미흡사항 또는 문제점 등에 대하여는 반드시 해결책을 찾아 HACCP 관리계획에 반영·개선한 후 HACCP 시스템을 본격적으로 운영하도록 한다.

HACCP 시스템을 적용하고자 하는 집단급식소에서는 문서·기록화를 위한 모니터링 일지와 선행요건 및 HACCP 관리 기준서를 작성·비치한다 표 8-14, 그림 8-3.

표 8-14 급식소 CCP 모니터링 점검 일지 기록 예시 요약

CCP 모니터링 일지		결재	작성자	승인자
작성일자		담당자		
	소독	가열	배식	
위해요소	*Listeria monocytogenes*, 장출혈성 대장균	*Listeria monocytogenes*, 장출혈성 대장균	황색포도상구균	
한계기준	• 소독수 농도 : 차아염소산나트륨 100~120 ppm • 소독시간 : 5분~5분 30초	• 가열온도 및 시간 : 품온 75℃ 이상 도달 후 1분~1분 10초 (한 메뉴당 3회 측정)	• 조리 종료 후 2시간 이내 배식	
주기	매 작업 시	매 작업 시	1시간마다	
방법	• 소독시간은 타이머로 측정함 • 소독수 농도는 테스트 페이퍼로 측정하여 기록함	• 한계기준 이탈 시 재가열을 실시함 • 기기적인 고장인 경우 가열작업을 중지하고, 수리를 의뢰함	• 배식공정 담당자는 메뉴별로 조리 종료시간과 1시간마다 배식 완료시간을 모니터링 일지에 기록함	
이탈내용	개선조치 및 결과		조치자	확인

출처 : 식품의약품안전처, 집단급식소 HACCP 관리(예시본), 2014

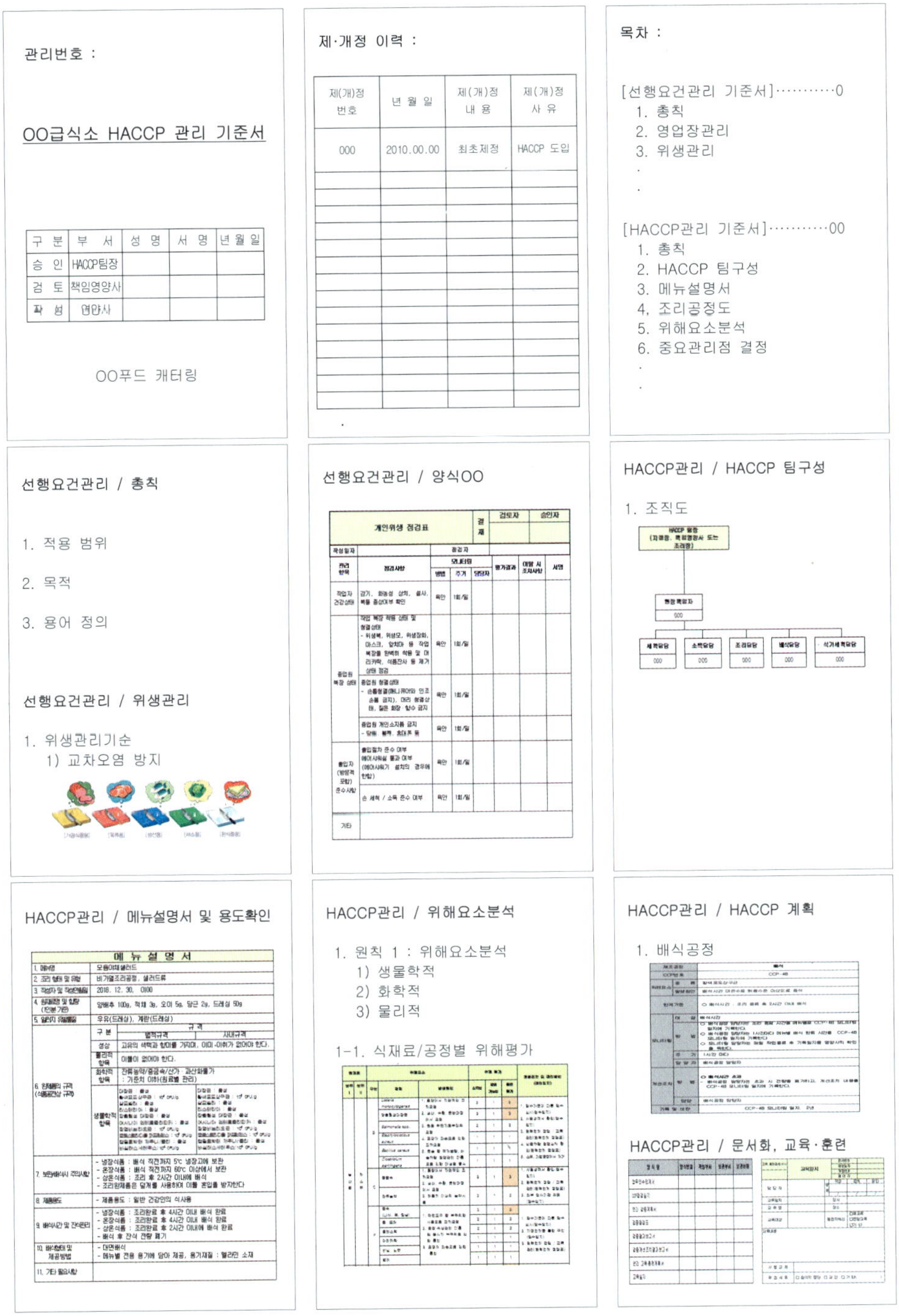

관리번호 :

OO급식소 HACCP 관리 기준서

구 분	부 서	성 명	서 명	년 월 일
승 인	HACCP팀장			
검 토	책임영양사			
작 성	영양사			

OO푸드 캐터링

제·개정 이력 :

제(개)정 번호	년 월 일	제(개)정 내 용	제(개)정 사 유
000	2010.00.00	최초제정	HACCP 도입

목차 :

[선행요건관리 기준서]··········0
1. 총칙
2. 영업장관리
3. 위생관리
.
.

[HACCP관리 기준서]··········00
1. 총칙
2. HACCP 팀구성
3. 메뉴설명서
4. 조리공정도
5. 위해요소분석
6. 중요관리점 결정
.
.

선행요건관리 / 총칙

1. 적용 범위
2. 목적
3. 용어 정의

선행요건관리 / 위생관리

1. 위생관리기순
1) 교차오염 방지

선행요건관리 / 양식OO

개인위생 점검표

HACCP관리 / HACCP 팀구성

1. 조직도

HACCP관리 / 메뉴설명서 및 용도확인

메 뉴 설 명 서

HACCP관리 / 위해요소분석

1. 원칙 1 : 위해요소분석
1) 생물학적
2) 화학적
3) 물리적

1-1. 식재료/공정별 위해평가

HACCP관리 / HACCP 계획

1. 배식공정

HACCP관리 / 문서화, 교육·훈련

그림 8-3 집단급식소 HACCP 시스템 관리 기준서 예시

Hazard Analysis and Critical Control Point

CHAPTER 9

식품위생검사

1. 검체 채취와 취급 방법
2. 위생검사
3. 위생검사 기준규격

학습목표

1. 검체 채취와 취급 방법을 설명할 수 있다.
2. 건조필름을 이용한 위생검사를 이해하고 실행할 수 있다.
3. ATP를 이용한 위생검사를 이해하고 실행할 수 있다.
4. 공중낙하균 검사를 이해하고 실행할 수 있다.
5. 핸드 플레이트를 이용한 위생검사를 이해하고 실행할 수 있다.
6. 로닥 플레이트를 이용한 위생검사를 이해하고 실행할 수 있다.
7. 위생검사 기준규격을 이해하고 설명할 수 있다.

CHAPTER 9

식품위생검사

1. 검체 채취와 취급 방법

1) 검체 채취의 의의

검체 채취는 검사대상으로부터 일부의 검체를 채취하는 것을 의미한다. 채취된 검체의 기준·규격 적합 여부, 오염물질 등에 대한 안전성 검사를 실시하여 그 검사 결과에 따라서 행정조치 등이 이루어지진다. 그러므로 검사대상 선정, 검체 채취·취급·운반·시험검사 등은 효율성을 확보하면서 과학적인 방법으로 수행하여야 한다. 따라서 검체를 채취하여 식품 등 시험·검사기관 또는 축산물 시험·검사기관에 검사 의뢰하는 것은 중요한 의의를 가지며 검체 채취는 취급방법 등에 대한 충분한 지식을 가진 사람이 해야 한다.

2) 용어 정의

- 검체 : 검사대상으로부터 채취된 시료를 말한다.
- 검사대상 : 같은 조건에서 생산·제조·가공·포장되어 그 유형이 같은 식품등으로 검체가 채취되는 하나의 대상을 말한다. 다만, 농·임·축·수산물에 있어서는

같은 품목으로 동시에 생산·도착·운송된 것은 하나의 검사대상으로 볼 수 있다. 내용량 검사가 필요한 경우에는 하나의 검사대상으로 볼 수 없다.

- 벌크Bulk : 최종소비자에게 그대로 유통 판매하도록 포장되지 아니한 검사대상을 말한다.

3) 미생물 검사를 하는 검체의 채취

- 검체를 채취·운송·보관하는 때에는 채취당시에 상태를 유지할 수 있도록 밀폐되는 용기·포장 등을 사용하여야 한다.
- 미생물학적 검사를 위한 검체는 가능한 미생물에 오염되지 않도록 단위포장상태 그대로 수거하도록 하며, 검체를 소분 채취할 경우에는 멸균된 기구·용기 등을 사용하여 무균적으로 행하여야 한다.
- 검체는 부득이한 경우를 제외하고는 정상적인 방법으로 보관·유통 중에 있는 것을 채취해야 한다.
- 검체는 관련정보 및 특별수거계획에 따른 경우와 식품접객업소의 조리식품 등을 제외하고는 완전포장된 것에서 채취하여야 한다.

4) 검체의 채취방법

(1) 미생물검사를 위한 검체의 채취

① 미생물검사를 위한 검체는 가능한 미생물에 오염되지 않도록 단위 포장 상태 그대로 수거하여야 한다.

② 검체를 채취·운송·보관할 때에는 채취 당시의 상태를 유지할 수 있도록 용기·포장 등을 사용하여야 한다.

③ 검체를 소분 채취할 경우에는 멸균된 기구 용기 등을 사용하여 무균적으로 행하여야 한다.

④ 검체는 부득이한 것을 제외하고는 정상적인 방법으로 보관·유통 중에 있는 것을 채취하여야 한다.

⑤ 검체는 관련 정보, 특별 수거계획에 따른 경우와 식품접객업소의 조리식품 등을 제외하고는 완전 포장된 것에서 채취하여야 한다.

5) 검체 채취 기구 및 용기

(1) 미생물검사용 검체 채취기구

멸균백, 멸균병, 일회용 플라스틱 피펫, 멸균 피펫inspirator, 일회용 멸균장갑, 70% 에틸알코올, 멸균 스테인리스 국자, 멸균 스테인리스 집게 등

2. 위생검사

1) 건조필름(페트리필름)을 이용한 검사

(1) 원료 및 제품 검사

① 시료 채취방법

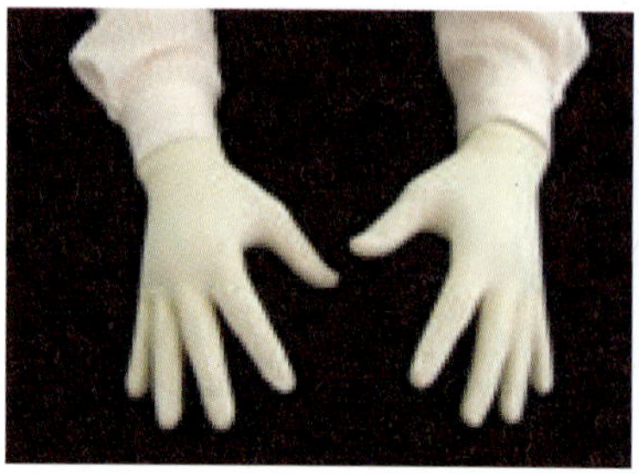

① 멸균 글러브를 착용한다.

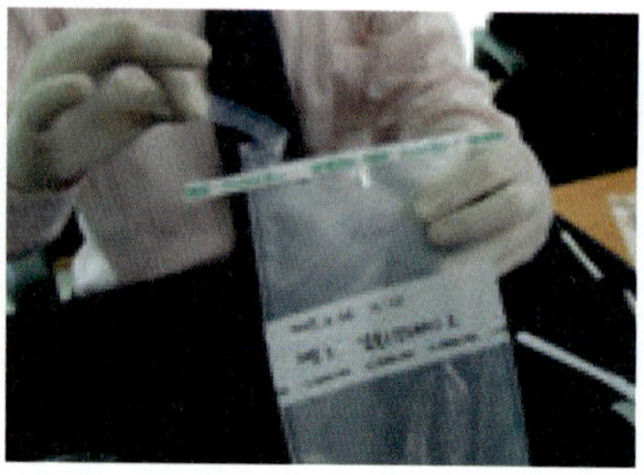

② 샘플 수거백에 레이블을 해놓는다.

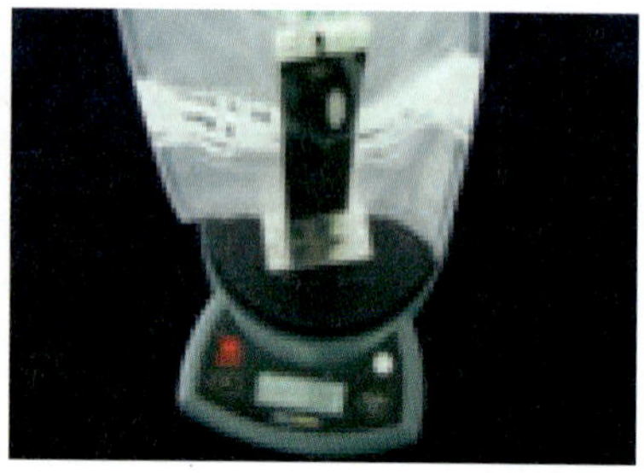

③ 미리 저울에 달아 영점을 잡아놓는다.

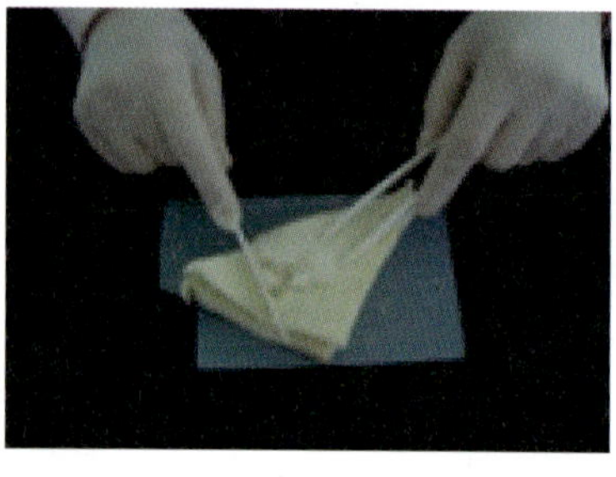

④ 멸균 도마에 식품 샘플을 놓고 일회용 칼과 핀셋을 이용하여 검사 대상을 자른다.

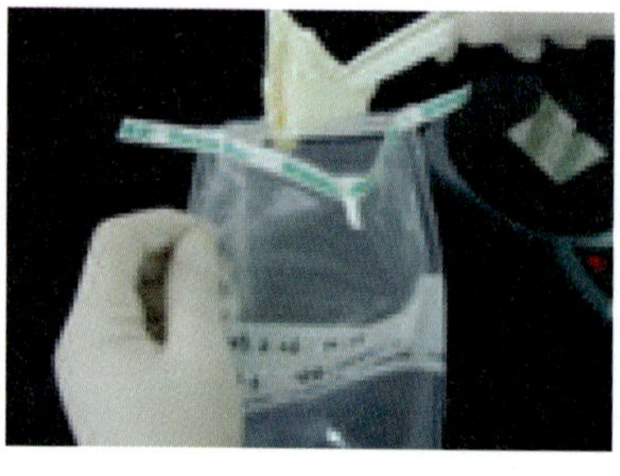

⑤ 검사대상을 준비한 멸균백에 넣는다.

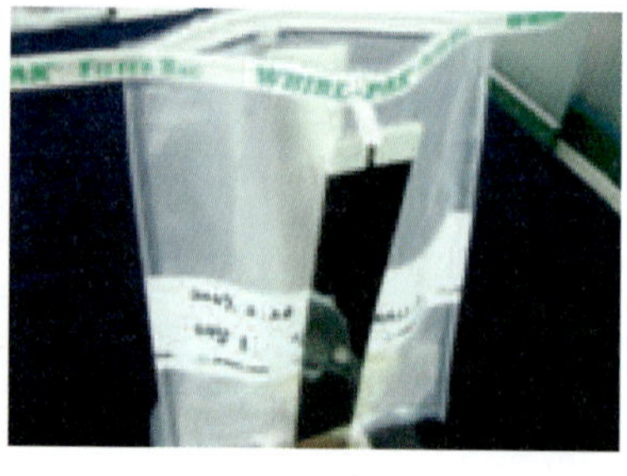

⑥ 시료의 무게를 잰다(약 25 g을 취한다).

그림 9-1 **시료 채취방법**
자료 제공 : (주) 마이크로진

② 시료 전처리 및 희석

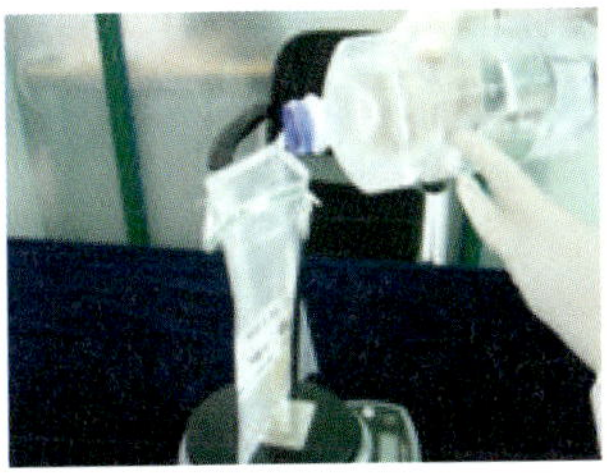

① 시료 무게의 약 10배(225 mL)에 해당하는 멸균 생리식염수를 넣는다(10배).

② 멸균백의 와이어를 이용해 두 번 정도 전처리 stomacher를 이용해 균질화한다.

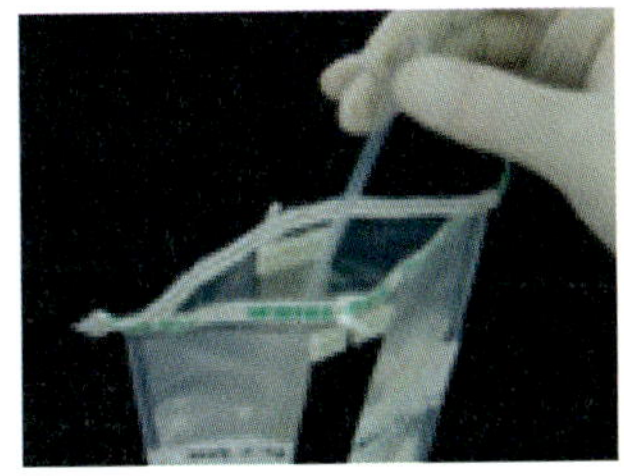

③ 멸균백 스탠드에 옮긴 후 입구를 벌려 멸균 일회용 스포이트를 이용해 1 mL를 취한다.

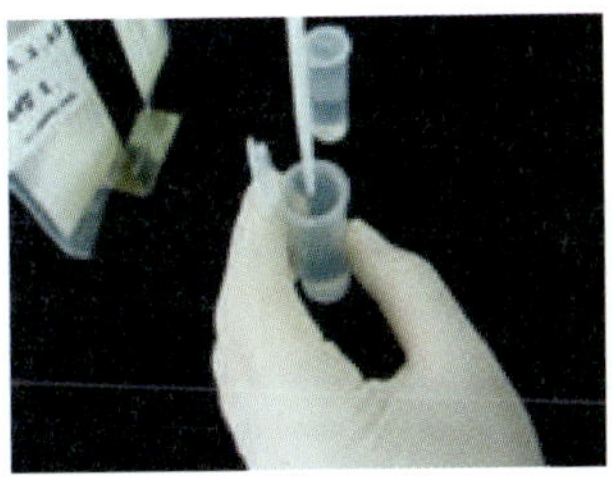

④ 멸균희석액(9 mL)에 1 mL을 옮긴다(100배).

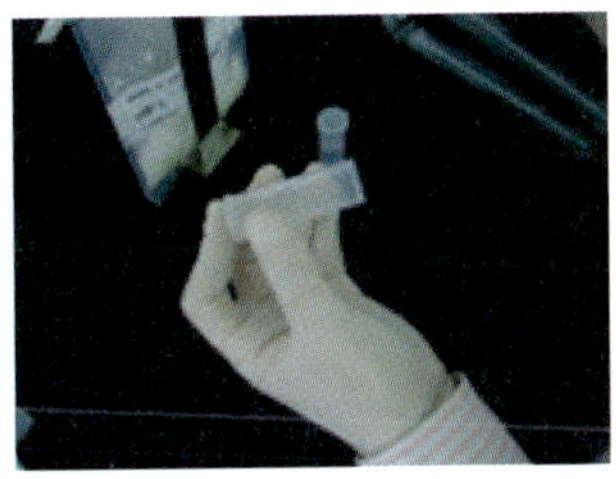

⑤ 진탕 혼합하여 희석한다(vortex mixer 이용).

그림 9-2 **시료 전처리 및 희석**
자료 제공 : (주) 마이크로진

③ 접종 및 배양

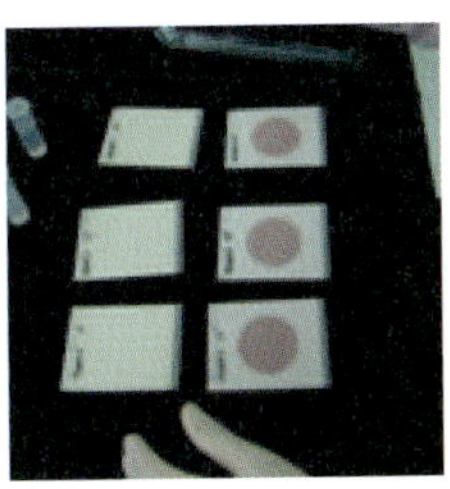

① 페트리필름에 레이블을 한다.

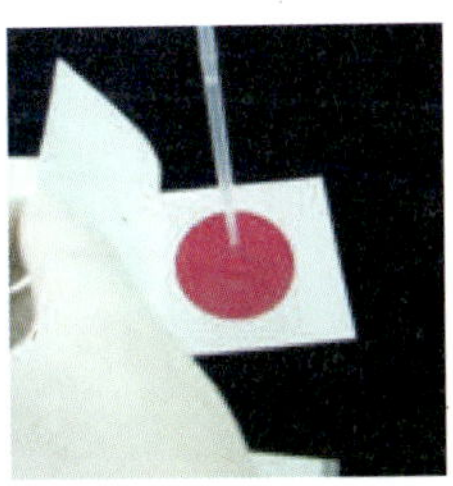

② 멸균희석액에서 1 mL를 멸균 스포이트를 이용하여 페트리필름에 접종한다(e·swab의 경우 1 mL을 바로 떨어뜨린다).

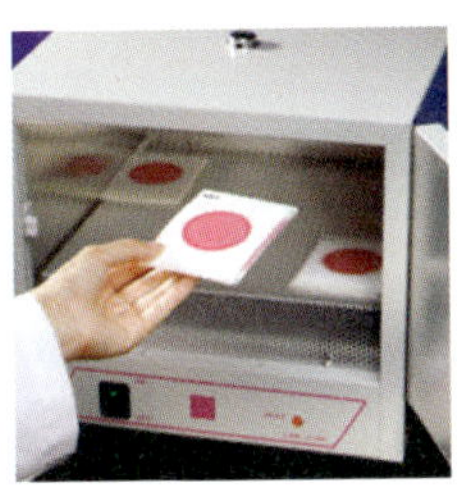

③ 배양기(35℃)에서 배양한다.

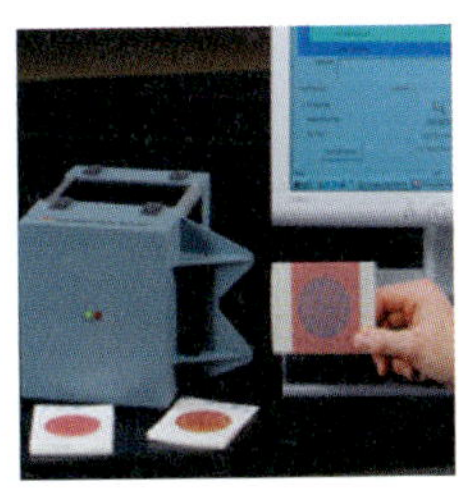

④ 배양된 결과를 판독한다.

그림 9-3 **접종 및 배양**
자료 제공 : (주) 마이크로진, 한국쓰리엠(주) 식품안전사업팀

(2) 낙하균 검사방법

① 페트리필름은 사용하기 최소 1시간 전에 멸균액 1 mL을 미리 분주하고 필름 덮개를 덮어 둔다.

② 페트리필름은 벽에서 30 cm 떨어진 곳, 바닥에서 30 cm 떨어진 위치에서 측정한다.

③ 페트리필름을 15분간 노출시킨다.

④ 일반세균은 35℃에서 24시간, 효모곰팡이는 25℃에서 3~5일 정도 배양한다.

⑤ 일반세균은 colony 수/40 cm^2, 효모곰팡이는 colony 수/60 cm^2로 계산한다.

⑥ 검사 결과는 기록하여 관리한다 표 9-1 참고.

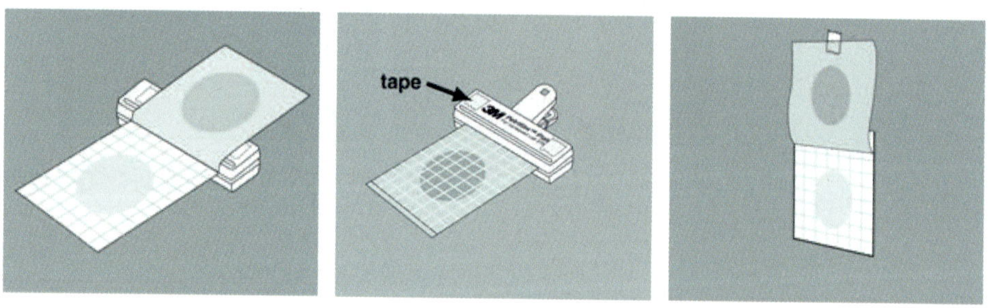

그림 9-4 낙하균 검사방법
자료 제공 : 한국쓰리엠(주) 식품안전사업팀

(3) 검사 결과

① 손 씻는 방법에 따른 검사결과

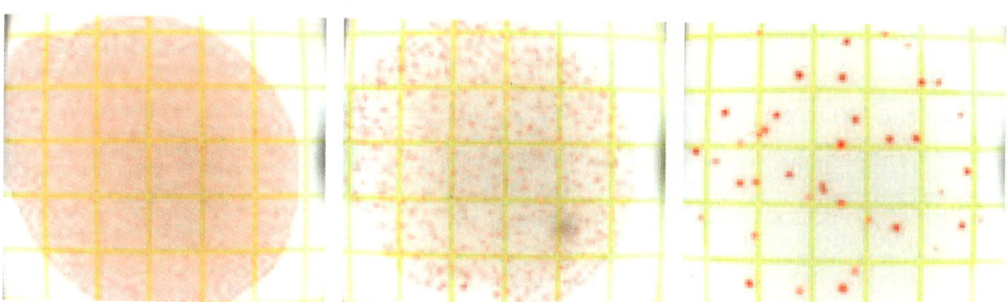

손 씻기 전 | 비누 세척 | 알코올 살균 후

그림 9-5 손 검사 결과
자료 제공 : (주) 마이크로진

표 9-1 공중낙하균 검사 성적서

<table>
<tr><td colspan="3" rowspan="2">공중낙하균 검사 성적서</td><td rowspan="2">결
재</td><td>작성자</td><td>검토자</td><td>승인자</td></tr>
<tr><td></td><td></td><td></td></tr>
<tr><td>구역명</td><td colspan="6"></td></tr>
<tr><td>채취일자</td><td colspan="2">0000. 00. 00</td><td>검사일자</td><td colspan="3">20 . . .</td></tr>
<tr><td rowspan="2">구분 / 위치</td><td colspan="3">검사 성직결과</td><td colspan="3" rowspan="2">판정결과(적합/부적합)</td></tr>
<tr><td>검사항목</td><td>검사기준</td><td>검사결과</td></tr>
<tr><td>조리실</td><td></td><td></td><td></td><td colspan="3"></td></tr>
<tr><td></td><td></td><td></td><td></td><td colspan="3"></td></tr>
<tr><td></td><td></td><td></td><td></td><td colspan="3"></td></tr>
<tr><td></td><td></td><td></td><td></td><td colspan="3"></td></tr>
<tr><td></td><td></td><td></td><td></td><td colspan="3"></td></tr>
<tr><td></td><td></td><td></td><td></td><td colspan="3"></td></tr>
<tr><td></td><td></td><td></td><td></td><td colspan="3"></td></tr>
<tr><td>기타</td><td colspan="6">회사별 작업실에 따라 위치 및 검사항목 설정</td></tr>
<tr><td>종합 판정</td><td colspan="6"></td></tr>
<tr><td colspan="7">위의 분석결과는 당사 품질관리팀에서 시험한 결과임

판 정 일 자 : 20 년 월 일
검사(판정)자 : (인)</td></tr>
<tr><td colspan="2">검체의 채취방법</td><td colspan="5"></td></tr>
<tr><td colspan="2">검사결과의 통지방법</td><td colspan="5"></td></tr>
</table>

② 미생물검사에 의한 검사 결과

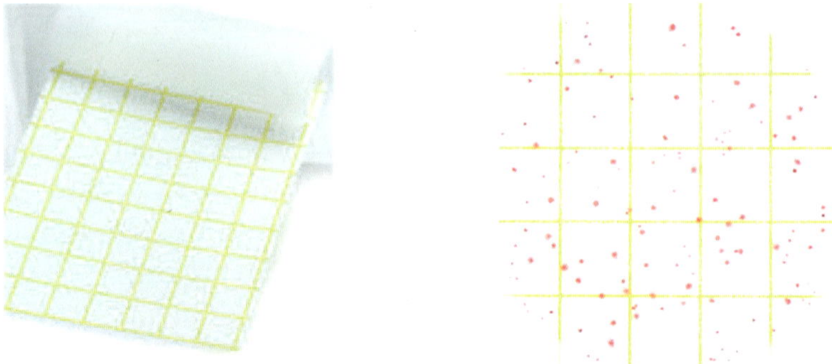

일반세균 결과(Petrifilm Aerobic Count (AC) Plate)

대장균 결과(Petrifilm *E.coli* / Coliform Count (EC) Plate)

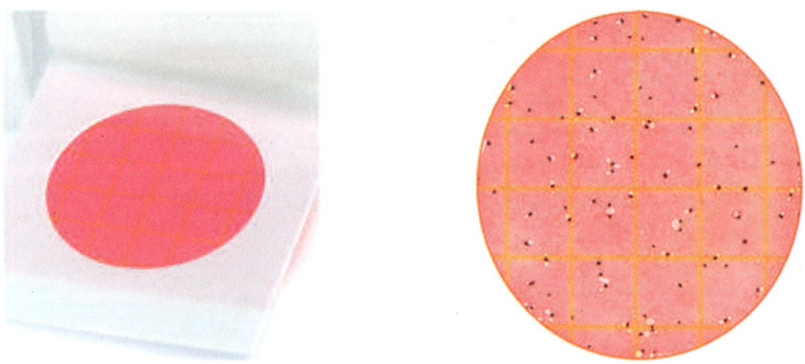

대장균군 결과(Petrifilm Coliform Count (CC) Plate)

그림 9-6 **미생물검사 결과**
자료 제공 : 한국쓰리엠(주) 식품안전사업팀

표 9-2 검사 결과 특징 비교

일반세균 결과	대장균 결과	대장균군 결과
• 붉은색으로 염색됨 • 크기에 관계없이 모두 헤아림 • 세균수가 250개를 넘을 경우 1개의 사각형 안에 있는 세균수를 세어 20을 곱하면 전체균수가 근사치로 계산됨	• 파란색으로 염색됨 • 가스와 방울이 곧바로 붙어서 나타남 • 대장균 : 균+가스	• 붉은색으로 염색됨 • 균에 바로 붙어서 균의 대사산물인 가스가 집적되므로 붉은색으로 염색된 균+가스인 균이 대장균군으로 간주 • 가스방울 없이 붉은색 : 잡균

2) ATP를 이용한 검사방법

(1) ATP 측정법이란

미생물 검사와 육안 검사는 청결상태를 신속하게 측정하고 즉각적인 관리를 실행하는 데 한계가 있는데 ATP는 작업환경의 오염도를 간단하고 빠르게 측정할 수 있다. 사용처는 환경 표면과 수질 등이고, 원리는 검체의 환경 표면이나 수질 등에서 ATP 양을 측정하여 세척 정도와 위생 상태를 확인할 수 있는 간단하고 신속한 방법으로 수치화된 결과를 얻을 수 있다. ATP 테스트는 미생물의 ATP를 측정하여 미생물 수가 아닌 오염도를 수치로 표시되며 단위는 상대광단위Relative light units, RLU로 표시하며 소프트웨어를 함께 사용하면 여러 작업장의 데이터 관리도 가능하다.

(2) 검사방법

ATP 측정은 그림 9-7과 같은 방법으로 한다.

(3) 기구 및 식기 검사방법

① 칼

- 보관 중에 있는 것을 검사한다.
- 칼날부터 먼저 스왑swab한다.
- 손잡이 부분은 하지 않는다.
- 앞·뒷면을 전부 검사한다.

template 100

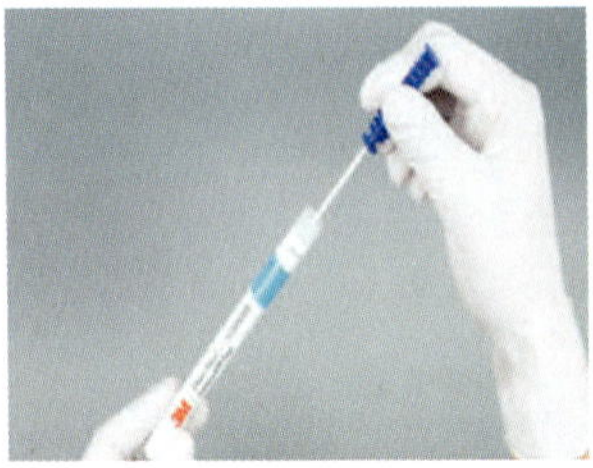

① 스왑을 스왑봉에서 뺀다.

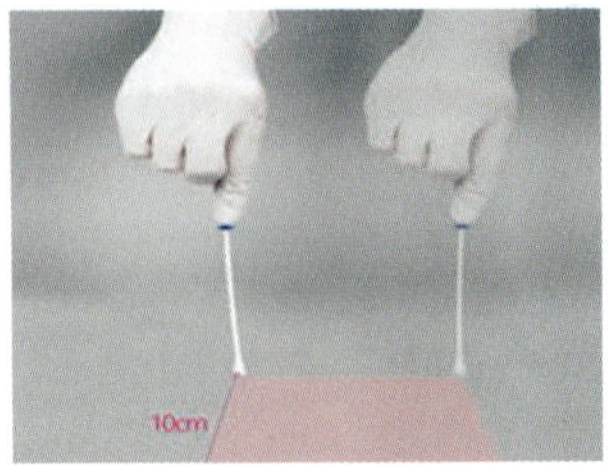

② 10 cm × 10 cm를 설정하여 스왑한다(template 100 사용).

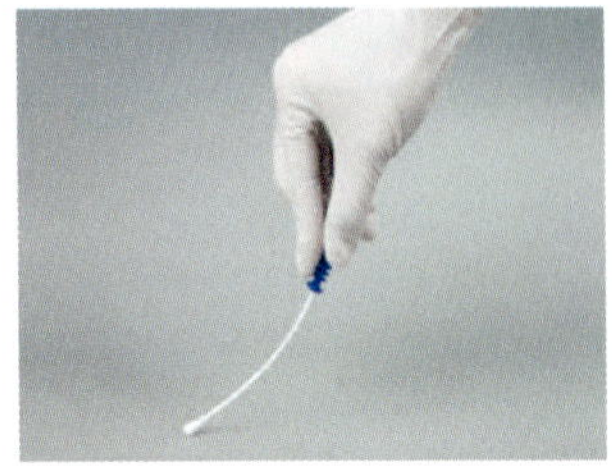

③ 엄지와 검지 사이로 잡고고 돌려가면서 채취한다. 약간의 압력을 느낄 수 있도록 지그시 눌러서 스왑해야 면봉이 표면에 닿는 표면적을 최대화시켜 더 정확한 결과를 얻을 수 있다.
*스왑 끝 부분은 손으로 만지지 말 것

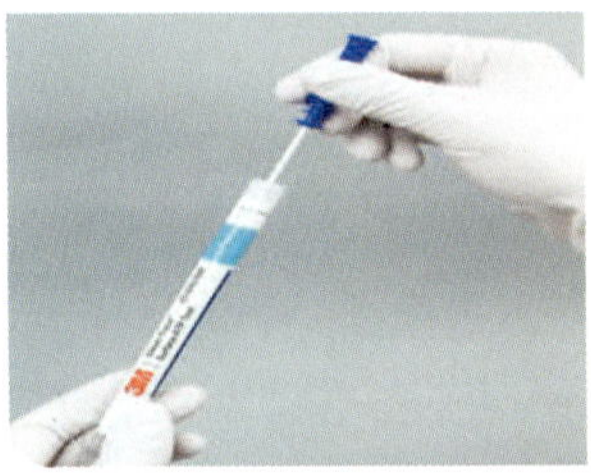

④ 채취가 끝난 스왑은 스왑봉에 삽입한다.

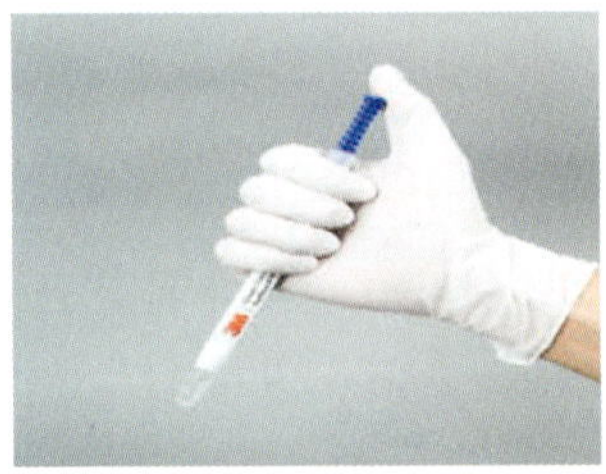

⑤ 스왑 끝을 누를 준비를 한다.
*클릭하기 전에는 4시간까지 보관 가능하지만, 클릭하여 활성화한 다음에는 30초 안에 측정해야 함

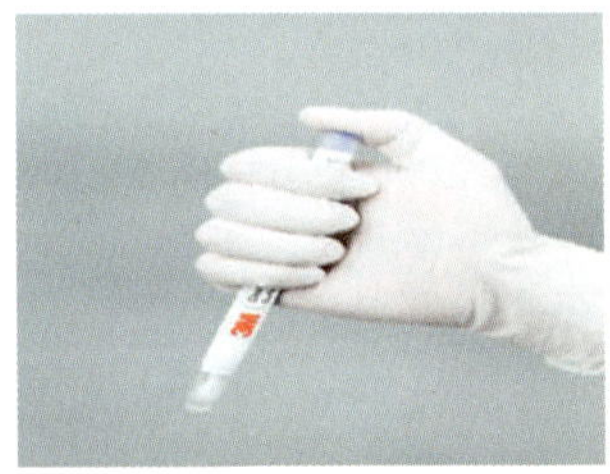

⑥ 손가락으로 면봉이 시약에 섞이도록 끝까지 꾹 눌러준다.

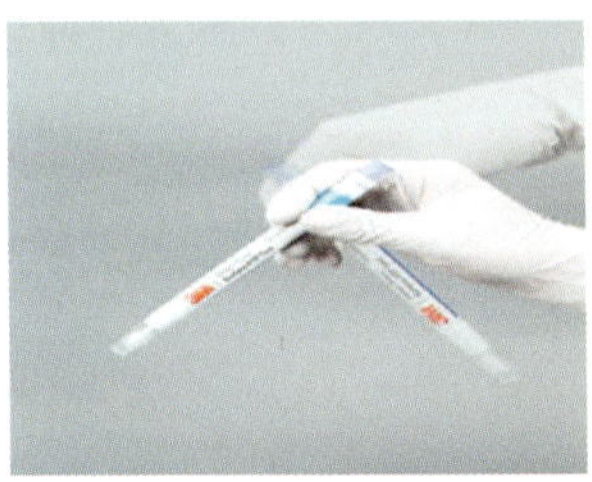

⑦ 클릭한 스왑봉은 약 5초간 좌우로 흔들어 주어 충분히 반응시킨다.

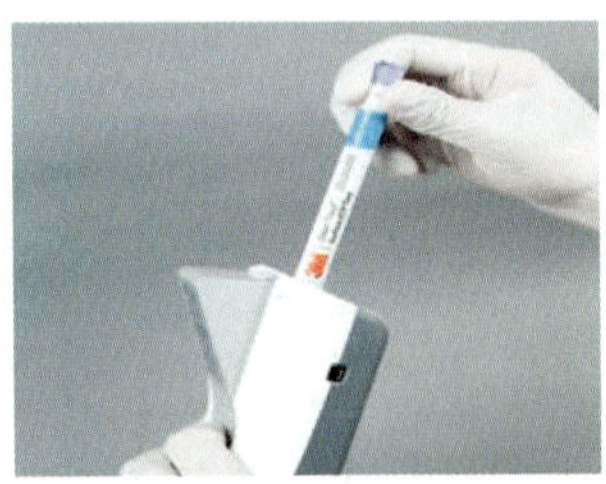

⑧ 채취가 끝난 스왑은 스왑봉에 삽입한다.

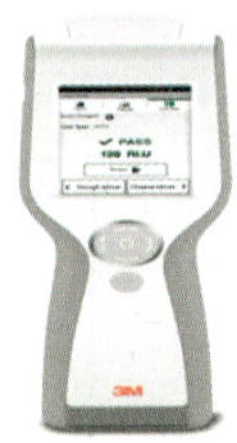

⑨ 측정된 숫자를 확인한다.

그림 9-7 ATP 측정방법

자료 제공 : (주) 마이크로진, 한국쓰리엠(주) 식품안전사업팀

② 도마

- 보관 중에 있는 것을 검사한다.
- 의심나는 곳을 먼저 한다.
- 검사면적은 100 cm^2 정도가 적당하다.

③ 식기

- 보관 중에 있는 것을 검사한다.
- 행주를 마른 표면에 넓게 핀 후 검사한다.

검사방법

스왑법(Swab method)

- 멸균된 면봉을 이용하여 일정면적(100 m^2)을 스왑하여 검사함
- 칼, 도마, 식기, 손 등에 사용함

주스법

- 행주의 일부 또는 전부를 멸균백에 넣고 멸균 생리식염수 10ml를 넣어 충분히 생리식염수를 적신 후 그 액을 시험용액으로 시용함
- 행주, 손 등에 사용함

(4) 손 검사방법

① 손 검사 방법 시 손의 모양

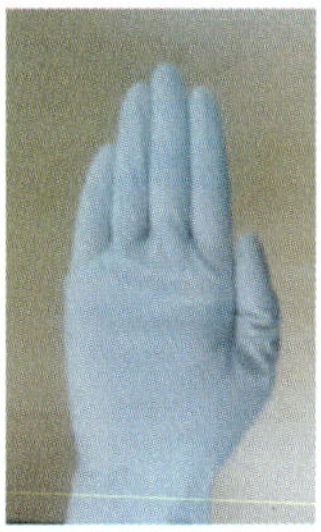

손을 편다.

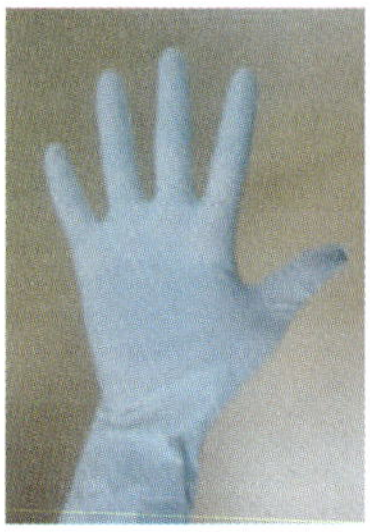

손가락을 벌린다.

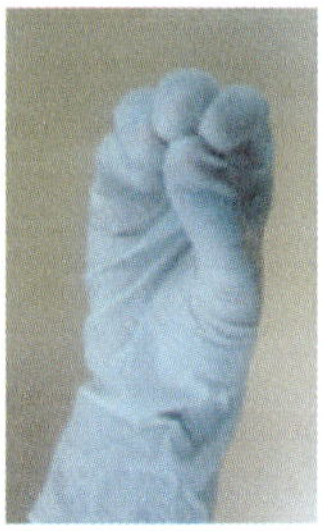

손끝을 모은다.

그림 9-8 손 검사 시 손의 모양
자료제공 : (주) 마이크로진

(5) 검사결과 가이드라인을 만들어 관리한다.

① 평가방법의 예

- Pass : 별다른 조치 없이 사용
- Caution : cleaning 방법 체크
- Fail : Cleaning 방법 체크, 장비 및 설비 교체

표 9-3 검사 결과 가이드라인 예시

Control point	Pass (<)	Fail (>)
스테인리스 조리기구	500	1000
도마	1000	2000
스테인리스 쟁반	500	1000
국자	500	1000
바트	1000	2000
조리 싱크	500	1000
조리 용기	500	1000
냉장고 손잡이	1000	2000
테이블	500	1000

3) 핸드 & 로닥 플레이트를 이용한 검사방법

(1) 핸드 플레이트(hand plate)

① 사용 목적 및 용도

단체급식이나 식품접객업소 종업원의 개인위생 상태 점검을 위해 식중독 발생의 주 원인인 작업자 손에 의한 오염을 파악하여 위생교육의 효율성 증대시킬 수 있다.

② 제품의 특징

- 검출하고자 하는 균종의 선택적 검출과 전체 균종 검출 가능함
- 현장의 작업자들에게 위생에 대한 경각심 높임
- 가장 많이 사용하는 손의 오염도 측정 가능함
- 다른 기구 없이 현장에서 직접 시료 채취 가능함

- 빠른 시료 채취와 결과를 얻을 수 있음
- 전문인력의 인건비를 줄일 수 있어 경제적임

③ 제품의 종류 및 사용방법

- 대장균용*E. coli*, 황색포도상구균*Staphylococcus aureus*
- 크기 16.5×21.0×1.0 cm(±0.5 cm)
- 각 제품별 식품공전에 준한 배지 조성
- 손바닥 및 5개의 손가락 구역으로 나누어져 있어 손가락별 각각의 오염 상태도 확인할 수 있는 형태

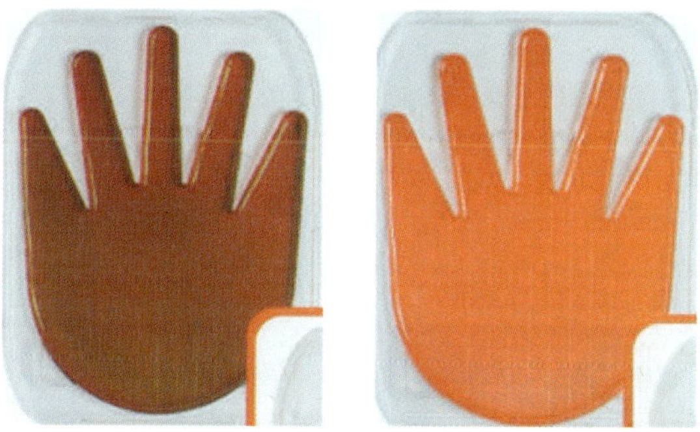

그림 9-9 **대장균용(왼쪽)과 황색포도상구균(오른쪽)의 핸드 플레이트**
자료제공 : (주)비엔에스

(2) 로닥 플레이트(RODAC plate)

① 사용 목적 및 용도

환경(작업대, 기계, 칼, 도마, 시설 등)에 존재하는 오염 미생물 검사를 위해 사용한다.

② 제품의 특징

- 신속, 정확하게 환경 내 오염 여부를 판단 가능함
- 표면에 접촉시키는 stamp 형식으로 간편하게 검사하는 방법임
- 빠른 시료 채취와 결과를 얻을 수 있음
- 고가 장비 없이 검사 가능함

- 전문인력의 인건비를 줄일 수 있어 경제적임

③ 제품의 종류 및 사용방법

- 일반 세균용, 대장균용, 황색포도상구균용, 비브리오용, 살모넬라용, 이질용
- 크기는 지름 5.0 cm×두께 1.5 cm의 구형, 검사 표면적 20 cm^2 이상
- 각 제품별 식품공전에 준한 배지 조성 및 검사 표면적
- 검사목적 및 특정 미생물별 오염 확인 가능

그림 9-10 **로닥 플레이트**
자료제공 : ㈜비엔에스

④ 업종별 제품 적용(안)

업종	개인위생(hand plate)	환경(Rodac plate)
검사대상	접객업소 종사자 손	칼, 도마, 행주, 식기류, 테이블 등
한식	대장균, 포도상구균	대장균, 포도상구균, 이질
양식	대장균, 포도상구균	대장균, 살모넬라
일식	대장균, 포도상구균	대장균, 비브리오, 이질
중식	대장균, 포도상구균	대장균, 포도상구균

⑤ 검사 결과(자료 제공 : (주)비엔에스)

핸드 플레이트

대장균용

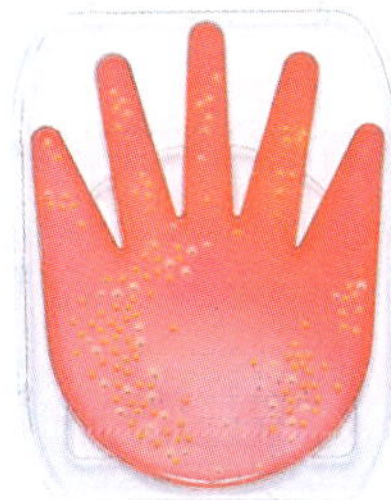

황색포도상구균용

로닥 플레이트

구분	플레이트	결과			
일반 미생물		안전		주의요망	대책 필요
대장균		안전	주의	일반대책 필요	긴급대책 필요
황색포도상구균	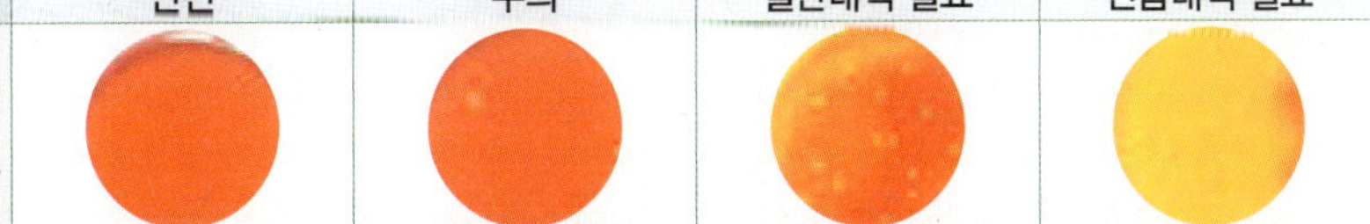	안전	일반대책 필요	긴급대책 필요	
비브리오균	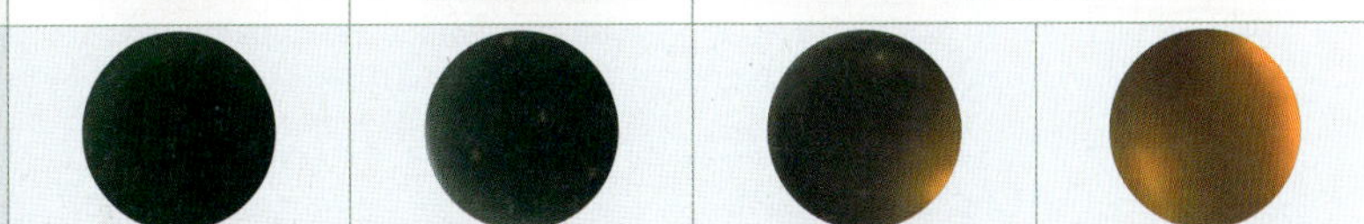	안전	긴급대책 필요		
살모렐라균	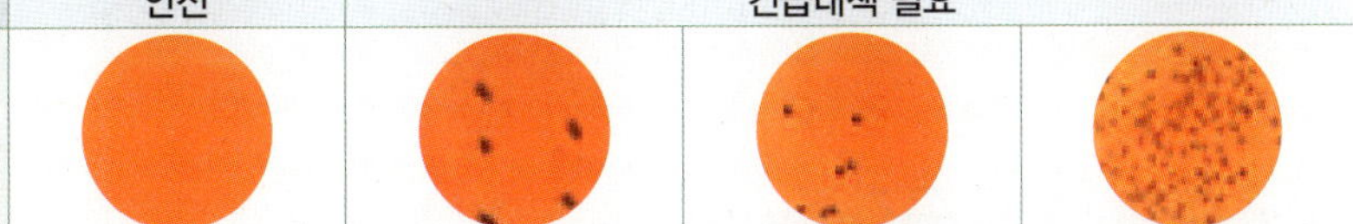	안전	긴급대책 필요		
이질균		안전	긴급대책 필요		

3. 위생검사 기준규격

1) 공중낙하균 기준규격

<table>
<tr><td>검사방법</td><td colspan="5">측정 장소 : 위치도를 참조하여 검사
측정 범위 : 바닥에서 80 cm 높이에서 측정
측정 시간 : 개방 시간 15분</td></tr>
<tr><td rowspan="4">구분</td><td rowspan="2">구분</td><td rowspan="2">작업장명</td><td colspan="3">기준(cfu/plate 이하)(청소 후)</td></tr>
<tr><td>일반세균</td><td>대장균군</td><td>진균</td></tr>
<tr><td>청결구역</td><td>조리구역, 정량 및 배선 구역, 식기 보관구역,</td><td>30</td><td>음성</td><td>10</td></tr>
<tr><td>일반구역</td><td>검수구역, 전처리구역, 식재료 저장구역, 세정구역</td><td>100</td><td>음성</td><td>40</td></tr>
<tr><td>검사주기</td><td>1회/1개월</td><td>기록관리</td><td colspan="3">공중낙하세균 검사 성적서</td></tr>
</table>

2) 표면 오염도 기준규격

<table>
<tr><td>검사방법</td><td colspan="3">조리장 내 사용 중인 조리도구 및 공정설비들을 Swab contact method를 이용하여 측정</td></tr>
<tr><td>항목</td><td>일반세균</td><td colspan="2">대장균군</td></tr>
<tr><td>기준규격</td><td>10^3 cfu/10 cm^2 이하</td><td colspan="2">음성</td></tr>
<tr><td>검사주기</td><td>1회/1개월</td><td>기록관리</td><td>표면오염도 검사성적서</td></tr>
</table>

3) 종업원 위생검사 기준규격

<table>
<tr><td>검사방법</td><td colspan="3">조리장 내 사용 중인 조리도구 및 공정설비들을 Swab contact method를 이용하여 측정</td></tr>
<tr><td>항목</td><td>일반세균</td><td colspan="2">대장균군</td></tr>
<tr><td>기준규격</td><td>10^3 cfu/10 cm^2 이하</td><td colspan="2">음성</td></tr>
<tr><td>검사주기</td><td>1회/1개월</td><td>기록관리</td><td>표면오염도 검사성적서</td></tr>
</table>

4) 용수검사 기준규격

항목	일반세균	총대장균군	대장균·분원성 대장균군	검사주기	기록관리
기준 규격	1 mL 이하	음성/100 mL	음성/100 mL	1회/1개월	용수검사성적서

*총대장균군: 샘물, 먹는샘물, 염지하수, 먹는염지하수 및 먹는 해양심층수 - 250mL

*대장균분원성대장균군: 샘물, 먹는 샘물, 염지하수, 먹는염지하수 및 먹는해양심층수 - 적용하지 않음

표 9-4 표면오염도 검사 성적서

<table>
<tr><td colspan="3" rowspan="2">표면오염도 검사 성적서</td><td rowspan="2">결재</td><td>작성자</td><td>검토자</td><td>승인자</td></tr>
<tr><td></td><td></td><td></td></tr>
<tr><td>구역명</td><td colspan="6">청결구역, 일반구역</td></tr>
<tr><td>채취일자</td><td colspan="2">0000. 00. 00</td><td>검사일자</td><td colspan="3">20 . . .</td></tr>
<tr><td rowspan="3">구분
위치</td><td colspan="4">검사 성적결과</td><td colspan="2" rowspan="3">판정결과(적합/부적합)</td></tr>
<tr><td rowspan="2">검사항목</td><td rowspan="2">검사기준</td><td colspan="2">검사결과</td></tr>
<tr><td>세척 전</td><td>세척 후</td></tr>
<tr><td rowspan="2">조리실</td><td></td><td></td><td colspan="2"></td><td colspan="2"></td></tr>
<tr><td></td><td></td><td colspan="2"></td><td colspan="2"></td></tr>
<tr><td rowspan="2"></td><td></td><td></td><td colspan="2"></td><td colspan="2"></td></tr>
<tr><td></td><td></td><td colspan="2"></td><td colspan="2"></td></tr>
<tr><td></td><td></td><td></td><td colspan="2"></td><td colspan="2"></td></tr>
<tr><td></td><td></td><td></td><td colspan="2"></td><td colspan="2"></td></tr>
<tr><td>기타</td><td colspan="6">회사별 작업실에 따라 위치 및 검사항목 설정</td></tr>
<tr><td>종합 판정</td><td colspan="6"></td></tr>
<tr><td colspan="7">위의 분석결과는 당사 품질관리팀에서 시험한 결과임

판 정 일 자 : 20 년 월 일
검사(판정)자 : (인)</td></tr>
<tr><td colspan="2">검체의 채취방법</td><td colspan="5"></td></tr>
<tr><td colspan="2">검사결과의 통지방법</td><td colspan="5"></td></tr>
</table>

Hazard Analysis and
Critical Control Point

CHAPTER 10

학교급식 HACCP 시스템

1. 학교급식 HACCP 발전 현황
2. 학교급식소 HACCP제도 수립방법

학습목표

1. 학교급식의 HACCP의 현황 및 적용을 알아봄으로써 학교급식의 위생관리 시스템을 이해할 수 있다.
2. 학교급식의 HACCP을 통하여 사전요소를 분석함으로써 위해요소를 사전에 예방하여 위생 안전성을 확보하는 방안에 대해 알 수 있다.
3. 학교급식 시 수행되는 업무(식료의 검수~세척, 정리정돈)를 이해하고, 중요관리점(CCP)을 관리 · 기록함으로써 급식위생 관리 체계 및 방법에 대해 알 수 있다.

CHAPTER 10

학교급식 HACCP 시스템

1. 학교급식 HACCP 발전 현황

학교급식법은 1981년 1월 법률 제 3356호에 의거하여 "학교급식법"이 제정되었으며, 1996년 12월에 개정된 학교급식법에 의해 외부 위탁급식이 전면 허용되어 조리시설을 갖추지 못한 학교의 경우 외부에서 조리 운반하여 급식하거나 위탁경영할 수 있게 되었고, 1999년에 "학교급식에 HACCP제도 도입 및 위생관리시스템 구축"에 관한 특별정책연구를 실시하여 2000년 12월 교육부에서는 학교급식 위생관리 지침서'를 제정하여 HACCP제도 수행을 위한 구체적 지침과 학교 조리장 현장에서 위생관리를 위해서 해야 할 일들과 해서는 안 되는 일들을 구체적으로 알고 수행할 수 있도록 하였다.

2. 학교급식소 HACCP제도 수립 방법

특정 급식소에서 HACCP제도를 수립하고 운영하기 위해서는 HACCP팀을 구성하여 9절차에 의거하여 HACCP제도를 만든 다음 HACCP 시스템을 운영해야 한다. 다만 학교에서는 교육부에서 발간한 「학교급식 위생관리 지침서」의 학교급식소 HACCP 제도 절차에 따라 수행하면 된다.

단계	내용
팀 구성	HACCP팀 구성
절차 1	선행요건 개발
절차 2	조리공정 분류
절차 3	위해요소분석
절차 4	CCP와 한계기준 설정
절차 5	감시 절차 수립
절차 6	개선조치 방법 설정
절차 7	검증수행
절차 8	기록유지
절차 9	주기적인 감사 실시

그림 10-1 **학교급식소 HACCP 수립의 9절차**
출처 : US FDA, 2006

1) HACCP팀 구성

성공적인 HACCP 시스템 도입을 위해서는 최고경영자가 HACCP제도의 개념과 중요성을 분명히 인식하고 적극적으로 지원하는 것이 무엇보다 중요하다. 이러한 관점에서 HACCP제도 실무관리는 영양(교)사가 담당하더라도 HACCP 팀장은 학교장 또는 급식관련 총괄책임자가 맡고, 급식소 운영 중 식품안전에 관계되는 식재료 구매, 검수, 조리, 배송 등을 담당하는 핵심 인원들이 HACCP 팀원으로 참여하여야 한다.

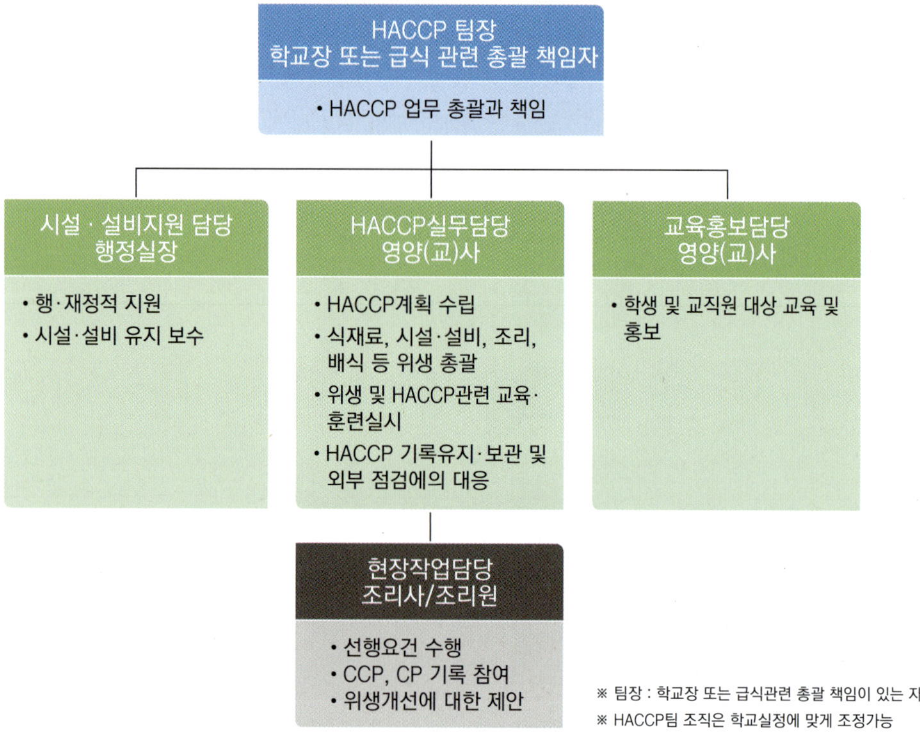

그림 10-2 **HACCP 팀 조직도 (팀 구성 및 담당 업무)**

팀원 결원 시 업무 수행

- HACCP 실무자인 영양(교)사의 부재 시는 조리사에게 업무를 대행하게 할 수 있으며, 조리사 부재 시는 조리종사자 중에서 지정하여 업무를 대행하게 할 수 있다.
- 인수·인계 내용
  - 담당직무(조리, 위생관리 담당업무, 시설안전관리)
  - CCP 기록 및 확인에 대한 사항
  - 인계시점의 미결업무

2) 선행요건 개발(절차 1)

선행요건이란, 급식소에서 안전하고 위생적인 음식의 생산을 위해 식재료 및 조리공정 과정에서 생물학적·화학적·물리적 위해요소에 의한 식품의 오염을 방지하고, 온도

관리를 통해 세균의 번식을 막으며, 기기·기구의 위생적인 관리가 선행되어야 하는 것을 말한다. 안전한 학교급식 관리를 위해서는 선행요건 관리가 매우 중요하며, 선행요건들이 잘 수행되고 있는지 모니터링 활동을 실시해야 한다.

표 10-1 선행요건의 구분

식품 오염 방지를 위한 선행요건	개인위생관리를 위한 선행요건	설비·기구 관리를 위한 선행요건
• 기구나 도구를 식재료와 조리된 식품 구분 사용 또는 소독 후 사용 • 조리된 식품 오염 방지 • 해충관리 • 세제와 같은 독성물질은 표시한 후 음식이 보관되지 않은 장소에 보관 • 조리장 청결관리 • 조리용수 관리 • 종사원이 사용하는 화장실 관리	• 질병 유증상자 조리작업에서 배제(건강검진, 긴강문진표 작성, 일일건강 확인) • 올바른 손 세척 • 조리장 내 음식 섭취 및 흡연 금지	• 식품 접촉기구 소독관리 • 주기적인 온도계 검·교정 • 세척기의 유지관리

표 10-2 학교급식의 일반 HACCP 계획(Generic HACCP Plan)

공정	위해 요소	한계기준(관리기준)	모니터링 방법				개선조치
			대상	방법	빈도	작성자/확인자	
식난 검도	미생물의 생손 및 증식	• 학교급식으로 제공하기 부적절한 식단 배제 • 공정별 CCP 확인	식단	식단 검토	식단 작성, 변경 시	영양(교)사	• 식단 변경 • 조리법 변경
CCP1. 검수	미생물 증식	• 냉장식품, 전처리된 농산물 10℃ 이하, 생선 및 육류 5℃ 이하, 냉동식품은 냉동상태 유지 • 품질은 학교급식 식재료의 품질관리기준 준수	식재료	온도 측정 관능검사	검수 시	검수자	• 반품 및 교환 • 식재료 부적합 확인서 발급
CCP2A. 식품 취급 및 조리 과정 (장소 구분이 될 경우)	교차오염	• 장소 구분(전처리실, 조리실) • 도구 구분	구분 여부	육안 관찰	해당 공정 시	영양(교)사/조리사/조리원	• 장소 변경 • 도구 변경 • 재가열 혹은 폐기
	미생물 생존	• 식품 중심온도 75℃(패류 85℃) 1분 이상	가열조리 식품	온도 측정	식품 가열 조리 시	영양(교)사/조리사/조리원	• 계속 가열
		• 소독제 유효염소농도 100~130 ppm 5분 침지 혹은 동등한 효과를 가진 살균소독제의 용량 용법 준수	채소·과일	소독제 희석농도 확인(Test paper, 농도 측정기)	생으로 제공하는 채소 및 과일 소독 시	영양(교)사/조리사/조리원	• 소독제 희석농도 조정

(계속)

공정	위해요소	한계기준(관리기준)	모니터링 방법				개선조치
			대상	방법	빈도	작성자/확인자	
CCP2B. 식품취급 및 조리 (장소 구분이 안 될 경우)	교차오염	• 전처리와 조리 사이에 작업대 세척·소독 • 도구 구분	세척·소독 및 도구 구분 여부	육안 관찰	해당 공정 시	영양(교)사/ 조리사/ 조리원	• 작업대 세척·소독 • 도구 변경 • 재가열 혹은 폐기
	미생물 생존	• 식품 중심온도 75℃(패류 85℃) 1분 이상	가열조리 식품	온도 측정	식품 가열 조리 시	영양(교)사/ 조리사/ 조리원	• 계속 가열
		• 소독제 유효염소농도 100~130 ppm 5분 침지 혹은 동등한 효과를 가진 살균소독제의 용량 용법 준수	채소·과일	소독제 희석농도 확인(Test paper, 농도 측정기)	생으로 제공하는 채소 및 과일 소독 시	영양(교)사/ 조리사/ 조리원	• 소독제 희석농도 조정
CCP3A. 조리완료 및 배식 (단독조리: 식당배식)	미생물 증식과 오염	• 열장음식 57℃ 이상 유지, 혹은 2시간 이내 배식 • 혼합음식은 배식 직전에 혼합	열장음식	온도 측정 시간 확인	배식 완료 시	조리사/ 조리원	• 오븐 또는 열장 설비 확보 • 음식 재가열 혹은 폐기
CCP 3B. 조리완료 및 배식 (단독조리: 교실배식)	미생물 증식과 오염	• 조리 후 2시간 내 배식 완료	열장음식	시간 확인	배식 완료 시	조리사/ 조리원	• 공정관리 • 음식교체 • 식당 공간 확보
CCP3C. 조리완료 및 배식 (공동조리)	미생물 증식과 오염	• 열장음식 57℃ 이상 유지 • 운반과 배식 시 오염 방지	열장음식	온도 확인 시간 측정 육안 관찰	운반 급식 시	조리사/ 조리원(비조리교 담당자)	• 상차 시 온도 조정 • 운반용기 개선
CP1. 냉장·냉동고 온도관리	미생물 증식과 오염	• 냉장고(실) : 5℃ 이하 • 냉동고(실) : -18℃ 이하	냉장·냉동고(실)	온도 확인	2~3회	조리사/ 조리원	• 온도 보정 • 고장 시 수리 • 식품 이동 혹은 폐기
CP2A. 식품 접촉 표면 세척 및 소독 (세척기로 소독 안 되는 학교)	미생물 생존	• 식판 표면 71℃ 이상 • 소독 시 소독제 용법·용량 준수 • 식판 및 기구·기물류 표면에 세제 불검출	식기소독고/ 소독제/ 식판 및 기구·기물류	온도 확인 소독제 및 잔류세제 농도 확인	세척·소독 시	세척 당자	• 식기소독고 온도 및 시간 조정 • 소독제 농도 조정 및 재세척
CP2B. (세척기로 소독되는 학교)	미생물 생존	• 식판 표면 71℃ 이상 • 소독 시 소독제 용법·용량 준수 • 식판 및 기구·기물류 표면에 세제 불검출	세척기/ 소독제/ 식판 및 기구·기물류	온도 확인 소독제 및 잔류세제 농도 확인	세척·소독 시	세척담당자	• 세척기 A/S(온도 보정) • 소독제 농도 조정 및 재세척
CP2C. (세척기 없는 학교)	미생물 생존	• 식판 표면 71℃ 이상 • 소독 시 소독제 용법·용량 준수 • 식판 및 기구·기물류 표면에 세제 불검출	식기소독고/ 소독제/ 식판 및 기구·기물류	온도 확인 소독제 및 잔류세제 농도 확인	세척·소독 시	세척담당자	• 식기소독고 온도 및 시간 조정 • 소독제 농도 조정 및 재세척

※ 모니터링 작성자/확인자는 학교에서 지정·운영

출처 : 교육부, 학교급식 위생관리 지침서(제5차 개정판), 2021

3) 조리공정 분류(절차 2)

우리나라의 학교급식에서는 모든 음식을 당일 조리 제공하므로 국내 급식체계에 맞게 비가열 조리공정, 가열조리 후 처리 공정, 가열 조리 공정이 있는 음식으로 분류하여 적용한다.

구분	내용	
I 비가열 조리공정	가열공정이 전혀 없는 조리공정 (예 : 무침, 겉절이, 냉채, 샐러드, 과일 등)	
II 가열조리 후 처리공정	식재료를 가열 조리한 후 수작업을 거치는 가열조리 공정, 가열 조리 후 냉각과정 거치는 공정 (예 : 볶음밥, 비빔밥, 잡채, 나물 등)	
III 가열조리 공정	가열조리 후 바로 배식하는 조리공정 (예 : 국, 찌개, 탕, 찜, 볶음, 조림, 튀김, 전 등)	

그림 10-3 **조리공정 분류**

구역	단계	식단명 : 생채무침(예시)	
	식단 검토	무	파, 마늘, 고춧가루, 참기름
일반작업구역	구매 및 검수	1. 무는 신선한 상태의 것을 구매하고, 검수일자에 따라 검수한다.	1. 파, 마늘, 고춧가루는 신선한 상태의 것을 구매하고, 검수일지에 따라 검수한다.
일반작업구역	전처리(세척, 소독)	2. 무의 가식부분을 선별하고, 흐르는 물로 세척 후 소독하고 헹군다.	2. 파, 마늘을 흐르는 물로 세척 후 소독하고 헹군다.
청결구역	조리(소독 후 절단)	3. 무를 알맞은 크기로 썬다.	3. 파는 썰고, 마늘은 다진다.
청결구역	조리(혼합)	4. 썰어둔 무와 양념을 넣고 버무린다.	
	배식	5. 배선 · 운반하여 급식한다.	

그림 10-4 **조리 공정 I (비가열조리 공정)**
출처 : 교육부, 학교급식 위생관리 지침서(제5차 개정판), 2021

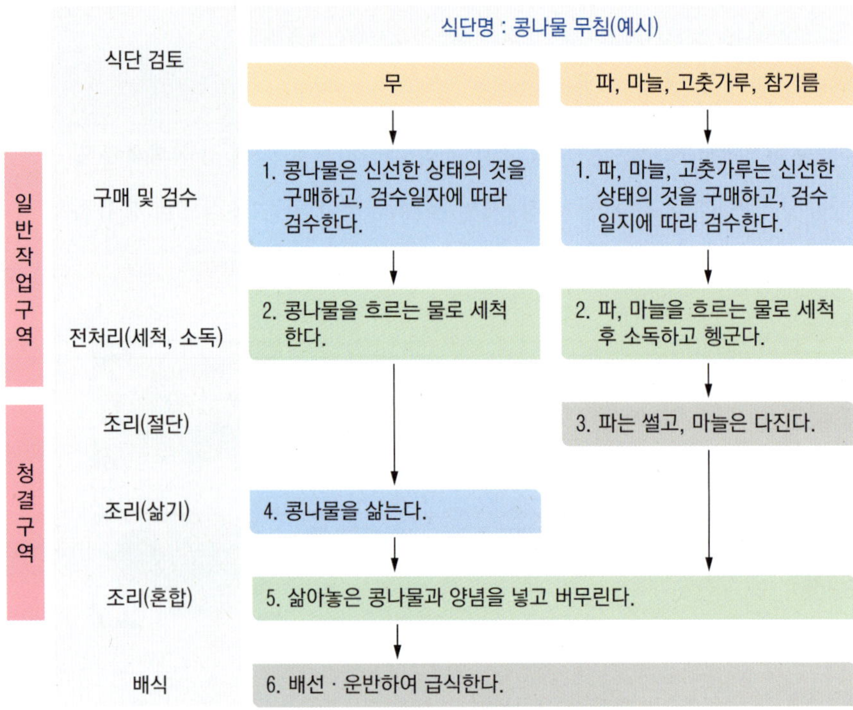

그림 10-5 **조리 공정II(가열조리 후 처리 공정)**
출처 : 교육부, 학교급식 위생관리 지침서(제5차 개정판), 2021

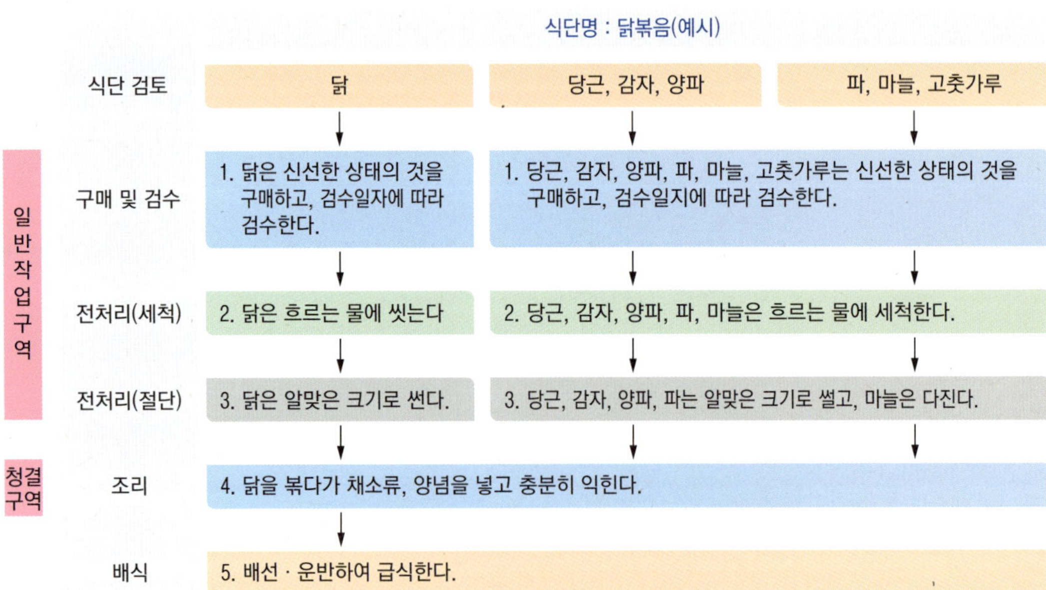

그림 10-6 **조리 공정III(가열조리 공정)**
출처 : 교육부, 학교급식 위생관리 지침서(제5차 개정판), 2021

4) 위해요소분석(절차 3)

학교급식에 사용하는 식재료 및 조리공정에는 생물학적·화학적·물리적 위해요소가 잠재해 있으나, 발생빈도가 높으며 관리가 가능한 생물학적 위해요소를 중심으로 분석하고 공통적으로 파악되는 과정을 살펴보면 다음과 같다 표 10-3.

표 10-3 위해요소의 분류

식품 속에서 바람직하지 못한 미생물이 생존할 수 있는 경우	• 영양세포를 죽일 수 없는 낮은 조리온도 • 부적합한 소독제 희석농도
교차오염을 일으킬 수 있는 경우	• 생식품 취급 후 오염된 손으로 조리된 식품 취급 • 청결구역과 일반구역의 구획 구분이 안 된 경우 • 칼, 도마 등의 구분사용이 안되는 경우 • 부적절한 손세척(생식품 취급 후 손 세척을 하지 않고 조리식품 취급)
바람직하지 않은 미생물이 증식할 수 있는 경우	• 저온 저장온도가 부적합하여 미생물 증식이 가능할 때 • 조리 후 부적절한 냉각에 의한 생존 미생물이나 오염 미생물의 증식 • 부적절한 해동으로 장시간 식품이 위험온도 범위에 노출 • 부적절한 열장 또는 부적절한 재가열 • 냉장식품을 높은 실온에서 장시간 취급하여 식품 온도 상승

출처 : 교육부, 학교급식 위생관리 지침서(제5차 개정판), 2021

5) CCP와 한계기준 설정(절차 4)

CCP(중요관리점)란, 파악한 위해요소를 식품 조리과정 중에 제거·방지 또는 안전한 수준 이하로 감소시킬 수 있는 단계·처리·공정을 말한다. 즉 중요 관리가 잘못되었을 때 음식의 안전성에 상당한 영향을 미친다. 학교급식 HACCP 시스템 일반모델 개발을 통하여 제시된 CCP는 다음과 같다 표 10-4.

표 10-4 CCP 분석에 따른 한계기준

구분	내용	한계기준
CCP1	검수	• 냉장식품 10℃ 이하, 냉동식품은 녹았던 흔적 없이 얼어 있어야 함
CCP2	식품취급 및 조리	• 유효염소농도 100~130ppm, 5분 침지 혹은 동등한 효과를 가진 살균·소독제의 용법 준수 • 전처리·조리 장소 및 시간 구분 • 식품 중심온도 75℃(패류 85℃) 1분 이상 가열조리
CCP3	조리완료 및 배식	열장음식 57℃ 이상 유지, 열장 불가 시 조리 후 2시간 내 배식 완료, 배식 시 오염방지

(1) 식단 검토

- 식단작성 후 식단을 검토하여 급식으로 제공하기 부적절한 식단을 파악하여 배제
- 제공되는 식단의 공정을 파악하여 관리해야 할 CCP를 확인

표 10-5 공정별기록관리해야 할 CCP의 항목

공정	비가열 조리	가열조리 후 처리	가열조리
내용	가열공정이 전혀 없는 조리공정	식재료를 가열조리 후 처리 조리공정, 가열조리 후 냉장 과정을 거치는 공정	가열조리 후 바로 배식하는 조리공정
예시	무침, 겉절이, 냉채, 샐러드, 과일 등	볶음밥, 비빔밥, 잡채, 나물 등	국, 찌개, 탕, 찜, 볶음, 조리, 튀김, 전 등
공정별 기록해야 할 CCP	검수, 소독, 배식	검수, 가열조리 없이 혼합되는 식재료 소독, 배식	검수, 가열, 배식

- 관리방안
  - 식단 작성 후 급식으로 제공하기 어려운 부적절한 식단이 없음을 확인
  - 밥, 국, 김치, 과일, 후식용 가공완제품은 검토 대상에서 제외
    (단, 볶음밥과 비빔밥처럼 조리 후 공정이 있는 경우는 검토 대상에 포함)
  - 한 음식(메뉴)을 두 가지 이상의 음식으로 조리하여 제공하는 경우 각각 기록
    (예 : 비빔밥은 생채, 숙채로, 탕수육은 돈육 튀김, 탕수 소스로 나누어 기록)
- 식단검토는 월단위로 한 번에 작성해도 되나 늦어도 발주 전에 작성할 것을 권장

학교급식으로 제공하기 부적절한 식단

- 가열 조리되지 않은 생동물성 식품이 들어간 모든 음식(예 : 굴무생채, 회덮밥, 젓갈비빔밥 등)
- 자연독을 함유한 식재료로 만든 음식(예 : 원추리나물 등)
- 생산과정에서 미생물 오염과 증식이 많은 식품을 넣은 음식(예 : 새싹비빔밥, 생해조류무침 등)
  ※ 가열 등의 공정을 통해 병원성미생물이나 자연독이 제거된 경우는 제공 가능
- 조리시간이나 노동력이 과도하게 소요되어 타 음식의 공정관리에 어려움을 주는 식단 중복 제공 자제(예 : 튀김, 전 등)

[기록지 1] **식단검토**

급식일자 : 202 . . . (요일)(중·석)식
작 성 자 :

식단명	닭튀김		오징어 미나리초무침		사과							
1. 익히지 않은 동물성 식품이나 자연독을 함유한 식단인가?	예	아니오	예	아니오	예	아니오	예	아니오	예	아니오	예	아니오
	'예'라고 응답한 식단 **변경**											
2. 가열조리 없이 생으로 제공하는 식단인가? 또는 가열조리 후 생식재료와 혼합하는 식단인가?	예	아니오	예	아니오	예	아니오	예	아니오	예	아니오	예	아니오
	'예'라고 응답한 식단 CCP2(식품취급 및 조리) 소독관리											
3. 가열조리과정이 있는 식단인가?	예	아니오	예	아니오	예	아니오	예	아니오	예	아니오	예	아니오
	'예'라고 응답한 식단 CCP2(식품취급 및 조리) 가열온도 관리											
4. 모든 식단은 CCP1(검수)와 CCP3(조리완료 및 배식) 작성												

확인자 시명 :
확인일자 : 202 . . . (요일)

출처 : 교육부, 학교급식 위생관리 지침서(제5차 개정판), 2021

(2) 검수(CCP 1)

- 검수는 생물학적·화학적·물리적 위해요소의 혼합여부와 냉장·냉동 상태로 납품되는 식재료 온도를 확인하여 사용되는 식재료의 안전성을 확보하기 위한 목적으로 수행
- 검수 시 학교의 구매의뢰에 따라 식재료 납품업체가 공급하는 식재료에 대하여 식품의 원산지, 포장상태, 식품온도, 유통기한이 표시되지 않은 제품은 제조일자, 산란일자, 품질상태, 규격(등급) 등이 학교의 요구기준에 부합되는지를 확인해야 한다. 선 납품, 후 검수는 식재료의 위생 및 안전에 중대한 영향을 미칠 수 있으므로 납품 시에 영양교사·영양사 등 학교관계자가 입회하여 복수 대면 검수를 하도록 한다.

검수 시 유의사항

- 식재료를 검수대 위에 올려놓고 검수하며, 맨바닥에 놓지 않도록 한다. ☞ 검수대의 조도는 540 Lux 이상을 유지할 것
- 식재료 운송차량의 청결 상태 및 온도 유지 여부를 확인·기록한다. ☞ 월 1회 이상 운송차량 내부의 청결 상태 확인
- 제품에 표시된 보관조건을 확인하여 조건에 맞게 상온, 냉장, 냉동 운송해야 한다.
- 검수 시 냉장·냉동 식품 등 온도측정 기록
  - 냉장식품, 전처리된 농산물 : 10℃ 이하 유지
  - 생선 및 육류 : 5℃ 이하 유지
  - 냉동식품 : -18℃ 이하 유지
- 온도계 사용법 및 관리(표면 온도계 사용 숙지 및 기기의 주기적 검·교정 필요)
- 소고기, 돼지고기 등에 대한 축산물 등급 판정 확인서 원본을 제출받아 축산물품질평가원(http://www.ekape.or.kr) '축산물유통정보서비스' 조회를 통해 진위 여부를 확인한다.
- 생패류의 경우 죽은 것, 진흙이 묻거나 껍질이 깨진 것이 없어야 한다(온도 측정 불필요).
- 탈각패류는 10℃ 이하로 냉장되어야 한다.
- 검수가 끝난 식재료는 곧바로 전처리 과정을 거치도록 하되, 곧바로 전처리 과정을 거치지 않는 식재료 중 온도관리를 요하는 것은 전처리하기 전까지 냉장·냉동 보관한다.
- 외부 포장 등의 오염 우려가 있는 것은 제거한 후 전처리실이나 조리실에 반입한다.
- 곡류, 식용유, 통조림 등 상온에서 보관 가능한 것을 제외한 육류, 어패류, 채소류 등의 신선식품은 당일 구입하여 당일 사용을 원칙으로 한다. 단, 냉장용량이 충분하고 냉장고(실)에 온도 유지가 확인되는 경우(예 : 온도기록장치 등)에 한하여 전일 검수가 가능하다(전일 오후에 식재료를 납품 받아 검수, 전처리, 냉장 보관 후 퇴근).
- 식재료 검수결과 신선도, 품질 등에 이상이 있거나 규격기준에 맞지 않는 부적합한 식재료는 반품하고, 검수기준에 맞는 식재료로 재납품할 것을 지시하거나, 부적합품에 대한 적절한 조치를 취한다. 반품이나 부적합품 처리 시에는 식재료 부적합품 확인서 [양식5]를 발급하며, 사유서 또는 재발 방지 확인서를 요청한다.

[기록지 2] CCP1. 검수

아래와 같이 검수합니다. 검수일자 : 년 월 일 검 수 자 : (인) (인) 학교장 귀하	결재				

No	식품명	규격(등급)	단위	수량	원산지	포장상태	식품온도(℃)	유통기한(제조일)	품질상태(○,×)	업체군	조치사항

한 계 기 준	• 냉장식품 및 전처리 농산물 10℃, 생선 및 육류 5℃ 이하, 냉동식품 냉동상태 유지
관 리 방 안	• 냉장·냉동식품의 온도를 측정, 기록지에 기록 • 포장상태, 유통기한, 품질상태(녹은 흔적, 이물질 혼입 유무, 이취 등) 확인 • 월 1회 이상 운반차량 내부의 청결 상태를 확인
개 선 조 치	• 기준 초과 재료 반품 및 교환, 부적합 확인서 발급

출처 : 교육부, 학교급식 위생관리 지침서(제5차 개정판), 2021

표 10-6 식재료 부적합품 확인서

납품일시	2○○○년 월 일 요일 00:00					
납품업체	업체명			대표자		
	식품군			연락처		
요구품목	식품명	규격	수량	단위	지적사항	비고

구분	항목내용	세부항목/위반항목	비고
❶ 품질(Quality)	일반품질불량	□ 사양 및 규격 미준수	
		□ 수량 및 중량 부족	
		□ 품질 등급 불량	
		□ 미납, 미배송분 발생	
		□ 포장 및 외관 불량	
	오염 및 신선도불량	□ 교차오염, 이물질 혼입	
		□ 식품온도 불량	
		□ 상품 변질	
	법적 표시 사항	□ 법적 표시사항 준수여부	
		□ 원산지 표시사항 준수 여부	
❷ 납기(Delivery)	일반납기	□ 납품시각 준수 여부	
	반품 및 미배송 납기	□ 미배송분 납품시각 준수 여부	
		□ 반품 후 재배송 납품시각 준수 여부	
❸ 위생 및 안전(Safety)	배송차량 위생	□ 차량 청소상태 불량	
		□ 차량온도 및 표기	
	운반자 위생	□ 운반자 위생불량	
	배송차량 안전	□ 차량으로 인한 교내사고	
	위생관련 제출서류	□ 위생관련 법정 서류 미제출(건강진단 결과서 등)	
❹ 서비스 및 협조도 (Responsiveness)	클레임처리 협조도	□ 반품 및 납품 거부	
		□ 반품시 재납품 품질 불량	
	검수 협조도	□ 대면검수 불이행	
		□ 무책임한 배송(택배)	
	업무 협조도	□ 시정서, 확인서 거부 및 미제출	
❺ 기타	계약위임위탁	□ 타업체 차량 이용	
	공급업체 점검	□ 식약처 합동 및 교육청 점검 시 지적 발생(계약기간 내)	
	기타	□ 그 외 식재료 납품 과실로 원활한 학교급식운영에 차질을 발생한 경우	

상기 내용으로 인하여 학교급식에 지장을 초래한 사실이 있었음을 확인하며
차후 이러한 사례가 없도록 하겠습니다.

202○년 월 일

검 수 자 : 학교 직) 성명) ㊞
검수참여자 : 학교 직) 성명) ㊞
납 품 자 : 업체명) 성명) ㊞

출처 : 교육부, 학교급식 위생관리 지침서(제5차 개정판), 2021

(3) 식품 취급 및 조리(CCP 2)

- 전처리실이 조리실과 분리되어 있거나 전처리 작업대가 확실히 분리되는 경우, 정해진 장소에서 구분된 도구(도마, 칼, 용기 등)를 사용하여 작업을 행하여 생(生)식재료로부터 조리된 음식으로의 미생물 오염을 차단한다.
- 식재료 속의 식중독균의 영양세포와 바이러스를 사멸시킬 수 있는 온도로 가열조리를 수행한다.
- 전처리 공간이 분리되지 않은 급식소는 식재료의 전처리 작업을 모두 수행한 후 조리실의 작업대를 세척 소독한 후 시차를 두고 구분된 도구를 사용하여 조리작업을 행하여 생식재료로부터 조리된 음식으로의 미생물 오염을 차단해야한다.
- 식재료의 전처리 시에는 칼, 도마, 고무장갑, 조리기구 등을 구분 사용하여 교차오염을 방지해야 하고, 칼, 도마는 어류·육류·채소류로 구분 사용해야 한다.
- 재배, 수확, 유통 시 오염되어 있는 채소와 과일 표면의 이물질들과 미생물을 감소시키기 위해 적절한 방법으로 세척, 소독, 헹굼을 실시한다.

가. 채소·과일 소독

- 가열하지 아니하고 생으로 먹는 채소 및 과일류는 우선 전처리실에서 반드시 흐르는 물로 흙이나 이물질 제거를 위해 세척하고 소독을 실시한다.
- 소독제는 「식품위생법」 제7조제1항에 따라 식품의약품안전처장이 식품에 대한 살균·소독제로 승인하여 고시한 식품첨가물로 표시된 제품을 사용하여야 한다. 또한 사용 중인 소독제의 물질안전보건자료MSDS를 확보하여 비치하여야 한다.
- 소독방법은 염소계 살균·소독제의 경우 유효염소농도 100~130 ppm 또는 이와 동등한 살균효과가 있는 소독제(식품첨가물 표시제품)에 5분간 침지(혹은 소독제 사용설명서의 방법대로 사용)한 후 냄새가 나지 않을 때까지 먹는 물로 헹군다.
  ※ 유효염소농도 100 ppm 소독제 : 먹는 물 4 L에 4% 차아염소산나트륨 10 mL를 가하여 희석
- 소독제 희석농도는 채소 및 과일류를 담그기 전에 test paper의 색 변화 또는 농도 측정기로 확인한다.

- 채소·과일류를 소독한 후 그 내용을 CCP2 기록지에 기입한다.

나. 가열 조리

가열조리식품은 중심부가 75℃(패류 85℃) 1분 이상 가열되고 있는지를 온도계로 확인하고, 기록한다.

① 일반적 준수사항

- 가열조리는 정해진 장소에서만 실시하고 조리 후 오염을 방지해야 한다.
- 동일 작업을 반복하는 경우 작업별로 식품의 중심온도를 측정하여 그 중심온도가 75℃(패류 85℃) 1분 이상 유지되었음을 확인한다.
- 급식소 전용으로 제조·납품된 가공완제품(예 : 달걀말이, 족발 등)은 가열조리와 동일한 조건으로 재가열해야 한다.

② 조리법별 관리점

- 가열 조리 시 온도 확인법
  - 온도 확인은 음식을 불에서 내리기 전에 확인하고 온도가 적합하면 불에서 내린다.
  - 식품의 중심을 재기 어려운 작거나 얇은 식품(예 : 멸치볶음, 시금치 데치기 등)은 표면온도계를 사용할 수 있다.
  - 두께가 얇은 전류는 3개 정도 쌓아 올려 중심온도를 측정한다.
  - 튀김의 경우에는 가운데 1개, 가장자리에서 2개 크기 큰 것 골라 중심온도를 측정하고, 오븐의 경우에는 상·중·하단의 크기 큰 것 골라 측정하며, 모두 한계기준 이상이어야 한다.
- 튀김류는 기름온도가 설정된 온도(냉동식품 160℃, 채소류 170℃, 어육류 180℃ 이하)로 된 것을 그림 10-7과 같은 기름온도 측정용 탐침온도계를 설치하여 확인한다.
- 튀김 중에는 찌꺼기를 자주 여과하거나 건져 내고, 기름의 양이 감소되었을 경우에는 그 양을 보충한다.
- 안전을 위해서 튀김 시 뜨거운 기름에 물방울이 들어가지 않도록 주의한다.

그림 10-7 기름온도 측정용 탐침온도계

튀김기름의 재사용 조건

- 튀김에 사용하는 기름은 재사용 시 산가 측정 페이퍼로 산가 2.5 이하임을 확인한 후 사용이 가능하다. 재사용 시에는 채소류 등 비린내가 안 나는 것부터 튀기고, 육류·생선 등의 순서로 사용한다.
- 튀김에 사용한 유지를 재사용하고자 할 때에는 신속히 여과하여 찌꺼기, 부유물 및 침전물 등을 제거한 후 방냉 보관하여야 한다.

[기록지 3] CCP2A. 식품 취급 및 조리과정(장소 구분이 될 경우)

급식일자 : 202 . . . (요일)(중·석)식

음식명	식재료명	취급 및 조리 방법	취급장소		식품중심 온도(℃)	소독제농도 및 시간 확인	칼·도마, 장갑, 용기 구분 사용 ○, x표	작성자 서명
			전처리실	조리실				
차수수밥	쌀, 잡곡	세척	○				○	김튼튼
		끓이기		○			○	김튼튼
콩나물국	콩나물, 홍고추, 파	세척	○				○	정영양
	홍고추, 파	썰기	○				○	정영양
		끓이기		○			○	정영양
닭튀김	닭고기	세척	○				○	최교육
	닭고기	튀기기		○	85		○	최교육
오징어 미나리 초무침	오징어	해동, 손질, 세척	○				○	박건강
	미나리, 오이, 양파, 파	다듬기, 세척, 소독	○			○	○	박건강
	미나리, 오이, 양파, 파	썰기		○			○	박건강
	오징어	데치기		○	80			박건강
	오징어	썰기		○			○	박건강
		무치기		○				박건강
사과	사과	세척, 소독	○			○	○	김튼튼
		썰기		○			○	김튼튼
배추김치	베추김치	썰기		○				정영양

개선조치 기록			
	구분	채소 과일 소독	가열조리 온도
한 계 기 준	• 장소 구분, 도구 구분	• 염소 농도 100~130 ppm 5분간 침지 혹은 이와 동등한 소독효과를 가진 살균소독제의 용법 준수	• 식품 중심온도 75℃(패류 85℃) 1분 이상
관 리 방 안	• 전처리, 조리작업 공간 분리 • 식재료별, 조리 전후별 도구 구분	• Test paper, 농도측정기 등으로 소독제 희석농도 확인 및 기록 ※농도가 기준치 미달 시 추가 제조·사용 • 생으로 먹는 채소와 과일류 소독	• 기준온도 이상 가열 및 기록 • 가공완제품 재가열 및 기록
개 선 조 치	• 장소 변경, 도구 변경 • 오염식품 재가열 혹은 폐기	• 소독제 희석농도 조정	• 계속 가열

※전처리실과 조리실용을 별도로 출력하여 사용할 수 있다.

확인자 서명 :

확인일자 : 202 . . . (요일)

출처 : 교육부, 학교급식 위생관리 지침서(제5차 개정판), 2021

[기록지 4] CCP2B. 식품 취급 및 조리(장소 구분이 안 되는 경우)

급식일자 : 202 . . .(요일)(중·석)식

구분		취급 및 조리 방법	전처리 완료/조리시작시간	식품중심 온도(℃)	소독제농도 및 시간 확인	칼·도마, 장갑, 용기 구분 사용 ○, x표	작성자 서명
전처리	쌀, 잡곡	세척	-			○	김튼튼
	닭고기	손질, 세척	-			○	최교육
	오징어	해동, 손질, 세척	-			○	정영양
	미나리, 오이, 양파, 파	다듬기, 세척, 소독	-		○	○	정영양
	콩나물, 홍고추, 파	다듬기, 세척, 소독	-			○	정영양
	사과	세척, 소독	10:00		○	○	정영양
작업대 세척, 소독 (○)							정영양
조리	닭고기	튀기기	10:15	85		○	최교육
	미나리, 오이, 양파, 파	썰기	-			○	박건강
	오징어	데치기	-	80		○	박건강
	오징어	썰기	-			○	박건강
		무치기	-			○	박건강
	배추김치	썰기	-			○	정영양
	쌀, 잡곡	끓이기	-			○	김튼튼
	사과	썰기	-			○	김튼튼
	콩나물, 홍고추, 파	끓이기				○	정영양

개선조치 기록			
	구분	가열조리 온도	채소 과일 소독
한 계 기 준	• 전처리 종료와 조리 시작 사이 작업대 세척·소독 • 도구 구분	• 염소 농도 100~130 ppm 5분간 침지 혹은 이와 동등한 효과를 가진 살균소독제의 용법 준수	• 식품 중심온도 75℃(패류 85℃) 1분 이상
관 리 방 안	• 육안관찰 • 식재료별, 조리 전·후별 도구 구분	• Test paper, 농도측정기 등으로 소독제 희석농도 확인 ※농도와 기준치 미달 시 추가 제조·사용 • 생으로 먹는 채소와 과일류 소독	• 기준온도 이상 가열 • 가공완제품 재가열
개 선 조 치	• 작업대 세척·소독 • 도구 변경 • 오염식품 재가열 혹은 폐기	• 소독제 희석농도 조정	• 계속 가열

확인자 서명 :

확인일자 : 202 . . .(요일)

출처 : 교육부, 학교급식 위생관리 지침서(제5차 개정판), 2021

(4) 조리완료 및 배식

- 조리가 완료된 음식은 열장 온도(57℃) 이상 제공하거나 여건상 열장 온도를 유지할 수 없을 때는 가열 조리완료 시점에서 2시간 이내에 배식을 완료하여야 한다.
- 또한, 냉장 온도(5℃) 이하 제공하거나 냉장 온도를 유지할 수 없을 때는 조리완료 시점에서 2시간 이내 배식을 완료하여야 한다.
- 배식시간과 온도관리는 배식 시 위생 원칙을 지켜 오염을 방지하는 목적이 있다.

시간과 온도관리가 필요한 식단 관리

- 가열조리 후 처리 식품과 비가열조리 식품을 혼합할 경우 배식 직전에 혼합하도록 한다(예 : 오리 훈제채소 무침).
- 안전을 위해 시간·온도 관리가 필요한 식품의 예
  - 생 혹은 익힌 동물성 식품
  - 익힌 식품성 식품(숙채류)
  - 병원성 미생물의 증식과 독소형성을 억제하도록 조절되지 않은 새싹 식품(새싹채소), 자른 메론(산도가 낮은 과일류), 자른 엽채류, 자른 토마토, 자른 토마토가 혼합된 채소, 채친 채소(오이채, 양배추채 등), 개봉한 상업적 멸균제품(통조림, 레토르트 식품)

① 운반

- 배식용 운반기구(배식차, 승강기) 등에 의한 오염이 되지 않도록 배식차 등은 사용 후 바로 세척 소독하여 건조시켜야 하며, 식품운반용 승강기는 매일 1회 이상 내부를 청소하여 청결 상태를 유지하도록 한다.
- 승강기 하부에 물이 고이거나 식판 및 음식물이 떨어지지 않도록 시설 및 관리해야 한다.
- 식품을 운반하는 동안 먼지와 다른 오염물질이 들어가지 않도록 보호해야 한다.
- 운반 도중 적온이 유지되도록 보온·보냉 용기를 이용한다.

- 공동조리교에서 비조리교로 운반하는 용기는 운반 도중 식품의 오염이나 차량 내에 식품이 쏟아지는 것을 방지하기 위하여 용기가 밀폐되어야 한다.
- 급식품의 운반차량은 매일 1회 이상 내부를 청소하여 청결 상태를 유지하도록 한다.
- 운반 담당자는 개인위생 규정을 준수해야 한다.

② 배식

- 배식대는 배식 전·후에 철저히 세척·소독하고, 배식에 사용하는 기구는 세척·소독하여 건조된 배식 전용 기구를 사용하도록 한다.
- 식기, 수저, 컵 등은 세척 소독 후 별도의 보관함에 보관 후 사용하며, 외부에 비치할 경우에는 별도의 덮개를 사용하여 배식 전까지 보관한다.
- 배식 담당자는 위생복, 위생모, 마스크를 착용한다.
- 보온·보냉 배식대를 준비하여 배식하는 동안 음식은 적정온도가 유지되도록 한다.
- 맨손배식은 금지하며 청결한 도구(집게, 국자 등)를 사용하여 배식하고 어려운 경우 부득이하게 일회용 위생장갑만을 착용하고 배식할 때에는 찢어지지 않도록 관리 및 수시로 확인한다.
- 배식하던 용기에 남은 음식을 새로운 배식용 음식 위에 혼합하여 배식하지 않는다.
- 식당배식을 하는 경우 미리 상차림을 하여 식판을 쌓아 두는 행위를 금한다.
- 2식·3식 급식학교에서는 남은 음식을 다음 급식에 사용하지 않는다.

[기록지 5] CCP3A. 조리완료 및 배식(단독조리 : 식당배식)

급식일자 : 202 . . . (요일)(중·석)식

음식명	혼합 시작 시간	조리완료 시간	배식 완료			베식도구 청결도	위생복장 착용	배식통 관리	작성자 서명
			시간	온도(℃)	2시간 이내				
차수수밥	-	11:00	12:40	-	○	○	○	○	이몽룡
콩나물국	-	11:10	12:40	60	-	○	○	○	이몽룡
닭튀김	-	9:40~11:55	12:40	35	X	○	○	○	이몽룡
오징어미나리초무침	11:00		12:40	-	○	○	○	○	이몽룡
사과	-	11:10	12:40	-	○	○	○	○	이몽룡

개선조치 기록	닭튀김 2시간 초과, 닭튀김 시간을 10시 40분 이후로 조정
한 계 기 준	• 열장 음식 57℃ 이상 유지, 혹은 2시간 이내 배식 완료 ※혼합음식은 배식 직전에 혼합
관 리 방 안	• 열장 음식의 적온(57℃ 이상) 유지 또는 가열조리부터 배식완료까지 2시간 이내로 공정관리 • 배식하던 배식통(vat)에 남은 음식과 새로운 배식통의 음식 혼합 금지
개 선 조 치	• 오븐 또는 열장 설비 확보 • 오염음식 재가열 혹은 폐기

확인자 서명 :

확인일자 : 202 . . . (요일)

출처 : 교육부, 학교급식 위생관리 지침서(제5차 개정판), 2021

[기록지 6] CCP3B. 조리완료 및 배식(단독조리 : 교실배식)

급식일자 : 202 . . . (요일)(중·석)식

음식명	급식 소요시간				배식도구 청결도	배식도우미 위생복장	확인장소 (학/반)	작성자 서명
	혼합 시작시간	조리 완료시간	배식 완료시간	2시간 이내				
차수수밥		11:00	12:40	○	○	○	2-3	이기자
콩나물국		11:10	12:40	○	○	○	2-3	이기자
닭튀김		9:40~11:55	12:40	X	○	○	2-3	이기자
오징어미나리초무침	11:00		12:40	○	○	○	2-3	이기자
사과		11:10	12:40	○	○	○	2-3	이기자
			:					

개선조치 기록	닭튀김 2시간 초과, 닭튀김 시간을 10시 40분 이후로 조정
한 계 기 준	• 배식 완료 2시간 이전에 조리 완료 ※혼합음식은 혼합 시작 후 2시간 이내 배식 • 배식 시 오염 방지
관 리 방 안	• 혼합과정이 있는 음식은 혼합 시작 시각 기록 • 공정관리를 통해 조리완료 시간 조정 • 배식대 및 배식 전용 도구는 세척 소독하여 건조된 것 사용 • 배식도우미는 깨끗한 앞치마, 위생모, 마스크, 위생장갑 착용
개 선 조 치	• 공정관리 • 오염음식 교체 • 식당 공간 확보

확인자 서명 :

확인일자 : 202 . . . (요일)

출처 : 교육부, 학교급식 위생관리 지침서(제5차 개정판), 2021

[기록지 7] CCP3C. 조리완료 및 배식(공동조리)

급식일자 : 202 . . . (요일)(중·석)식

음식명	열장식품 시간·온도확인					차량내부 청결상태	배식도구 청결상태	운반용기 밀폐상태	배식담당 위생복장	작성자 서명
	혼합 시작 시간	조리 완료 시간	상차 온도 (℃)	배식 완료 시간	배식 온도 (℃)					
차수수밥		11:00	80	12:40	60	○	○	○	○	하늘아
콩나물국		11:00	85	12:40	75	○	○	○	○	하늘아
닭튀김		11:20	70	12:40	40	○	○	○	○	하늘아
오징어미나리 초무침	11:00			12:40	-	○	○	○	○	하늘아
사과		11:10		12:40	-	○	○	○	○	하늘아

개선조치 기록	
한 계 기 준	• 배식 완료 2시간 이전에 조리 완료 ※혼합음식은 혼합 시작 후 2시간 이내 배식 • 운반용기의 밀폐
관 리 방 안	• 열장음식의 적온(57℃ 이상) 유지 또는 가열조리부터 배식완료까지 2시간 이내로 공정관리 • 급식품 운반용기의 밀폐성 확인 배식대 및 배식 전용도구는 세척 소독하여 건조된 것 사용 배식도우미는 깨끗한 앞치마, 위생모, 마스크, 위생장갑 착용 조리교에서 혼합 시작시간, 조리완료 시간 기록하여 운반
개 선 조 치	• 상차 시 온도 조정 혹은 공정관리 • 운반용기 개선

※배식 시 열장음식의 온도가 57℃ 이상이면 시간 확인은 불필요함

확인자 서명 :

확인일자 : 202 . . . (요일)

출처 : 교육부, 학교급식 위생관리 지침서(제5차 개정판), 2021

6) 감시절차 수립(절차 5)

중요관리점에서 한계기준으로 설정된 온도, 시간, 방법 등이 잘 준수되고 있는지 여부를 확인하기 위한 것으로 온도계에 의한 온도 확인, 시간 확인 및 육안관찰로 이루어진다. 이때 무엇을, 어떻게, 언제(얼마나 자주) 감시할 것이며, 감시의 책임자가 누구인지를 정해야 한다.

7) 개선조치 방법 설정(절차 6)

중요관리점마다 관리기준이 적절하게 준수되고 있는지를 모니터링한 결과, 그 한계기준을 벗어난 사실이 확인된 경우는 그 원인에 따라 식재료 반품 및 납품업체에 대한 경고 조치, 냉장·냉동고(실) 온도조정, 계속 가열 등의 오염식품 폐기 등 개선조치를 취하고, 그 기록을 남기며(기록지 8) 필요에 따라서는 HACCP계획을 조정한다.

[기록지 8] **CCP 및 CP 점검결과 및 조치 예시** (1개월에 1회 실시)

작성 시기 : 2021. 3. 1.~2021. 3. 31 (2021년 3월 점검 결과)

구분	점검결과	개선조치	비고
식단 검토	이상 없음	해당사항 없음	
CCP1. 검수	3/3, 발주한 등급이 아닌 낮은 등급의 소고기 납품됨	당일 반품 조치함	
CCP2. 식품취급 및 조리	3/7, 조리 시 조리사 김도령이 전처리용 고무장갑 착용하고 음식을 조리하였음	현장에서 즉시 시정하였으며 교차오염 방지를 위한 구분 사용의 중요성을 숙지시킴	
CCP3. 조리완료 및 배식	3/28, 4학년 6반 교실 배식 시 배식 아동의 위생장갑 미착용	현장에서 즉시 시정하였으며 위생장갑을 배식 시 사용할 수 있도록 배식카트에 탑재하여 사용하도록 하였음	
CP1. 냉장·냉동고 (실) 온도관리	부착온도계 온도 이상	부착온도계 교환	
CP2. 식품접촉 표면 세척 및 소독	이상 없음	해당사항 없음	
확인 내용			

출처 : 교육부, 학교급식 위생관리 지침서(제5차 개정판), 2021

8) 검증 수행(절차 7)

검증이란 위생관리가 수립된 HACCP 계획에 따라 수행되는지 또는 계획의 수정이 필요한지를 판단하기 위하여 행하는 방법, 절차, 시험검사 등을 말한다.

표 10-7 검증의 구분

검증 수행	내용
검증주체	• 자체점검 : 팀장 및 실무책임자 • 외부점검 : 교육청이나 외부 전문가의 위생·안전 지도점검 시 병행 실시
검증내용	• HACCP 계획 및 운영의 적절성 • 모니터링 방법의 적절성 및 이행성 여부(CCP 모니터링 기록 확인, 모니터링용 기구의 정확도 등) • 발생 가능한 위해요소의 관리를 위한 한계기준의 적합성 • 기준이탈 시 개선조치 절차의 효과성과 준수성 • 급식품의 미생물 검사 • 기록 유지의 적설성
검증방법	HACCP 자체 검증 결과표 작성[기록지 9](학기당 1회 결재) • 현장 서류 및 기록 확인 • 현장에서의 교차점검 • 담당자와의 대화 • 측정기기 등의 정확도 확인 • 음식물, 식품 접촉 표면, 조리종사자 손 등에 대한 미생물검사 • 기타 검증에 필요한 사항
검증 후 개선조치	• 검증결과 HACCP제도 운영에 부적합한 사항이 있을 경우는 시정조치를 취하거나 HACCP 계획을 수정하고 교육청의 전문가와 협의하여 조정

[기록지 9] HACCP 자체검증 결과표

담당자			결제

검증일자 : 202 . .

	항목	관리결과	개선조치사항	비고
1	HACCP 팀 구성	양호	-	HACCP 팀원 퇴사로 인한 팀원 변경(2021.4.1.)
2	HACCP 교육 실시	양호	-	2021. 4. 10. 교육 실시
3	검·교정과 적정사용	양호	-	2021. 3. 1. 검교정(연 1회)
4	CCP 기록지 기록 유지	양호	-	
5	CCP 및 CP별 점검결과 및 조치결과 (기록지 7) 기록 요약	양호	CCP2, 3에 대한 개선조치	2021. 4. 10. 개선조치사항 교육 실시
6	자체 위생·안전점검 실시 결과	양호	-	
7	최근 교육청에서 실시한 학교급식 위생 안전점검 결과	A	-	학교의 행정·재정적 지원이 필요한 사항 명시하여 협조를 구하도록 함
8	미생물 분석을 통한 음식과 환경의 안전성 확인	미실시	미생물 분석을 의뢰함	
검증 결과 총평		미생물 분석 항목을 제외한 항목이 모두 양호 누락한 미생물 분석을 의뢰함		
최종 결재자 의견		HACCP 계획에 따라 이루어지고 있으나, 항목이 누락되지 않도록 확인 필요		

*개학 후 1개월 간 급식을 운영한 다음 검증하여 작성하도록 함

출처 : 교육부, 학교급식 위생관리 지침서(제5차 개정판), 2021

표 10-8 HACCP 검증을 위한 자체 간이미생물검사 기준

구분	검사항목	검사목적	기준
조리된 식품	대장균·대장균군	조리된 식품의 안전성 확인	대장균 음성
식품 접촉 표면	일반세균, 대장균·대장균군	칼, 도마 등 식품 취급기구의 세척·소독 적합성 확인	대장균 음성
식품 비접촉 표면	일반세균, 대장균·대장균군	냉장고 내부, 문 손잡이, 선반, 작업대 등의 표면 미생물 상태를 파악, 적정 청소주기 선정과 청결상태 확인	대장균 음성
작업자 손 또는 장갑	일반세균, 대장균·대장균군	개인위생의 확인과 손 씻기, 장갑 세척·소독의 필요성 인식 및 교육	대장균 음성

출처 : 교육부, 학교급식 위생관리 지침서(제5차 개정판), 2021

9) 기록 유지(절차 8)

모니터링, 개선조치, 검증 등의 실시 결과를 정확히 기록·보존하는 일은 HACCP 계획을 적절히 실시하고 있다는 증거임은 물론, 외부 점검(감사) 시에도 시설의 위생관리, 공정관리 상태를 조사하는데 효과적인 자료가 될 수 있다. 또한 만일 식중독 등 식품의 안전성에 관한 문제가 발생한 경우에도 식품 위생관리 실태를 추적하여 조사할 수 있는 자료가 되어 원인 규명을 용이하게 한다.

문서화할 내용

- 일반적 위생 관리기준 및 관리사항
- 조리사/조리원 위생교육 계획 및 실적
- HACCP 관리기준서(지침서로 갈음)
- CCP에 대하여 모니터링한 기록(1년간 CCP별로 보관)
- HACCP 자체 검증 결과표[기록지 9](개선조치의 구체적인 내용)
- HACCP 팀 회의록(HACCP 자체검증 결과표로 대체 가능)

10) 주기적인 감사 실시(절차 9)

학교급식소에서 HACCP계획이 잘 수행하고 있는지 확인하기 위하여 주기적인 감사

가 실시되어야 한다. 교육청 주관으로 연 2회 위생점검 시 감사가 실시되며 외부 전문가에 의한 컨설팅에 의해 실시할 수도 있다 표 10-9~표 10-13.

표 10-9 주관(협조)기관 및 점검대상

구분		주관(협조)	시행시기	대상	평가점검표
학교급식 위생안전점검	학교내 직영급식소	교육청 (지방식약청 등)	연 2회* (학기별 1회)	모든 학교	교육부 서식
	학교내 위탁급식소	교육청 (지방식약청 등)	연 2회 (학기별 1회)	모든 학교	교육부 서식
급식관련 시설점검	학교밖 위탁급식소 (도시락업소)	지방식약청 (교육청 등)	연 2회 (학기별 1회)	학교급식 공급업소	식약처 서식
	식재료 공급업소	지방식약청 (교육청 등)	연 2회 (학기별 1회)	학교급식 공급업소	식약처 서식

* 학교 밖 식재료 공급업체 등 관련시설에 대하여는 지방식약청 또는 지자체 주관 하에 점검하되 교육청 협조, 교육청은 관할지역 국립학교도 포함 점검

출처 : 교육부, 학교급식 위생관리 지침서(제5차 개정판), 2021

표 10-10 평가 및 점검 항목별 배점 기준표

구분		위생·안전점검
학교급식법령 준수사항	항목수	17개 항목
	항목당 배점기준	all or none 척도 적합 3점 부적합 0점
	배점	51점
지도(권장)사항	항목수	19개 항목
	항목당 배점기준	3단계 척도 우수 3점(2점) 보통 1.5점(1점) 미흡 0점(0점)
	배점	49점
총 항목수		36개 항목
총 배 점		100점

※ 위생·안전점검 지적사항 이행(개선) 여부, 식중독 발생, 다른 법령 위반 사항 등을 평가(점검)에 반영(감점)

표 10-11 등급별 평점과 평가 의미

등급	평점	평가 의미 : 위생·안전점검
A	90점 이상	• 체계적인 위생관리시스템 정착 • 오염 및 세균증식의 근본적 차단
B	80~89점	• 체계적인 위생관리시스템 정착 • 식중독 발생요인 제거
C	70~79점	• 위생관리에 대한 인식(개념) 형성 • 기본적인 관리상태 양호
D	60~69점	• 기본적인 위생관리 요구수준에 다소 미흡
E	60점 미만	• 세균증식 및 오염에 대한 예방 조치가 체계적이지 못함

※ 위생·안전점검은 연2회(학기별 1회) 각각 100점을 만점으로 평가

표 10-12 학교급식 위생·안전관리기준 준수사항〔점검항목 : 17개 (적합 3점, 부적합 0점)〕

구분	점 검 항 목	부적합 기준 (적합 3점, 부적합 0점)	주요 점검기준 (참고사항)
시설관리	1. 급식시설·설비, 기구 등에 대한 청소 및 소독계획을 수립·시행하여 항상 청결하게 관리하는지 여부	청소·소독계획 미 수립 및 청결상태 불량	• 주기별 청소 및 소독 계획 수립 - 주기별 청소 및 소독계획 수립여부 확인 - 청소 점검표 작성여부 확인 *[학교급식 위생관리지침서] 제1장 참조 • 청결 상태 확인 - 천정은 응축수가 맺혀 떨어질 수 있으므로 월 1회 이상 청소(권장) • 주된 지적 내용 : 후드, 냉난방기, 에어커튼, 환풍기, 급식실 출입구, 세척기 내부 및 필터, 배수로 및 그리스트랩, 천정, 바닥, 타일벽, 덤웨이터, 오븐, 부침기, 냉장고 손잡이, 기타 ※ 참고사항 - 닥트 청소는 전문 업체에 용역의뢰 권장 - 배관 테이핑 및 도색도 관리(심하면 감점)
	2. 냉장·냉동고의 온도, 식기세척기의 최종 헹굼수 온도 또는 식기소독보관고의 온도를 기록·관리하는지 여부	CP1과 CP2의 온도를 지속적으로 기록관리 하지 않는 경우	• 출근 직후, 배식후 청소직전 (또는 퇴근 전)에 CP1 온도 지속적 당일 현장 기록 - 모든 냉장·냉동고 관리(단, 보존식 냉동고 및 우유냉장고는 현실에 맞게 관리) • CP2 식기세척기 헹굼수 온도 71℃이상 또는 식기소독고 정상적 작동여부 확인 및 기록 - thermo-label 확인 후 부착관리(월 1회 이상) • CP2 잔류세제 확인(월 1회 이상) - 특히, 자동식기세척기에 사용하는 세척제는 수산화 나트륨(NaOH) 함량 5% 미만 제품만 사용 ※ 참고사항 - 출근 직후(냉장·냉동고 문 열기 전)와 배식 후 청소 직전에 정상온도가 유지되는지 반드시 확인하고 기록 - 2식 이상 급식실시 학교는 냉장·냉동고 온도 추가 확인인(출근 직후, 중식 후, 석식 배식 후 청소 직전〈또는 퇴근 전〉)

<table>
<tr><th>구분</th><th>점 검 항 목</th><th>부적합 기준
(적합 3점, 부적합 0점)</th><th>주요 점검기준
(참고사항)</th></tr>
<tr><td>시설관리</td><td>3. 조리용수로 수돗물이 아닌 지하수를 사용하는 경우 소독 또는 살균하여 사용하는지 여부</td><td>지하수 소독·살균 미실시, 상수도가 있음에도 지하수 사용
*상수도 사용은 3점</td><td>• 지하수 사용학교 조리용수 위생관리 확인
- 지하수 분기별 수질검사결과 적합여부
- 지하수 소독장치 설치여부 및 소독 또는 살균하여 조리용수로 사용하는지 확인</td></tr>
<tr><td rowspan="2">개인위생</td><td>4. 식품취급 및 조리작업자는 6개월에 1회 건강진단을 실시하고, 그 기록을 2년간 보관하는지 여부? (다만, 폐결핵검사는 연1회 검사 가능)</td><td>식품을 직접 취급하는 자가 기한 내 건강진단 미실시, 2년간 기록 미보관</td><td>• 영양(교)사, 조리종사자, 납품업체 배송직원, 배식 및 운반도우미, 조리종사자 대체인력의 6개월마다 1회 건강진단 실시 및 2년간 기록 보관
• 검진일 기준으로 확인
- 영양(교)사, 조리종사원은 차기검진일 확인(판정까지 1주일 정도 소요)토록 건강진단 기록표를 작성하고 점검 시 날짜 단위까지 확인)
- 배식·운반도우미, 납품업체 배송직원은 점검 시점에서 건강진단 기한(6개월 이내 ⇒ 방학기간 포함) 유효한지 확인

〈다른 법령 관련 규정〉
• 학교급식 종사자의 건강진단 실시(식품위생법 제40조, 시행령 제67조)
☞ 과태료 : 10(1차), 20(2차), 30만원(3차)
• 건강진단을 받지 아니한 자를 영업에 종사(식품위생법 제40조, 시행령 제67조)
☞ 과태료 : 20~50(1차), 40~100(2차), 60~150만원(3차)
*조리종사자 및 건강진단 미검진 인원에 따라 다름
• 건강진단 결과 타인에게 위해를 끼칠 우려가 있는 질병이 있다고 인정된 자를 영업에 종사(식품위생법 제40조, 시행령 제67조)
☞ 과태료 : 100(1차), 200(2차), 300만원(3차)</td></tr>
<tr><td>5. 조리종사자들의 올바른 손씻기, 소독으로 손에 의한 오염이 일어나지 않도록 하는지 여부</td><td>손을 씻지 않거나 소독을 아니한 상태에서 조리작업을 하는 경우</td><td>• 고무장갑 착용 전, 작업변경 시 손 씻기(특히, 오염된 캔·공산품포장 등 취급 시 주의)
• 올바른 손씻기 방법으로 세척
- 손톱솔, 물비누 사용
- 고무장갑도 손에 준하여 관리
※ 참고사항
• 손을 씻어야 하는 경우
- 작업 시작 전
- 화장실을 이용한 후
- 지저분하거나 오염된 기구와 접촉했을 경우
- 쓰레기나 청소도구를 취급한 후
- 일반구역에서 청결구역으로 이동하는 경우
- 육류, 어류, 난각 등의 식품과 접촉한 후
- 귀, 입, 코, 머리 등 신체일부를 만졌을 때
- 음식찌꺼기를 처리했을 때 또는 식기를 닦고 난 후
- 음식 또는 차를 섭취한 후
- 전화를 받고 난 후
- 식품 검수를 한 후
- 코를 풀거나 기침, 재채기를 한 후
• 세정대에서 손세척 금지</td></tr>
</table>

구분	점 검 항 목	부적합 기준 (적합 3점, 부적합 0점)	주요 점검기준 (참고사항)
식재료 관리	6. 식재료 검수 시 「학교 급식 식재료의 품질관리기준」에 적합한 품질 및 신선도와 수량, 위생상태 등을 확인하여 기록하는지 여부	식재료 품질관리 기준에 부적합한 품질 및 수량, 원산지, 제조일 또는 유통기한, 납품온도 등 CCP1의 기록관리가 미흡한 경우	• 식재료 품질관리 기준 준수 및 기록(품질등급, 원산지, 생산연도 등) • 쌀(생산년도 1년 이내), 축산물(등급) • 계량용 저울을 사용하여 중량 확인 ※ 참고사항 - 식품안전관리인증기준(HACCP) 의무 적용품목은 인증 제품 사용 - 축산물 등급 확인 및 [축산물유통정보서비스] 시스템에 발급번호 입력 - 수입 축산물을 사용할 경우 등급에 대한 기준 학교 운영위원회 심의 • 대면검수 - 납품과 검수가 분리되어 별도로(선 납품 후 검수) 이루어 질 경우 식재료의 위생과 안전에 중대한 영향을 미칠 수 있으므로 영양(교)사 등 학교 관계자가 입회하여 반드시 대면검수 • 복수검수 - 영양(교)사, 교직원, 학부모 등 2명 이상이 검수에 참여하고 모두 검수서에 서명 - 검수 시 이물질 포함 등 위생상태 불량, 규격 및 품질등급 미달 등 불량식품 적발시 그 내용을 기록하고 반품조치 및 교체요구 • 검수하지 않고 전처리 및 조리작업 시행 시 부적합 ※ 참고사항 • 식재료 온도 기준 - 냉장식품 및 조리식품, 전처리농산물 : 10℃ 이하(HACCP제품 중 신선편의식품, 불린 고사리나물, 콩나물, 숙주, 달걀 등) *단, 당일 사용할 냉장 어육류 및 훈제연어 5℃ 이하 - 냉동식품 : 냉동상태 유지, 녹은 흔적이 없을 것 • 전처리 농산물의 정의 - 수확 후 세척, 선별, 박피 및 절단 등의 가공을 통하여 즉시 조리에 이용할 수 있는 형태로 처리된 식재료 **〈다른 법령 관련 규정〉** • 집단급식소 설치·운영자가 유통기한이 경과된 원료 또는 완제품을 조리 목적으로 보관·사용 금지(식품 위생법 제88조, 시행령 제67조) ☞ 과태료 : 100(1차), 200(2차), 300만원(3차) • 위해평가가 완료되기 전 일시적으로 금지된 식품 등 사용·조리(식품위생법 제88조, 시행령 제67조) ☞ 과태료 : 30(1차), 60(2차), 90만원(3차) • 「축산물 위생관리법」 제12조에 따라 검사를 받지 아니한 축산물 사용(식품위생법 제88조, 시행령 제67조) ☞ 과태료 : 30(1차), 60(2차), 90만원(3차)

구분	점 검 항 목	부적합 기준 (적합 3점, 부적합 0점)	주요 점검기준 (참고사항)
작업위생	7. 식재료나 조리과정에서 교차오염을 방지하기 위하여 칼과 도마, 고무장갑 등 조리기구 및 용기를 용도별 및 조리 전·후로 구분하여 사용하고, 적절히 세척·소독하는지 여부	CCP2 용도별 및 조리 전·후로 구분하여 사용하지 않고, 세척·소독 미실시	• 모든 조리기구(용기 등) 및 앞치마·고무장갑 등은 조리 전·후로 구분하되, 교차오염 방지를 위해 칼, 도마는 용도별(채소, 육류, 어류)로 구분 사용하고 세척·소독 실시 여부 - 소독용액 농도 준수 - 소독고에 보관 중인 칼·도마, 고무장갑, 앞치마, 위생화 등의 청결관리 - 조리 전·후 구분 : 소독('기구등의 살균소독제' 제품별 용량과 용법에 따라 사용), 가열(75℃ 이상) 전·후로 구분 (작업구분), 충분한 수량 확보 및 관리 - 플라스틱 소쿠리 사용 금지(불가피한 경우 전처리용으로 제한적 사용) - 재사용 시에는 세척 및 소독 철저 - 사용한 고무장갑·면장갑 등은 별도로 모아두었다가 세척·소독 후 보관 - 사용 후 세탁할 면장갑, 식탁용 행주 등은 화장실에 보관하지 않도록 지도 • 검식 시 검식용 용기 구분 사용 **〈다른 법령 관련 규정〉** • 어류·육류·채소류를 취급하는 칼·도마는 구분 사용(식품위생법 제3조, 시행령 제67조) ☞ 과태료 : 50(1차), 100(2차), 150만원(3차) • 물수건, 수저, 식기, 찬기, 도마, 칼 및 행주, 그 밖에 주방용구는 가구 등의 살균소독제 또는 열탕의 방법으로 소독한 것을 사용(식품위생법 제88조, 시행령 제67조) ☞ 과태료 : 30(1차), 60(2차), 90만원(3차)
	8. 식품취급 등의 작업은 바닥으로부터 60cm 이상의 높이에서 실시하여 식품의 오염이 방지되는지 여부	60cm 이하에서 식품취급(운반 및 오염방지 시설이 설치된 경우는 제외)	• 모든 식재료는 60cm 이상에서 관리(단, 식품창고 내에서는 15cm 이상에서 오염되지 않도록 관리) ※ 참고사항 - 조리실에서 국을 퍼 담기 위해 국통을 잠시 파레트, L형 카트 위에 둔 경우는 제한적 인정 - 오븐 작업 시 주의(꽂을 때는 위에서부터, 뺄 때는 아래서부터) 하도록 지도
	9. 조리가 완료된 식품과 세척·소독된 배식기구·용기 등은 교차오염 우려가 있는 기구·용기 또는 식재료 등과 접촉에 의해 오염되지 않도록 관리하는지 여부	조리 완료된 식품 및 배식기구 등의 위생적 보관관리 상태가 미흡한 경우	• 조리가 완료된 식품은 조리전 식품과 교차오염 되지 않게 구분 관리 • 소독된 배식기구(수저, 식판 등)는 세척·소독되지 아니한 기구와 혼용 또는 오염되지 않도록 보관 • 교차오염을 일으킬 수 있는 모든 작업위생 과정 확인 ※ 추가 확인사항 - 밑간 해놓은 불고기, 생선까스, 다진마늘 등을 상온에 뚜껑 없이 방치하는지 여부 - 조리과정 중 조리기기, 기구 세척으로 인한 교차오염 발생 여부 - 냉장(동)고 및 식기소독고에 식재료 보관 시 덮개 사용 여부
	10. 해동방법이 적절하고, 재냉동하여 사용하지 않는지 여부	냉동식품을 부적절한 방법(실온방치 등)으로 해동하는 경우	• 해동은 냉장(10℃ 이하), 전자레인지 또는 흐르는 물(21℃ 이하)에서 실시하는지 여부 • 냉장해동(냉장고 등에 "해동 중" 표식 부착) 및 유수해동 준수 • 냉동식품 튀김 시, 소량씩 출고하여 조리(상온에 다량 적재 금지) • 녹았다 언 흔적이 있는 냉동식품을 재냉동하거나 재사용 하는지 확인

구분	점 검 항 목	부적합 기준 (적합 3점, 부적합 0점)	주요 점검기준 (참고사항)
작업 위생	11. 생으로 먹는 채소류, 과일류를 충분히 세척·소독하고 농도를 확인하는지 여부	CCP2 충분한 세척 및 소독 미실시	• Test-paper 사용 및 소독액 유통기한 확인 • 소독 전·후 세척 및 헹굼관리 철저 - 소독액 농도확인(염소농도 100~130ppm 또는 이와 동등한 소독효과를 가진 살균소독제 사용) 후 5분간 침지, 흐르는 물에 충분히 헹굼 ※ 참고사항 - 소독순서 : 다듬기 → 세척 → 소독 → 헹굼(소독제 냄새가 나지 않을 때까지 충분히) - 타이머사용 권장
	12. 가열조리 식품의 중심부가 75℃(패류는 85℃) 이상에서 1분 이상 가열되고 있는지 온도계로 확인하고, 그 온도 적정여부를 기록·유지하는지 여부	CCP2 중심온도 미측정 및 지속적 기록 미실시	• 튀김, 볶음, 조림 ☞ 중심온도 체크 • 온도계 및 시계(타이머) 구비 - 중심온도 및 시간 측정은 밥, 국을 제외한 모든 가열조리 식품의 중심부가 75℃ (패류는 85℃) 이상에서 1분 이상임을 확인 ※ 참고사항 - 온도계 및 보관함의 위생상태, 중심온도 측정 시 탐침이 오염되지 않도록 위생관리 철저
	13. 조리가 완료된 식품의 온도와 시간관리를 통하여 미생물 증식이나 독소 생성을 억제하는지 여부	CCP3 조리가 완료된 음식에 대해 온도 또는 시간관리 미흡	• 밥, 국을 포함한 열장식품은 57° C 이상 유지 또는 조리완료 시점에서 배식완료까지 2시간 이내로 관리
배식 및 검식	14. 조리된 음식의 안전한 급식을 위하여 운반 및 배식기구 등을 청결히 관리하여야 하며, 배식중에 운반 및 배식기구 등으로 인하여 오염이 일어나지 않도록 조치하는지 여부	운반 및 배식기구 등이 청결하지 않으며 배식 중 교차오염의 우려가 있으나 조치하지 않는 경우	• 배식차, 덤웨이터 등 세척·소독 실시 • 엘리베이터(여건상 불가피한 경우 덤웨이터)로 배식차 운반 시, 분무 소독 등 공간살균 후 탑재(권장) • 배식시간 동안 급식관계자 외 탑승 제한 • 화물용 덤웨이터의 경우 사람 탑승 금지 ※ 참고사항 - 복도배식은 위생적으로 문제가 있으므로 교실배식으로 전환토록 지도
	15. 조리된 식품에 대하여 조리완료 시 음식의 맛, 온도, 조화(영양적인 균형, 재료의 균형), 이물, 불쾌한 냄새, 조리상태 등을 확인하기 위한 검식을 실시하는지 여부	검식을 지속적으로 실시하지 않거나 기록하지 않은 경우	• 급식일지에 검식기록을 하는 경우 NEIS 급식일지에 검식기록 여부 확인 - 검식일지 별도 사용 지양 - 기재내용 : 맛, 온도, 조화(영양적인 균형, 재료의 균형), 이물, 불쾌한 냄새, 조리상태

구분	점 검 항 목	부적합 기준 (적합 3점, 부적합 0점)	주요 점검기준 (참고사항)
세척 및 소독	16. 식기구를 세척·소독 후 배식전까지 위생적으로 보관·관리하는지 여부	식기구의 세척, 소독 및 위생적인 보관관리 미흡	• 식판 및 수저 등 식기구 보관 및 운반 시 덮개 사용 - 단, 교실배식의 경우 식기구 운반 시 밀폐용기 또는 운반차 내부 보관 • 소독 및 건조된 식기구의 이물질 등 청결 상태 확인 • 점검자가 식판 잔류세제 검사 후 세제 잔류 확인 시 감점 〈다른 법령 관련 규정〉 • 기계·기구 및 음식기는 사용 후에 세척·살균 등 청결하게 유지·관리(식품위생법 제3조, 시행령 제67조) ☞ 과태료 : 50(1차), 100(2차), 150만원(3차) • 동물의 내장을 조리한 경우 사용한 기계·기구류 등을 세척·소독(식품위생법 제88조, 시행령 제67조) ☞ 과태료 : 30(1차), 60(2차), 90만원(3차)
	17. 감염병의 예방 및 관리에 관한 법률 시행령 제24조에 따라 급식시설 방역을 실시하고 소독증명서를 비치하는지 여부	정기방역을 미실시 한 경우	• 하절기(4~9월 중) 2개월 1회 이상 실시, 동절기(10 ~ 3월 중) 3개월 1회 이상 실시 여부 확인 ※ 참고사항 - 개학직전 2월에 시작하여 2개월에 1회 권장(감염병의 예방 및 관리에 관한 법률 제51조, 83조, 시행령 제24조, 시행규칙 제36조) ☞ 과태료 50만원(1회), 100만원(2회) - 신설학교의 경우 급식개시 전에 소독실시 지도

표 10-13 학교급식 지도 및 권장사항 (배점 : 19개 항목×(2~3점))

구분	점 검 항 목	점검척도 및 평점	주요 점검기준(참고사항)
시설 관리	18. 일반작업구역과 청결작업구역으로 구분되어 식품취급 작업의 흐름이 교차되지 않는지 여부	• 우수 : 전처리실, 차단벽 설치 등으로 일반작업과 청결작업 구역 구분(2점) • 보통 : 작업구역은 미구분되나 작업대·세정대 등 분리 사용 (1점) • 미흡 : 작업구역 미구분 및 작업대·세정대 등 분리사용 안함(0점)	• 현대화사업 추진학교(각 실별 벽과 문으로 차단 시) 우수 점수 - 벽이나 문으로 차단이 곤란한 경우 바닥에서 1m 정도의 높이로 구역을 구분한 경우도 가능 - 단, 양문형 냉장고, 양문형 식기소독고 등으로 인해 위쪽 벽이 개방되어 있는 경우도 가능하나, 개선할 수 있도록 지도 • 작업구역은 구분되지 않으나, 작업별로 작업대, 세정대를 시간 또는 공간적으로 구분하여 분리 사용할 경우 보통 점수 ※ 참고사항 - 일반작업구역 : 검수, 전처리(가열 전·소독 전 식품절단), 식재료 저장, 세정 등 - 청결작업구역 : 식품절단, 조리(가열·비가열/가열 후·소독 후 식품절단), 정량 및 배선, 식기보관구역 등

구분	점 검 항 목	점검척도 및 평점	주요 점검기준(참고사항)
시설 관리	19. 조리장의 시설(바닥·벽·천장 등)의 파손 및 고장난 설비·기구의 관리 여부	• 우수 : 시설 파손 및 고장난 설비·기구 없음(3점) • 보통 : 시설 파손(경미) 또는 고장난 설비·기구 있음(수리의뢰)(1.5점) • 미흡 : 시설 파손(여러 곳) 또는 고장난 설비·기구 방치(0점)	• 파손된 곳 및 고장난 설비·기구가 없을 시 우수 • 열기, 습기에 약하거나 운반카트에 부딪혀 타일 파손된 곳, 보일러 배관, 에어컨 가스 배관, 바닥 배수로 등으로 인해 생긴 구멍, 천장 텍스가 떨어진 경우, 조리장 누수 등의 경우 파손으로 간주 • 주요 설비·기구 확인 사항 - 오븐, 소독고, 형광등, 자외선등(등센서 작동여부), 스팀배관(증기누출 여부), 바퀴, 릴호스 밸브, 에어 커튼, 손소독기, 식기세척기 등 • 설비·기구의 고장확인 및 수리 의뢰 - 고장난 설비·기구는 "고장수리 의뢰 중" 표시 부착 지도 ※ 참고사항 - 조리장 바닥, 벽, 천장의 전면 공사 필요시 추후예산을 확보하여 개선·검토하도록 안내
	20. 검수장소및조리 작업장소(작업대·가스대·국솥 등)의 조도 기준 준수 여부	• 우수 : 검수장소 540 Lux, 조리장(작업대·가스대·국솥 등) 220Lux 이상(2점) • 보통 : 일부 작업 공간의 조도가 기준 미달(1점) • 미흡 : 모든 작업공간의 조도가 기준 미달(0점)	• 한 곳이라도 기준 조도 미달일 경우 보통 • 식재료 창고 및 워크인냉장(동)고 포함 확인(조리작업 장소 기준 조도 220Lux 이상 준수) • 형광등 고장으로 인한 조도 미달 확인 ※ 참고사항 - 조도계 사용(허리 높이에서 측정, 날씨와 관계없이 측정)
	21. 조리장의 후드는 열 및 증기 발생 시 즉시 배출되고, 응축수가 식품에 직접 떨어지지 않는 구조인지 여부	• 우수 : 열, 증기발생 시 즉시 배출되며, 응축수가 식품에 직접 떨어지지 않는 구조(3점) • 보통 : 열, 증기배출이 다소 지연되나, 응축수가 식품에 직접 떨어지지 않는 구조(1.5점) • 미흡 : 배기휀 고장 또는 환기불량(0점)	• 후드 가동 시 스팀 조리기구(스팀국솥, 다단식스팀취사기, 세척기 등) 위 후드 내부 및 주변 천장에서 응축수가 식품에 떨어지지 않는 구조이면 우수 • 응축수가 식품에 낙하하는 구조이거나, 후드 기름입자 제거용 필터(튀김솥, 볶음솥, 부침기, 오븐기) 미설치 시 미흡 • 후드 응축수 밸브 미설치, 조리 중 후드 응축수 밸브 열고 작업 시 감점
	22. 조리장 내 온도 및 습도를 적정하게 관리하는지 여부	• 우수 : 냉·난방기 또는 공기조화시설 등을 갖추어 조리장 온도 및 습도를 적정하게 관리함(3점) • 보통 : 조리장의 온·습도관리 보통(1.5점) • 미흡 : 조리장의 온·습도관리 미흡(0점)	• 각 실별 냉·난방기(충분한 용량) 모두 설치되어 있어, 적정 온·습도 지속적 관리 • 조리장, 식품창고 온·습도계 비치 지도 • 조리장 내 실내온도는 18℃ 이하를 유지하는 것이 이상적 - 실질적으로는 이 조건을 충족하기 어려우므로 에어컨 등을 설치하여 가능한 낮은 온도 유지 - 공조시스템 설치 후 관리가 잘 될 경우 우수 • 조리장 내 적정 실내습도는 50~70% 유지

구분	점 검 항 목	점검척도 및 평점	주요 점검기준(참고사항)
시설관리	23. 식품보관실은 적정하게 설치되어 있으며, 소모품 보관실과 분리되어 있는지 여부	• 우수 : 식품보관실은 환풍기 또는 환기창이 설치되어 환기상태 적정, 소모품보관실 별도 설치 또는 공간구획 구분(2점) • 보통 : 일부 기준 미흡(1점) • 미흡 : 모든 기준 미달(0점)	• 별도의 소모품 보관실 설치 또는 공간구획 구분 - 경량칸막이와 자바라로 공간이 구획되거나 구분되어 있는 경우 인정 ※ 다만, 자바라의 경우 학교 자체 또는 교육청협의를 거쳐 개선토록 노력 • 환풍기 설치 및 작동 여부 확인 • 온·습도계 비치 • 나무 깔판 사용금지 • 보관선반은 바닥에서 15cm 이상 • 쌀 보관 시 바닥과 벽에서 15cm 이상 이격 ※ 참고사항 - 식품창고가 시멘트바닥일 경우 방수페인트 또는 타일부착 안내
	24. 조리종사자 전용 화장실이 있으며, 청소와 관리상태가 양호하고, 출입문이 조리실에 바로 면하지 않고, 화장실 내 환풍기 또는 환기창이 설치되어 있는지 여부	• 우수 : 조리종사자 전용 화장실이 있을 경우 청소와 관리 상태가 양호하며, 출입문이 조리실에 바로 면하지 않고, 환풍기 또는 환기창이 설치됨(2점) • 보통 : 일부 기준 미흡(1점) • 미흡 : 모든 기준 미달(0점)	• 조리종사자 전용 화장실 설치여부 확인 - 다만, 급식소 밖 화장실에 조리종사자 이외 사용을 금지하면서 청소와 관리상태가 양호한 경우는 보통으로 인정 • 화장실 출입문이 조리실에 바로 면하는지 확인 - 화장실 출입문이 조리실에 면하고 있으나, 출입문을 폐쇄하여 사용하지 않을 경우 인정(자바라 등 설치한 경우는 인정 안됨) • 환풍기 설치 및 작동 여부 확인 • 화장실 전반적인 위생관리 상태 확인(화장실용 신발, 종이타월, 휴지통덮개 등) ※ 참고사항 - 조리화를 신고 화장실로 바로 들어갈 수 있게 설계된 경우는 화장실용 신발로 갈아 신도록 지도
	25. 조리장 내 수세 시설과 신발소독 시설은 적정하게 설치되어 있고 올바르게 사용하는지 여부	• 우수 : 조리장 내 수세시설 적정 설치 (수량, 위치, 온수, 손잡이는 페달식 또는 원터치식), 신발소독 시설 적정 설치 및 이용(3점) • 보통 : 일부 기준 미흡(1.5점) • 미흡 : 모든 기준 미달(0점)	• 수세시설 적정 설치 및 이용 - 구획구분 되어 있는 경우 실별로 설치(단, 세척실 설치 권장), 온수공급(40℃ 이상), 모든 수세시설 손잡이는 페달식 또는 원터치식으로 설치 • 손소독시설, 물비누, 손톱솔, 종이타월비치(화장실 손세정대 포함) • 신발소독시설 적정 설치 및 이용 - 조리실 외부와의 출입구, 화장실 출입구 설치 - 일반구역과 청결구역의 경계면 설치(조리장이 벽과 문으로 구분된 경우) - 소독제 용량·용법에 맞는 상시적 농도 유지 ※ 참고사항 - 수세시설 손잡이가 페달식 또는 원터치식이 아닐 경우는 페달식으로 추가 설치하도록 안내 - 수세시설 옆 휴지통 비치 권장 - 핸드드라이기는 종이타월로 교체하도록 지도
	26. 조리장 내 씽크대 등은 배수관이 배수로와 직접 연결되어 바닥을 오염시키지 않도록 조치하고 있는지 여부	• 우수 : 모든 싱크대의 배수관이 배수로와 연결 및 관리상태 양호(2점) • 보통 : 일부 배수관이 배수로와 연결되지 않았거나 관리상태 미흡(1점) • 미흡 : 모든 기준 미달(0점)	• 배수관 연결 및 관리상태 현장 확인 - 세미기, 손세정대, 세척기, 담금세정대, 세탁기(화장실에 세탁기 설치된 경우는 제외) 등 배수관 연결 여부 - 이동식 세정대, 소쿠리 운반카트 등 이용 시 트렌치 위에서 배수하되, 바닥을 오염시키지 않도록 관리 ※ 참고사항 - 급식기구 및 배식도구 등을 안전하고 위생적으로 세척할 수 있도록 온수 공급설비를 갖추어야 함

구분	점 검 항 목	점검척도 및 평점	주요 점검기준(참고사항)
시설 관리	27. 조리장, 식품보관실, 식당 등의 방충·방서 설비 및 관리상태가 적정한지 여부	• 우수 : 출입문·창문에 모두 설치 및 관리상태 우수(3점) • 보통 : 출입문·창문에 일부 미설치 또는 관리상태 미흡(1.5점) • 미흡 : 모든 기준 미달(0점)	• 외부로 통하는 경우 에어커튼, 방충망 모두 설치(다만, 문 개·폐시 자동으로 에어커튼이 작동되는 등 방충대책이 완벽한 경우는 한 개만 설치되어도 인정) • 조리실 바닥, 외부에 구멍 뚫린 곳 없는지 확인 • 보일러실, 조리종사자 휴게실, 급식관리실 방충·방서시설 설치 • 환풍기에 개폐시설이 없는 경우 방충망 설치 • 살충등 실제사용 여부, 관리상태 확인 ※ 참고사항 - 에어커튼 방향 바깥쪽으로 향하도록 안내 - 유인살충등을 사용하는 경우 고전압 살충등은 조리중에 사용하지 않도록 하고, 포집등을 설치하도록 안내
	28. 급수설비의 적정성 및 이를 위생적으로 관리(수도전 위치, 수량 등) 하는지 여부	• 우수 : 수도전 충분하여 호스 미사용, 호스가 바닥에 닿지 않게 짧게 설치하여 적정 사용(2점) • 보통 : 일부 기준 미흡(1점) • 미흡 : 모든 기준 미달(0점)	• 호스 바닥에 닿게 사용 시 감점 • 국솥이나 세정대의 호스가 식재료에 닿거나 물에 잠기게 사용하는 경우 감점 ※ 참고사항 - 릴호스 청소·소독하도록 안내 - 수량 부족 시 릴호스 설치 안내
	29.냉동·냉장시설의 적정용량 확보 및 온도유지, 급식품 외 보관하는 것은 없는지 여부	• 우수 : 적정용량 확보, 온도유지, 온도계 설치, 급식품외 보관하는 것 없음(3점) • 보통 : 일부 기준 미흡(1.5점) • 미흡 : 모든 기준 미달(0점)	• 용량기준 확인 - 냉장·냉동고 용량의 70% 이하, 워크인 냉장고는 40% 이하로 보관 ※ 급식학교 냉동·냉장고 용량기준(권장) 참고 • 외부 온도계 설치 및 온도 유지 - 냉장고 내부 온도계는 설정온도가 아닌 실제 현재 온도가 측정되고 있는 경우만 인정 - 점검 시점에서 냉장·냉동고 온도 유지 잘 되고 있는지 확인 • 개인물품이나 식재료 샘플은 별도의 냉장고에 보관 - 보존식냉동고에 보존식 외 물품 일체 보관 금지 • 냉장고 안 칸막이 선반 부식 시 선반 교체 ※ (참고) 급식학교 냉동·냉장고 용량기준(권장)

급식인원수	학교급별	식재료 보관용(L)		조리완성식품	식재료보관용
		냉장고	냉동고	냉장보존용(L)	워크인냉장고
500명 이하	초	432	112	115	(2,000~ 2,817)W ×2,200H ×1,800D
	중	516	142	120	
	고	629	183	148	
501~ 1,000명	초	865	222	230	
	중	1,032	283	241	
	고	1,256	365	296	
1,001~ 1,500명	초	1,296	332	341	
	중	1,548	423	361	
	고	1,884	548	444	(2,600~ 3,692)W ×2,200H ×1,800D
1,501~ 2,000명	초	1,729	442	460	
	중	2,063	565	481	
	고	2,513	730	592	

구분	점 검 항 목	점검척도 및 평점	주요 점검기준(참고사항)
			*학교급식 냉장·냉동고의 용량 기준설정에 관한 연구(교육인적자원부, 2005년) **〈다른 법령 관련 규정〉** • 보존 및 보관기준에 적합한 온도가 유지되는 냉장·냉동시설 구비(식품위생법 제74조, 제88조, 시행령 제67조) ☞ 시설기준 부적합 시 시설 개수 명령, 명령 위반시 과태료 : 200(1차), 300(2차), 400만원(3차) • 조리·제공한 식품의 매회 1인분 분량을 -18℃이하에서 144시간 이상 보관(식품위생법 제88조, 시행령 제67조) ☞ 과태료 : 300(1회), 400(2회), 500만원(3회) ※ 식중독 발생시 보관 또는 사용 중인 보존식이나 식재료를 폐기하거나 현장을 훼손하는 경우 ☞ 과태료 : 30(1회), 60(2회), 90만원(3회)
시설 관리	30. 종사자의 개인위생 준수여부 및 건강 상태 확인 후 적절히 조치하는지 여부	• 우수 : 작업 전 건강 확인(소화기질환 및 손 상처자), 필요약품 구비 및 적정관리(3점) • 보통 : 작업 전 건강 상태 확인(소화기질환 및 손 상처자) 적정 조치는 하였으나, 필요약품 구비 미흡(1.5점) • 미흡 : 모든 기순 미날(0점)	• 작업 전에 건강상태 확인 - 반드시 당일 작업시작 전까지 손 상처자나 설사 여부 체크 및 개선 조치 • 필요약품 구비 및 유통기한 확인 - 구급약품 : 소화제, 진통제, 화상 치료제, 상처 치료제, 밴드, 골무 등 • 마스크 착용여부 확인 • 신규 급식 종사자(학부모 모니터요원 포함)에 대한 건강문진 작성 • 개인위생관리 상태 확인 - 머리카락, 매니큐어, 장신구 착용 등 - 영양교사·영양사 및 조리종사자 위생모 착용 시 머리카락이 보이지 않아야 함(캡모자, 주방장 모지 사용 금지) - 위생복 청결상태 및 긴팔 위생복 착용 확인(위생·안전상 반팔 위생복 착용 지양) ※ 참고사항 - 위생복은 가급적 밝은 색상으로 제작하거나 구입하여 청결하게 관리(어두운 색상은 지양) **〈다른 법령 관련 규정〉** • 위생모 및 마스크를 착용하는 등 개인위생관리 철저(식품위생법 제3조, 시행령 제67조) ☞ 과태료 : 20(1차), 40(2차), 60만원(3차)
개인 위생	31. 종사자를 대상으로 위생 교육을 정기적으로 실시하는지 여부	• 우수 : 종사자에 대한 정기적 교육 실시(2점) • 미흡 : 일부 교육 누락 및 미실시(0점)	• 조리종사자 월1회 위생·HACCP 교육 실시 확인 - 신규자에 대하여는 기본적인 위생관리 및 안전사고 예방 등에 관한 사전교육 실시 ※ 학교급식 종사자의 자체 위생교육과는 별도로 집단급식소 설치·운영자(식품위생 책임자 지정하여 대신 교육 가능) 및 영양사, 조리사는 식품위생법령에 따라 교육을 받도록 규정하고 있음(식품위생법 제41조, 제56조) ☞ 과태료 : 20(1차), 40(2차), 60만원(3차)

구분	점 검 항 목	점검척도 및 평점	주요 점검기준(참고사항)
배식	32. 배식 시 위생복장을 적정하게 착용하는지 여부	• 우수 : 모든 배식자가 위생복장(앞치마, 위생모, 마스크 등) 착용(3점) • 보통 : 일부 미착용(1.5점) • 미흡 : 모두 미착용(0점)	• 배식 시 위생복장(앞치마, 위생모, 마스크 등) 착용 확인 • 위생복장 청결상태 확인 ※ 참고사항 - 위생장갑 또는 청결한 도구(집게, 국자) 등 사용, 맨손 배식 금지 - 부득이하게 배식 시 도구사용이 어려울 경우 1회용 위생장갑 사용 가능 - 배식자용 마스크는 코와 입을 막을 수 있는 마스크 사용 권장
환경위생관리	33. 조리실 내·외부의 쓰레기는 적정 처리하고 주변을 청결하게 관리하고 있는지 여부	• 우수 : 조리실 내·외부의 쓰레기통은 덮개 사용 등 주변 청결관리(2점) • 보통 : 덮개 미사용 등 주변 청결관리 일부 미흡(1점) • 미흡 : 관리실태 불량(0점)	• 페달 달린 덮개 있는 전용 쓰레기통 비치·사용 확인(전처리 쓰레기통 포함) • 쓰레기통(잔반통) 내·외부 및 주변 청결관리 실태 확인 • 잔반 매일 수거 확인 ※ 참고사항 - 음식물쓰레기 수거업체(폐기물관리법에 의한 허가·신고) 적정 여부 확인 - 잔반은 매일 수거를 원칙으로 지도
HACCP	34. HACCP 적용에 대한 자체분석 후 협의를 거쳐서 적절한 개선조치를 취하고 있는지 여부	• 우수 : HACCP 적용에 대한 자체분석 후 적절한 조치(3점) • 보통 : 자체분석은 실시, 적절한 조치 미흡(1.5점) • 미흡 : 자체분석 및 개선조치 미이행(0점)	• 월 1회 CCP별 점검결과 및 조치 기록표 작성 확인 • 연 2회 HACCP 자체분석 실시(4, 10월 중 권장) - HACCP 자체검증 결과표 작성 확인 - HACCP팀 구성·회의(회의록 작성), 교육, 측정기구 확보 및 적정 사용 여부 등 - 미생물 분석을 통한 음식과 환경의 안전성 확인 권장 ※ 참고사항 - CCP별 점검결과 및 조치사항, HACCP 자체검증 결과표, 온도계 자가검교정 기록지 : [학교급식 위생관리 지침서] 참조
	35. CCP확인표를 담당자가 올바로 이해하고, 현장기록을 실시하고 있는지 여부	• 우수 : CCP 올바로 이해, 현장기록 철저(3점) • 보통 : CCP 올바로 이해, 담당자 미지정, 현장기록 미흡(1.5점) • 미흡 : CCP 현장기록 미이행(0점)	• CCP기록지 현장 비치 및 기록 확인 • 담당자 지정 확인 • CCP2 모든 조리과정 작성(밥, 국과 같이 끓이는 음식은 온도측정 제외) • CCP3 완제품을 제외한 모든 음식 기록 • CP2 식판 잔류세제 확인 기록(테스트 페이퍼, 페놀프탈레인 검사 실시) ※ 참고사항 - 학교급식 위생·안전관리기준 점검항목의 2번, 6번, 7번, 11번, 12번, 13번 문항 전부 실시했는지 확인 - 학교급식시설 현대화사업의 일환으로 "위생관리 시스템정보화" 등을 통해 실시간 CCP기록관리 업무전산화 권장
안전관리	36. 학교자체에서 일일 위생 점검을 실시하고 있는지 여부	• 우수 : 점검실시 및 기록유지(3점) • 미흡 : 점검미실시 또는 기록 미유지(0점)	• 점검표의 기록 유지 관리 확인 • 점검표 작성 시기 적정 확인 - 미리 작성하거나, 미작성 시 감점 ※ 참고사항 - 시·도교육청별로 통일된 일일 위생·안전 점검표 제공 및 사용 권장

Hazard Analysis and Critical Control Point

CHAPTER 11

식품접객업소 HACCP 시스템

1. 선행요건프로그램
2. HACCP 시스템
3. 평가기준

학습목표

1. 식품접객업소 선행요건프로그램 내용을 이해하고 활용할 수 있다.
2. 집단급식소 선행요건프로그램과 식품접객업소 선행요건프로그램 내용을 비교하여 설명할 수 있다.
3. 식품접객업소 HACCP 시스템 내용을 이해하고 활용할 수 있다.
4. 집단급식소 HACCP 시스템과 식품접객업소 HACCP 시스템 내용을 비교하여 설명할 수 있다.
5. 식품접객업소 HACCP 시스템 인증평가와 사후관리 평가기준을 설명할 수 있다.

CHAPTER 11

식품접객업소 HACCP 시스템

1. 선행요건프로그램

※ 매뉴얼의 세부구성은 각 평가항목별로 기준, 관리, 현장 3가지로 구분되어 있다.

- 기준 : 식품 및 축산물 안전관리인증기준 실시상황평가표의 평가항목별로 업소 현황에 맞는 세부기준을 수립하여 운영하여야 한다.
- 관리 : 기준에 따라 점검·기록 및 이탈 시 개선조치를 실시하고, 주기적으로 기준 변경사항 등을 반영하여 점검·기록 관리를 실시하여야 한다.
- 현장 : 현장(영업장, 작업장 포함)은 기준에 따라 유지되어야 한다.

1) 작업장은 외부의 오염물질이나, 해충·설치류 등의 유입을 차단할 수 있도록 밀폐 또는 위생적으로 관리하여야 한다. (0~3점)

(1) 기준

외부의 오염물질 또는 해충이 유입되지 않도록 틈이 없는 구조(밀폐)를 가져야 하며, 유입차단을 위하여 효과적인 예방관리(위생적 관리)를 실시한다.

① 벽·천장, 외부 출입문, 창문 등을 밀폐하여 유입을 차단한다.

② 흡·배기구 및 창문 등에 방충망을 설치하여 유입을 차단한다.

③ 출입문에 에어커튼, 이중문(방충문 포함), 비닐커튼 등으로 유입을 차단할 수 있다.

④ 작업장 주변 환경 정리 및 정기적인 청소활동을 통한 외 부오염원의 축적을 예방한다.

⑤ 기타 필요한 사항

(2) 관리

- 내부 출입문, 천장, 벽, 바닥, 흡·배기구, 창문 등 작업장 내부 전체의 밀폐 및 오염물질 등 차단관리를 주기적으로 점검 및 관리하여야 한다.

(3) 현장

작업장 내부 전체에 대한 밀폐, 차단관리 여부를 확인한다.

- 밀폐 관리 : 외부와 닿는 출입문, 창문, 바닥·벽 등 틈 발생 여부 및 밀폐처리 여부
- 유입 차단 : 이중문(방충문 포함)의 동시 개폐 여부, 에어커튼, 방충문 등 확인
- 기타 작업장의 오염물질 등 유입 차단 및 밀폐관리에 관한 사항

2) 작업장은 청결구역(식품의 특성에 따라 청결구역은 청결구역과 준청결구역으로 구별할 수 있다)과 일반구역으로 분리하고, 제품의 특성과 공정에 따라 분리, 구획 또는 구분할 수 있다. 이 경우 화장실 등 부대시설은 작업장에 영향을 주지 않도록 분리되어야 한다. (0~3점)

(1) 기준

- 식품·축산물의 특성을 고려하여 교차오염을 예방하기 위해 청결구역(또는 준청결구역)과 일반구역으로 분리, 구획 또는 구분할 수 있다.

① 일반구역과 청결구역은 분리, 구획 및 구분(선·줄 등으로 구분하는 경우를 말한다.) 할 수 있으며, 이송벨트의 밀폐 등 시설·제품의 특수성으로 분리 또는 구획이 필요가 없다고 판단되는 경우 구분하여 관리할 수 있다.

- 일반구역 : 원료에서 유래하는 생물학적 위해요소가 교차오염이 발생될 수 있는 공정을 수행하는 구역, 포장 후 제품에 외부오염물질이 교차오염(또는 교차혼입)의 우려가 없는 공정을 수행하는 구역
- 청결구역 : 식품, 식품접촉면, 식품포장재 등이 노출되어 교차오염이 발생될 경우 최종 제품에 영향이 클 것으로 판단되는 공정을 수행하는 구역 또는 제품을 보호하여야 하는 구역

② 생산공정의 시간 차를 이용한 교차오염의 우려가 없도록 조치 또는 예방활동을 실시하는 경우 일반·청결구역으로 구분한 것으로 판단할 수 있다.

- 화장실 등은 작업장에 영향을 미치지 않도록 분리되어야 한다.
- 화장실은 작업장에 영향을 주지 않는 위치에 있으며, 환기 시 작업장 외부로 배출한다. (강제 배기)

(2) 관리

- 교차오염 예방 및 위생적 관리를 위하여 원료 입고부터 제품 출하까지 작업장을 일반구역 및 청결구역으로 적절히 분리·구획·구분 여부를 점검 및 관리하여야 한다.

(3) 현장

- 제품 등 특성, 공정을 고려하여 분리, 구획 또는 분리의 적정성을 확인한다.
  - 일반구역과 청결구역 설정에 따른 교차오염(원료, 종사자, 공정 등) 발생 여부 확인
  - 식품·축산물 및 제품 특성별 등 고려한 교차오염 발생 여부 확인
  - 기타 작업장 분리·구획·구분 등에 관한 사항

3) 종업원은 작업장 출입 시 이물제거 도구 등을 이용하여 이물을 제거하여야 하고, 개인장신구 등 휴대품을 소지하여서는 아니된다. (0~3점)

(1) 기준

- 위생복의 교차오염 예방을 위하여 청결하게 관리한다.

① 별도의 탈의실 및 탈의함을 구비한다.

② 위생복의 교차오염 방지를 위한 별도 공간을 설정한다.

③ 탈의실 내 환기설비 구비하여 교차오염을 예방한다.

④ 기타 위생복 관리에 필요한 사항

- 종업원은 작업장 내에 개인용 장신구 등을 착용하여서는 아니 된다.

① 머리핀, 화장, 붙이는 속눈썹, 매니큐어, 귀걸이, 목걸이 등 작업과 관계되지 않은 물품을 착용하지 않도록 한다.

② 불가피하게 작업장 내 개인물품의 휴대(휴대폰 등)가 필요할 경우 교차오염이 발생되지 않도록 적절한 관리기준을 수립한다.

(2) 관리

- 위생복장(신발 포함)의 교차오염이 발생하지 않도록 주기적으로 점검 및 관리하여야 한다.
- 개인용 장신구 등 개인물품 휴대 여부를 주기적으로 점검 및 관리하여야 한다.

(3) 현장

- 위생복장(신발 포함)의 교차오염 여부를 확인한다.
  - 위생복 등 분리 또는 구분 보관 실행 여부 확인
  - 탈의실 및 위생복 보관함 등 청결 여부, 탈의실 내 환기 확인

- 작업자를 대상으로 위생복장 및 개인용 장신구 등 기준 준수 여부를 확인한다.
  - 개인용 장신구 등 착용 또는 휴대 확인
  - 기타 개인장신구 착용 등에 관한 사항

4) 종업원은 작업장 출입시 손·위생화 등을 세척·소독하여야 하며, 청결한 위생복장을 착용하고 입실하여야 한다. (0~3점)

(1) 기준

- 작업장 출입 시 손·위생화 등 세척·소독 설비를 구비하여야 한다.

① 출입구에는 청결한 개인위생 위해 적절한 설비를 구비한다.
  - 손세척·건조·소독설비, 신발세척설비(장화를 착용한 경우), 이물관리 설비(진공흡입기, AIR SHOWER, 끈끈이 롤러 등) 등
  - 겨울철 올바른 손세척을 위하여 온수 공급 검토 필요

② 작업장 화장실 내 손세척·건조·소독설비를 구비한다.

- 올바른 입실절차를 준수하여야 한다.

① 출입 절차에 맞는 복장 착용해야 한다.

② 올바른 위생처리 순서(이물제거, 손세척, 손건조, 손소독, 작업종료 후 장화세척)를 숙지하고 이행해야 한다.

③ 입실절차와 손세척 방법 등에 대한 게시물을 설치한다.

④ 작업장 화장실은 전용 슬리퍼를 사용한다.

- 작업 시에는 교차오염 및 이물혼입이 발생하지 않는 청결한 복장을 착용한다.

① 위생복 및 위생모(머리카락이 노출되지 않도록 착용), 마스크(식품 등의 제조·가공·조리 또는 포장에 직접 종사하는 사람은 착용 필수, 단 제품 등과 교차오염 우려가 없는 경우는 선택 가능), 앞치마(작업형태에 따라 설정), 위생화(위생장화, 작업화 중 작업형태에 따라 적절한 위생화를 선정할 수 있다.) 등 청결한 복장을 착용한다.

- 위생복, 위생화는 세척·소독 여부를 쉽게 확인할 수 있는 흰색 권고
- 위생복은 이물혼입의 우려가 높은 단추 등은 지양하며, 벨크로(일명 찍찍이) 권고

(2) 관리

- 세척·소독 설비 구비 및 작동 상태, 올바른 입실절차, 청결한 복장 착용 등을 주기적으로 점검 및 관리하여야 한다.

(3) 현장

- 세척·소독 설비 구비 여부 확인
  - 파손·고장 등 없이 상시 정상 가동 여부 확인
- 입실절차로 복장 착용, 위생처리 순서 준수 및 게시물 확인
- 청결한 위생복장 착용 확인
  - 위생복, 위생모, 마스크, 앞치마, 위생화 등

5) 포충등, 쥐덫, 바퀴벌레 포획도구 등에 포획된 개체수를 정해진 주기에 따라 확인하여야 한다. (0~3점)

(1) 기준

- 관리기준 이탈 여부를 모니터링할 수 있는 포획도구를 구비하여야 한다.

① 비래해충 포획도구(포충등)를 구비한다.

② 보행해충 포획도구(바퀴트랩 등) 및 쥐트랩을 구비한다.

③ 생산 특성에 따라 필요한 포획 도구(화랑곡나방 패치 등)

- 방충방서 관리를 위해 관리기준을 수립해야 하며, 정해진 주기에 따라 유입 여부를 확인하여야 한다.

① 방충·방서 기준 설정(동절기·하절기, 구역별)

② 모니터링 주기

③ 개선조치 방법

• 내인성, 외인성 해충의 특징에 따라 관리 방안(외부 방역, 청소 등)

④ 구제 시 방법

• 외부 방역 관리, 구제 약품 명칭, 목적, 사용법

⑤ 기타 필요한 사항

(2) 관리

- 정해진 기준에 따라 유입 여부를 주기적으로 점검 및 관리하여야 한다.
  - 외부 위탁하는 경우 위탁업소로부터 방충·방서관리 현황을 확인하여 구제 등 개선조치 실시

(3) 현장

- 방충·방서 관련 모니터링 도구 및 유입 방지 시설·설비 등을 확인한다.
  - 작업장 내 해충 유입 여부 확인
  - 방충·방서 관련 모니터링 도구 및 정상가동 여부 확인
  - 기타 방충·방서 관리에 관한 사항

6) 작업장 내부는 정해진 주기에 따라 청소를 하여야 한다. (0~3점)

(1) 기준

- 작업장 천장, 바닥, 벽 등 재질은 세척·소독이 가능한 내수성(제조공정, 품목, 원료 등의 특징에 따라 내열성, 내산성)의 재질로 구성되어 있어야 하며, 파손된 부분이 없어야 한다.

① 천장, 바닥, 벽 등 재질에 대해 특정하거나 제한하지 않으며, 타일의 줄눈에 대해 적절한 마감처리 후 사용한다.

② 건식 청소방법을 유지하는 작업장에 대해서도 천장, 바닥, 벽 등은 내수성 재질로

구성한다.

- 일상적으로 건식청소방법을 유지하는 작업장이라 하더라도 특정 시기(장기간 휴가기간 등)나, 특정원인(작업장 내 대규모 해충 발생으로 인한 훈연방제 등)으로 인해 습식청소가 필요한 경우가 있으며 이를 위해 내수성 재질을 유지할 필요가 있다.

③ 작업장 화장실은 세척·소독이 가능한 내수성 재질로 구성되어야 한다.

④ 작업장의 재질에 대해 특정하거나 제한하지 않는다.

- 작업장은 천장, 바닥, 벽에 잔사물이 남지 않도록 청결히 관리해야 하며, 곰팡이 등이 발생되지 않아야 한다.
- 작업장 바닥, 천장, 벽을 청결히 관리하기 위해 적절한 세척소독 도구를 구비해야 하며 올바르게 운영하여야 한다.
  - 세제 및 소독제의 올바른 사용법(용도 포함)을 준수해야 한다.

(2) 관리

- 작업장 내부는 식품의 특성에 맞는 재질을 사용, 청결 여부, 세제 및 소독제 사용법 등을 주기적으로 점검 및 관리하여야 한다.

(3) 현장

- 작업장 재질의 내수성 등 처리 여부 및 청결 여부 등 확인한다.
  - 작업장 내부는 내수성 등 재질로 처리 및 파손 여부 확인
  - 세척·소독을 통한 청결 관리 여부 확인
  - 세척·소독제 사용(용도 등) 확인
  - 기타 작업장 세척·소독에 관한 사항

7) 배수로, 제조설비의 식품(축산물을 포함한다. 이하 같다)과 직접 닿는 부분, 식품과 직접 접촉되는 작업도구 등은 정해진 주기에 따라 청소·소독을 실시하여야 한다. (0~3점)

(1) 기준

- 설비 및 기구 등은 외부, 내부 모두 세척·소독이 가능한 구조로 되어 있어야 한다.

① 제조설비는 분리하여 세척이 가능하거나, 이에 상응하는 세척·소독 기준을 설정해야 한다.

② 식품 제조설비 중 세척·소독이 불가능한 부분이 남아 있지 않아야 한다.

- 설비 및 기구 등은 청결히 관리해야 하며, 식품잔사물, 곰팡이 등이 발생되지 않아야 한다.

① 세척·소독 관리 미흡에 따른 식품잔사물, 곰팡이 등이 잔존하지 않아야 한다.

• 배관 등 고정형 제조설비의 경우 CIP 방법 가능

② 세척·소독한 칼, 도마 등의 기구(육류, 채소류, 어류 등), 앞치마, 고무장갑 등을 청결하게 보관한다.

- 설비 및 기구 등을 청결히 관리하기 위해 적절한 세척소독 도구를 구비해야 하며 올바르게 운영하여야 한다.

• 세제 및 소독제의 올바른 사용법(용도 포함)을 준수해야 한다.

(2) 관리

- 배수로, 제조설비 및 기구 등은 청결히 관리해야 하며, 식품잔사물, 곰팡이 등이 발생되지 않도록 주기적으로 점검 및 관리하여야 한다.

(3) 현장

- 설비 및 기구 등 교차오염 및 청결관리 여부를 확인한다.

- 세척·소독을 통한 청결 관리 여부 확인
  ※ 분해 청소가 어려운 설비인 경우 분해를 요청하여 확인 가능
  ※ 공정 중 발생된 식품잔사물인지, 축적된 잔사물인지 확인
- 세척·소독제 사용(용도 등) 확인
- 기타 작업장 세척·소독에 관한 사항

8) 식품안전과 관련된 소비자 불만, 이물 혼입 등 발생 시 개선조치를 실시하고, 그 결과를 기록·유지하는 등 식품위생법에서 정하는 준수사항을 지켜야 한다. (0~3점)

(1) 기준

- 소비자 불만, 이물혼입 등에 대한 개선조치 및 기록하여야 한다.
- 클레임 접수 일시 및 접수자, 클레임 유형 및 발생원인, 클레임 대응 결과 및 개선조치
- 기타 필요한 사항

(2) 관리

- 소비자 불만, 이물혼입 등에 대해 주기적으로 점검 및 관리하여야 한다.

(3) 현장

- 클레임, 이물혼입 등 개선조치 또는 예방활동 현황을 확인한다.
  - 공정별, 작업장 환경, 종사자, 시설·설비 등 이물 혼입의 우려가 있는지 확인
    ※ 스테인리스 설비의 비닐, 테이프, 커터칼, 용기·기구 파손 등 확인
  - 기타 클레임, 이물혼입 등에 관한 사항

9) 식품과 직접 접촉되는 모니터링 도구(온도계 등)는 사용 전·후 세척·소독을 실시하여야 한다. (0~2점)

(1) 기준

- 모니터링 담당자 및 HACCP팀장은 모니터링 도구의 올바른 사용법에 대해 숙지하여야 한다.
  - 교차오염 방지를 위한 보관, 사용 전 소독 실시, 사용 후 잔사물 제거 및 소독
  - 기타 필요한 사항

(2) 관리, 현장

- (관리) 모니터링 도구 사용 전·후 세척·소독 실시 여부를 주기적으로 점검 및 관리하여야 한다.
- (현장) 모니터링 도구 보관 및 사용 전·후 세척·소독 실시 확인
  - 모니터링 도구 관리에 관한 사항

10) 파손되거나 정상적으로 작동하지 아니하는 제조설비를 사용하여서는 아니되며 식품위생법에서 정한 시설기준에 적합하게 관리하여야 한다. 이 경우 제조가공에 사용하는 압축공기, 윤활제 등은 제품에 직접 영향을 주거나 영향을 줄 우려가 있는 경우 관리대책을 마련하여 청결하게 관리하여 위해요인에 의한 오염이 발생하지 아니하여야 한다. (0~3점)

(1) 기준

- 제조설비 등은 위해(파손, 재질 및 교차오염 등)의 우려가 없도록 관리하여야 한다.

① 제조설비 등은 결손 되거나, 파손된 부분 없이 정상적으로 작동되어야 한다.

- 이물이나 교차오염이 발생되지 않도록 적절히 관리

② 제조설비 등은 식품에 적합한 재질로 구성되어야 하며, 소독·살균이 가능해야

한다.

- 내수성 재질 및 「식품 기구 및 용기·포장 공전」에 따라 적합한 재질 사용

③ 윤활유 및 청관제 사용 시 용도에 맞게 올바르게 사용하며, 식품으로 혼입될 우려가 있는지 주기적으로 관리하여야 한다.

- 직접 영향을 주거나, 영향을 줄 우려가 있는 설비에 대하여 식품등급 윤활유 및 청관제(식품첨가물) 사용 여부 확인

④ 압축공기를 사용하는 경우 식품에 직접 영향을 주거나, 영향을 줄 우려가 있는 경우 적절한 관리방안(필터 등)을 마련하여 관리하여야 한다.

- 일반·청결구역, 식품 등에 직접 분사하거나 간접 분사(청소용) 등 사용 용도를 고려하여 압축공기를 관리한다.
- 외부 공기 및 설비로부터 오염물질(수분, 유분, 이물 등)을 제어 및 관리한다.

(2) 관리

- 제조설비 등의 파손 여부, 정상작동 여부, 재질의 적절성, 교차오염 등을 주기적으로 점검 및 관리하여야 한다.

(3) 현장

- 제조설비 등 운영현황을 확인한다.
  - 파손 및 정상작동 여부, 재질, 교차오염 여부, 압축공기 사용용도 등 확인
  - 기타 취급 제조시설 등의 교차오염 관리에 관한 사항

11) 가열기 및 냉장·냉동창고의 온도계는 정해진 주기에 따라 검·교정을 실시하여야 한다. (0~3점)

(1) 기준

- 가열기, 냉장·냉동창고 등 계측기계는 정해진 주기에 따라 검·교정을 실시하여야 한다.

- 검·교정은 검·교정 받은 날로부터 1년 이내에 1회 이상 주기적으로 실시한다.
- 한국인정기구에서 인정한 검교정 기관에서 검·교정된 표준품을 이용하여 비교 검·교정을 실시할 수 있다.

① 분동 검·교정 주기

- 표준분동은 검·교정 주기 2년으로 설정 가능하며, 기타 계측장비는 사용빈도에 따라 1년 이내의 범위에서 검·교정의 주기 단축을 요구 가능

② 신규 계측기기 검·교정

- 새로 구매하는 계측장비 등의 보증범위를 고려하여 제조년월일을 기준으로 1년의 범위에서 별도 검·교정 없이 사용이 가능하며, 관련 증빙자료를 구비하고, 정상가동 여부를 확인

③ 온도계 검·교정

- 외부공인기관 또는 자체 검·교정 시 사용 온도대역으로 검·교정을 하는 것이 바람직하며, 계측장비의 오차 범위를 고려하여 검·교정 실시
- 예시) 표준품을 이용한 자체 검·교정할 경우 표준품의 검증범위(0~200℃의 온도범위)가 자체 검·교정 범위(0~150℃의 온도범위)를 포함

④ 표준물질(시약) 활용

- 측정기기(pH미터 등) 중 표준물질을 통해 검정할 수 있는 경우 자체 검·교정 기준 수립 가능

⑤ 자체 검·교정 시 검교정 일자, 오차범위, 측정결과, 판정 등 기록

(2) 관리

○ 계측장비별 검·교정 및 관련 기록 등 주기적으로 점검 및 관리하여야 한다.

- 검사용 장비·기구에 대해 정기적으로 교정 및 기록관리(검·교정 유효기간, 오차, 보정 등)

※ 계측장비에 검·교정 내역을 표시하여 관리 가능

(3) 현장

- 검·교정 관리 현황을 확인한다.
  - 사용하는 계측장비의 검·교정 여부 확인
  - 냉장·냉동 시설 등의 온도측정 장치의 보정(오차 등)을 확인
  - 기타 검·교정 관리에 관한 사항

12) 냉장·냉동 창고의 온도를 적절히 관리하여야 한다. (0~3점)

(1) 기준

- 냉장·냉동 창고 온도는 정해진 온도로 관리하여야 한다.

식품의 종류	보존 및 유통 온도
• 냉장제품	0~10℃
• 냉동제품	-18℃ 이하
• 식육(분쇄육, 가금육 제외) • 포장육(분쇄육 또는 가금육의 포장육 제외) • 식육가공품(분쇄가공육제품 제외) • 기타식육	냉장(-2~10℃) 또는 냉동
• 식육(분쇄육, 가금육에 한함) • 포장육(분쇄육 또는 가금육의 포장육에 한함)	냉장(-2~5℃) 또는 냉동
• 신선편의식품(샐러드 제품에 한함) • 훈제연어 • 알가공품(액란제품에 한함)	냉장(0~5℃) 또는 냉동
• 압착올리브유용 올리브과육 등 변질되기 쉬운 원료 • 얼음류	-10℃ 이하
• 기타 별도로 정해진 경우 그 기준을 준수	

※ 제상시간 등 별도 설정되어 있는 경우 기준에 반영

※ 냉장·냉동 온도센서는 온도가 가장 높게 측정되는 곳에 설치

(1) 관리

- 온도관리 기준에 따라 온도가 유지되는지 주기적으로 점검 및 관리하여야 한다.
  - 실제 온도를 측정하여 기록하며 단순한 적합·부적합이 아닌 숫자 기입(00.0℃)

• 냉장·냉동 창고 온도는 일 1회 이상 점검 기록하고, 이탈 시 개선조치 관리

(2) 현장

◎ 온도관리 현황을 확인한다.

• 온도 유지 여부 확인

※ 온도판넬, 자동온도기록장치 등

• 온도센서 위치의 적정성 확인

• 기타 냉장·냉동시설의 온도관리에 관한 사항

13) 식품의 제조·가공·조리·선별·처리에 사용되거나, 식품에 접촉할 수 있는 시설·설비, 기구·용기, 종업원 등의 세척에 사용되는 용수는 수돗물이나 「먹는물관리법」 제5조의 규정에 의한 먹는물 수질기준에 적합한 지하수이어야 하며, 필요한 경우 살균 또는 소독장치를 갖추어야 한다. 또한, 저수조를 설치하여 사용하는 경우 정해진 주기에 따라 청소·소독을 하여야 한다. (0~3점)

(1) 기준

◎ 사용하는 용수는 먹는물 수질기준에 적합하여야 한다.

① 작업장 내에서 사용하는 용수에 대해 먹는물 수질기준 항목에 대한 검사자료를 구비한다.

• 수돗물은 별도의 검사자료 요구 없이, 사용내역 등을 검사자료로 인정 가능

② 지하수를 비가열 섭취식품의 원·부재료의 세척용수 또는 배합수로 사용하는 경우 살균 또는 소독을 하여야 한다.

• 양전하 필터/RO필터/염소/오존/자외선 등 구비(일반적인 마이크로필터만으로는 노로바이러스 등 위해요인을 제어 하기가 어려우며, 제어 효과가 있는 설비를 사용)

④ 지하수 교차오염 관리와 보호 시설(또는 설비)의 잠금장치를 구비한다.

- 저수조는 적절한 재질로 구성되어야 하며, 위해에 대한 교차오염을 예방 및 관리하여야 한다.

① 저수조는 내수성으로 용출 등 인체에 위해가 없는 재질(스테인리스, FRP 등)을 사용한다.

② 저수조 또는 저수조 보관실에 잠금장치를 설치한다.

③ 저수조는 반기 1회 이상 주기로 청소한다.

- 저수조가 신축되거나, 1개월 이상 사용이 중단된 경우 사용 전에 청소 실시
- 자체 청소를 실시하는 경우 청소 전·후 사진, 청소 기준 준수 여부(잔류염소 등) 확인
- 외부에 의뢰하는 경우 청소 기준 준수 여부(잔류염소 등), 관련 증빙 자료(사진, 서류) 등 구비

④ 건물에 임대하여 있는 경우 저수조 관련 증빙자료를 주기적으로 수령한다.

(2) 관리

- 용수에 대한 수질관리, 지하수 사용에 따른 오염 및 살균·소독장치 작동, 저수조 재질 및 교차오염 등 주기적으로 점검 및 관리하여야 한다.

(3) 현장

- 사용하는 용수 및 저수조 등 운영현황을 확인한다.
  - 작업장 내 비가열식품에 대한 원료 세척수 또는 제품 배합수 사용 여부 확인
  - 살균·소독장치에 대한 정상작동, 농도 등 관리 현황 확인
  - 지하수 보호 시설 등 확인
  - 저수조 등 재질의 적절성 확인[관련 증빙자료(성적서, 사진 등)가 있는 경우 서류로 갈음 가능]
  - 기타 용수 및 저수조 관리에 관한 사항

14) 원·부재료 입고 시 시험성적서를 수령하거나, 육안검사를 실시하여야 한다. (0~3점)

(1) 기준

- 사용하는 원부재료는 안전성을 확인하고, 입고하여야 한다.

① 원·부재료에 대한 위해정보(법적규격 등)에 따라 관리 주기 및 방법을 설정한다.

- 자체 검사/외부 검사 의뢰/시험성적서 관리(수입필증 포함) 등 관리방법 설정
- 시험성적서 등 입고 주기에 맞춰 주/월/분기/반기/연간 수령 주기를 설정하고, 원·부재료 입고시마다 육안검사

② 원·부재료 입고기준 및 규격에 따라 적합한지 여부를 확인한다.

- (관리항목) 입고일시, 원·부재료명, 성상, 파손, 유통기한·제조년월일·품질유지기한, 온도, 차량 위생, 이물혼입, 알레르기 유발 물질 함유 정보, 시험성적서 등
- (검사장소) 원료 입고 장소, 실험실에서 검사(또는 별도 지정된 장소)
- 알레르기 유발 물질 : 난류(가금류에 한한다), 우유, 메밀, 땅콩, 대두, 밀, 고등어, 게, 새우, 돼지고기, 복숭아, 토마토, 아황산류, 호두, 닭고기, 쇠고기, 오징어, 조개류(굴, 전복, 홍합 포함), 잣

(2) 관리

- 원·부재료의 안전성을 주기적으로 점검 및 관리하여야 한다.
  - 농산물 입고 시 육안검사 등이 누락되지 않도록 관리

(3) 현장

- 원·부재료 입고 관련 운영현황을 확인한다.
  - 원·부재료 입고검사 장소, 검수기록 등 확인
  - 원·부재료 관리(제조년월일/유통기한, 냉동/냉장 등) 및 부적합 원·부재료 관리 현황을 확인
  - 기타 원·부재료 입고기준 및 규격에 관한 사항

15) 원·부자재, 반제품 및 완제품 등은 지정된 장소에 바닥이나 벽에 밀착되지 않도록 적재·보관하고, 교차오염 예방 및 청결하게 관리하여야 한다. (0~3점)

(1) 기준

- 원·부자재 등은 교차오염의 우려가 없도록 구분, 이격 및 보관하여야 한다.

① 사용 중인 물품 등은 교차오염의 우려가 없도록 구분관리 및 이격관리(바닥, 벽으로부터 최소 10 cm 이상 이격원칙)를 실시한다.

- 상·하단 보관으로 인한 하단 물품 교차오염(부적합품 포함) 등 발생 우려가 없도록 관리
- 조리 완제품(반제품) 등은 바닥으로부터 60 cm 이상 이격 보관(식품접객업소에 한함)

② 보관하고 있는 물품(개봉 및 재밀봉한 상태 포함), 사용 중인 물품 등은 교차오염의 우려가 없도록 구분한다.

- 원·부자재, 반제품 및 완제품은 교차오염의 우려가 없도록 밀봉을 원칙으로 보관하며, 일부 원·부자재 및 반제품이 개봉된 상태인 경우 별도 구분 또는 구체적인 관리 기준 설정
- 보관과정 중 공정 특성 등을 고려한 교차오염 예방 관리 설정
(공정 예시 : 보온·보냉, 날 음식·가열조리 음식, 소분, 해동, 냉각, 식육처리 등)

(2) 관리

- 원·부자재 등은 교차오염의 우려가 없도록 구분, 이격 및 보관 여부를 주기적으로 점검 및 관리하여야 한다.

(3) 현장

- 원·부자재 등 구분 및 이격, 교차오염 등 운영 현황을 확인한다.
  - 구분 및 이격 적정성 확인

- 원·부자재 등 구분·이격에 따른 교차오염 발생 여부 확인
  ※ 보관품, 사용품 등 포함
- 기타 원·부자재 등 보관관리에 관한 사항

16) 운반 중인 식품·축산물은 비식품·축산물 등과 구분하여 교차오염을 방지하여야 하며, 냉장의 경우 10℃ 이하(단, 가금육 -2~5℃ 운반과 같이 별도로 정해진 경우에는 그 기준을 따른다), 냉동의 경우 -18℃ 이하로 유지·관리하여야 한다. (0~3점)

(1) 기준

- 운송차량 내부는 다른 물품과 구분하여 교차오염이 없도록 분리, 보관하여야 한다.
  - 운송 시 화학물품, 오염원 등과 같이 운송하지 않도록 교차오염 관리

- 운송차량의 경우 냉장·냉동온도 관리기준을 수립하여야 한다.
  - 냉장·냉동온도 관리 기준을 수립하고, 온도변화를 확인할 수 있는 온도 기록 장비를 부착

① 운송온도 기준이 별도로 정해진 경우에는 그 기준을 준수

② 온도기록장치로 타코메타 등 활용 권장

③ 출하 전 운송차량의 온도는 완제품 관리 온도를 설정

(2) 관리

- 운반 중인 식품·축산물의 교차오염과 운송차량의 냉장·냉동 온도를 주기적으로 점검 및 관리하여야 한다.

(3) 현장

- 식품·축산물의 구분을 통한 교차오염 여부 등을 확인한다.
  - 식품·축산물 관련 물품의 교차오염 등 발생 여부 확인

- 운송차량 청결 여부 확인

  ※ 현장에 운송차량이 없는 경우 기록된 내용으로 갈음 가능

- 운송차량의 온도관리를 확인한다.
  - 원·부재료에 맞는 온도 유지 여부 확인
  - 온도기록장치 등 부착 여부 확인

    ※ 현장에 운송차량이 없는 경우 기록된 내용으로 갈음 가능
  - 기타 운송에 관한 사항

17) 완제품에 대한 검사를 정해진 주기에 따라 실시하여야 하며, 기준 및 규격에 적합한 제품을 제조·판매하고 부적합 제품에 대한 회수관리를 하여야 한다. (0~3점)

(1) 기준

- 정해진 주기에 따라 완제품 검사(자가품질검사 포함)를 실시하여야 한다.
- 적절한 회수프로그램을 운영하여야 한다.

① 납품업소 비상연락망(팩스번호, 유선전화, 담당자 휴대폰)

② 제품을 추적할 수 있는 방법 또는 절차, 기준 등[로트관리, 출고품에 대한 제조일(또는 유통기한) 기록관리 등]

③ 식품이력추적관리는 회수프로그램으로 인정하며, 별도의 관리를 요구하지 않는다.

(2) 관리

- 완제품검사와 관련하여 검사기준, 검사방법 등 현황을 주기적으로 점검 및 관리하여야 한다.
  - 자체 검사를 실시하는 경우 관련 문서를 점검(실험노트, 외부의뢰 내역 등)하고, 검사 결과에 따른 개선조치 관리

- 회수프로그램에 대해 주기적으로 점검 및 관리하여야 한다.
  - 강제·자진회수가 발생할 수 있는 클레임 발생 사례, 검사 부적합 사례 등을 주기적으로 점검 활동을 실시하며, 기준 이탈 시 해당 물품 출고 대기 등 회수프로그램을 운영

(3) 현장

- 완제품검사 관리 현황을 확인한다.
  - 자체 검사를 실시하는 경우 검사 관련 장비 등 현황 확인

    ※ 검사 설비의 사용에 따른 검사기준, 방법 등 관리담당자 현장 확인
  - 완제품검사와 관련하여 기준 및 기록된 내용으로 갈음 가능
  - 기타 제품검사에 관한 사항

- 회수프로그램 활동 현황을 확인한다.
  - 주요 클레임 발생, 자진회수 등 예방관리 현황 확인(회수 관련 서류로 갈음 가능)

2. HACCP 시스템

1) 중요관리점(CCP) 결정도(Decision tree)에 따라 CCP가 적절하게 결정되었는가? (0~5점)

◎ 생물학적, 물리적, 화학적 위해요소를 예방, 제어, 허용수준 이하로 관리 수 있는 단계를 중요관리점으로 설정한다.

- 생물학적·화학적·물리적 위해요소를 관리할 수 있는 CCP는 다음과 같은 공정을 선정할 수 있다.

① 생물학적 제어 CCP

- 구이, 굽기, 증숙, 살균, 멸균, 세척, 소독, 운반, 배식, 초고압살균, pH, 수분활성도, 입고 검사 등

② 물리적 제어 CCP

- 금속 검출, X-ray 검출, 여과, 세척, 쉿가루 제거, 선별(색채 포함) 등

③ 화학적 제어 CCP

- 소독(잔류염소), 볶음·검사(벤조피렌), 증류·검사(메탄올), 입고 검사 등

CCP를 결정할 경우 전문가의 자문, 관련 연구 자료, 표준기준서 등을 검토해야 한다.

① 표준기준서, 연구 자료, 제어 효과 실험 등을 참고하여 CCP결정도를 적용해야 하며, 임의로 검토 없이 CCP를 결정하지 않도록 주의한다.

② 중요관리점 결정 시 중요관리점 결정도 외에 HACCP팀의 논의, 전문가의 자문, HACCP평가 등을 통해 CCP추가, 삭제, 변경 및 보완을 검토 할 수 있다.

2) 중요관리점(CCP)에 대한 한계기준을 수립하여 관리하여야 하며, 변경 등 발생 시 기준을 적절하게 설정 및 관리하고 있는가? (0~5점)

◎ 중요관리점에 대한 한계기준을 구체적으로 설정한다.

① 한계기준 설정 시 위해요소를 예방, 제어, 허용수준이하 감소시킬 수 있는 요소를 도출하였으며, 품목 변경 추가/계절 영향/시설·설비 변경 등 반영한 한계기준을 설정하고 있다.

② 한계기준은 모니터링담당자가 직관적으로 판단할 수 있거나, 간단한 측정(분석)을 통해 확인할 수 있도록 설정되어 있다.

③ 한계기준 항목 설정 시 제조공정, 설비 등 CCP에 대해 세부적으로 분석하여 한계기준 항목을 설정하고 있다.

④ 한계기준의 기준범위(최대값 그리고/또는 최소값)가 구체적으로 설정되어 있다.

한계기준의 관리항목과 기준설정 방법

① 해당 공정(또는 단계, 요인)을 분석한다.

- 제조공정 조건(원료량, 온도 등), 설비 사양 및 특징 등을 파악하여 도출한다.

② 분석결과를 바탕으로 도출한 한계기준 항목의 적절성을 검토한다.

- 제조공정 조건 등 도출된 항목이 한계기준 항목으로 설정될 수 있는지, 다른 항목들과의 연관성이 있는지 다각적으로 검토한다.
- 한계기준 항목은 HACCP팀이 육안관찰 및 측정이 용이한 수치 또는 조건인지 검토한다.

③ 한계기준의 관리항목에 대해 구체적인 범위 등을 도출하여 설정한다.

- 법적 요구조건, 연구논문 및 관련 서적 정보 수집, 전문가 조언 등을 고려하여 한계기준 설정에 반영한다.
- 한계기준 설정의 범위로 온도, 시간 등에 대한 최소값·최대값 또는 범위값을 설정한다.

④ 설정된 한계기준이 해당 위해요소를 관리하기에 충분한지 검토한다.

- 위해요소를 관리하기 위하여 실제 생산 라인에서 테스트 수행 또는 관련 자료(시험성적서, 자체실험 결과, 연구논문 등)를 기반으로 설정된 한계기준의 타당성 및 적정성을 검토한다.

⑤ 검토결과 한계기준 개선이 필요한 경우 ①번 항목부터 재실시 한다.

3) 한계기준 설정을 위해 활용한 유효성 평가자료는 현장 특성을 반영하고 있는가? (0~5점)

◎ 한계기준에 대한 적절한 유효성 평가를 실시하였다.

- 한계기준 범위 내에 위해요소에 대한 관리가 가능한지 과학적 근거자료를 구비하고 있다.

① 생물학적·화학적·물리적 위해요소에 대한 CCP 한계기준의 유효성 평가자료(CCP 전·후)를 연 1회 이상 구비한다.

- 생물학적 예시 : 살균, 멸균, 증숙, 소독·세척 등 한계기준의 조건(원료량, 온도, 시간 등)에 따른 유효성 평가 자료를 구비한다.

- 화학적 예시 : 계측장비를 이용한 잔류염소 측정 또는 벤조피렌 시험성적서 등을 통해 유효성 평가자료를 구비한다.
- 물리적 예시 : 금속검출공정에 대한 제품중량, 감도, 시편 종류 및 크기 등을 고려하여 유효성 평가자료를 구비한다.

② 설비, 품목, 유형 등을 고려하여 설정한 한계기준에 대한 유효성 평가자료가 누락되지 않도록 구비한다.

생물학적 CCP 유효성 검사 횟수(권장)

- (인증) 3회 실시 : 식중독균 포함 1회, 오염지표세균 2회
- (연장 및 사후) 1회 실시 : 식중독균 포함 1회
- (추가 검사) 한계기준이 다양한 조건으로 되어 있는 경우 오염지표세균으로 추가 검사

화학적 및 물리적 CCP 유효성 검사 횟수

- 화학적 1회 이상, 물리적 1회 이상

4) 모니터링 담당자는 절차에 따라 지정위치에서 모니터링하여 기록·유지하고 있는가? (0~10점)

◎ 모니터링 주기 설정은 작업형태 생산량을 고려하여 설정한다.

일 작업량 대비 재작업 또는 폐기 가능 생산량, 중요관리점 설비 오작동 발생 빈도 등 고려하여 모니터링 주기를 설정한다.

모니터링 절차에 따라 지정위치에서 모니터링을 실시한다.

① 모니터링 담당자는 CCP의 지정된 장소에 위치한다.

- 모니터링 측정 주기에 해당 담당자는 이탈하지 않도록 한다.

② CCP에 대해 육안관찰 또는 모니터링 도구 등을 사용하여 모니터링을 실시한다.

- 모니터링 도구에 대한 사용방법 등 숙지하고 사용한다.

③ 모니터링 담당자는 실측(수치화)하여 기록한다.

- 모니터링 대상, 실시 시간, 한계기준 점검 및 결과, 이탈 여부 판단, 점검자 및 판정 인원의 서명날인 등을 기록

5) 모니터링 기구·장비 등은 매년 유지·보수하거나 검·교정을 실시하고 있는가? (0~5점)

◎ 모니터링에 사용되는 모든 장비를 정해진 주기에 따라 검·교정하고 있다.

- 모니터링에 사용되는 모든 장비는 주기적으로 검·교정 받은 날로부터 1년 이내 연 1회 이상 검·교정을 실시하고 있다.
- 검·교정된 결과를 문서로 기록·관리하고 있다. 이 문서에는 공인된 기관에서 발급하였거나, 검교정의 대상, 범위, 실시일자 등의 내용을 포함하고 있다.

  • 모니터링 도구의 검·교정 기준

① 외부공인기관 또는 자체 검·교정을 실시하는 경우 각 계측장비별(온도계 등) 구체적인 절차 및 방법을 설정한다.

- 자체 검·교정 시 검교정 일자, 방법, 표준품, 오차범위, 측정결과, 판정 등이 포함되어야 한다.

② 정해진 주기에 따라 모든 모니터링 도구는 검·교정한다.

- 검·교정이 어려운 장비는 자체적인 방법으로 보정하여 사용

③ 모니터링 장비별 검·교정 결과를 기록·관리한다.

- 검·교정 유효기간, 오차, 보정 등 정보를 기록한다.

- 모니터링 도구의 검·교정 방법

① 분동 검·교정 주기

- 표준분동은 검·교정 주기 2년으로 설정 가능하며, 기타 계측장비는 사용빈도에 따라 1년 이내의 범위에서 검·교정의 주기 단축을 요구 가능

② 신규 계측기기 검·교정

- 새로 구매하는 계측장비 등의 보증범위를 고려하여 제조년월일을 기준으로 1년의 범위에서 별도 검·교정 없이 사용이 가능하며, 관련 증빙자료를 구비하고, 정상가동 여부를 확인

③ 온도계 검·교정

- 외부 또는 자체 검·교정 시 사용 온도대역으로 검·교정을 하는 것이 바람직하며, 계측장비의 오차범위를 고려 하여 검·교정 실시
- 예시) 표준품을 이용한 자체 검·교정할 경우 표준품의 검증범위(0~200℃의 온도범위)가 자체 검·교정 범위(0~150℃의 온도범위)를 포함

④ 표준물질(시약) 활용

- 측정기기(pH미터 등) 중 표준물질을 통해 검정할 수 있는 경우 자체 검·교정 기준 수립 가능

⑤ 금속검출기는 유효성 평가를 실시하였을 경우 검·교정을 실시한 것으로 인정한다. 단 정상적으로 작동하며, 유효성 평가 결과가 적절해야한다.

6) 한계기준 이탈시 개선조치를 실시하고, 그 결과를 기록·유지하고 있는가? (0~10점)

◎ 모니터링 담당자는 한계기준 이탈 시 적절한 개선조치 방법을 시행해야 한다.

개선조치는 담당자, 점검자 및 승인자가 기록을 확인하고, 서명 등으로 기록·관리하고 있다.

① HACCP팀은 보고체계에 따라 발생된 기준 이탈 내용을 보고하고, 개선조치 절차 및 방법에 따라 실시한다.

- 개선조치 예시)

*생산 중지(생산중지 시간, 생산중지 품목)

*재작업(재작업 대상, 재작업 공정품 보관방법, 재작업 실시 일시 및 방법, 점적자 및 확인자)

*설비보수 및 수리(대상 설비, 설비 수리 일시, 설비 수리 내역, 정상작동 여부 판단)

*공정품 폐기(폐기대상, 폐기물 보관여부, 폐기량, 폐기일시, 폐기 확인자)

*회수(자진, 강제회수)

② 개선조치 실시 후 기록·관리한다.

- 개선조치 결과는 신속하게 구체적으로 기록·관리한다.

③ 개선조치 후 중요관리점 한계기준 이탈에 대한 재발방지 등을 위한 구체적인 절차 및 방법을 도출하여 반영한다.

- 발생 원인을 구체적으로 규명하고 재발방지를 위하여 HACCP PLAN 변경, 선행요건관리 개선 등을 검토한다.

7) 중요관리점(CCP)에 대한 관리상황을 정해진 주기에 따라 검증하고, 그 결과를 기록·유지하고 있는가? (0~5점)

◎ 중요관리점에 대해 주기적인 검증활동을 실시한다.

정해진 주기에 따라 CCP에 대한 실행성 등을 검증한다.

① CCP 검증 시 검증점검표 또는 실시상황평가표를 활용한다.

② 자체 검증계획에 따라 실시하고, 기록·관리를 한다.

- 검증 시 한계기준, 모니터링 방법·주기, 모니터링 장비 검·교정, 한계기준 이탈 시 개선조치 등 확인
- 검증 기록 시 검증일시, CCP 모니터링 적절성 여부 등 포함하여 기록

③ 검증결과 미흡한 경우 개선조치하고, 기록·관리를 한다.

- 미흡사항 개선, 교육·훈련 재실시 등 개선조치 후 기록

8) 종업원을 대상으로 정해진 주기에 따라 위생 및 HACCP 관리 교육을 실시하고 있는가? (0~5점)

◎ 연간 교육·훈련 계획 수립해야 한다.

연간 교육 계획은 식품안전 및 HACCP에 대한 교육을 기본으로 각 월 단위로 실

시한다. 그러나 종사자의 특징(외국인, 고령자, 아르바이트 작업자 등)에 따라 그 교육의 방법이나 횟수를 제한하지 않는다.

- 교육훈련 계획은 교육훈련의 목적에 따라, 그 범위 및 방법을 제한하지 않으며 실효성 높은 방법을 설정하는 것을 권고한다.

◎ 교육 계획에 따라 교육을 실시하고, 기록·관리해야 한다.

① 교육 일자 및 장소(월 1시간 이상 권고)

② 교육실시자 및 대상

③ 교육 내용(현장실습 시 교육사진) 및 방법

- 교육효과 점검 권고

④ 교육 이수 명단 및 서명

⑤ 기타 필요한 사항

3. 평가기준

1) 선행요건관리

<table>
<tr><td rowspan="2">종합
평가</td><td>점수
합계</td><td rowspan="2">판정기준
• 인증평가 : 각 항목에 대한 취득점수의 합계가 43점 이상일 경우에는 적합, 35점 이상에서 43점 미만은 보완, 35점 미만이면 부적합으로 판정한다. 다만, 평가 제외 항목이 있을 경우 평가제외 항목을 제외한 총 점수 대비 취득점수를 백분율로 환산하여 85%(소수첫째자리 반올림 처리) 이상일 경우에는 적합, 70%에서 85% 미만은 보완, 70% 미만이면 부적합으로 판정한다. 다만, 평가항목 13, 14번은 필수항목으로 인증평가 시 미흡한 경우 부적합으로 판정한다.
• 정기 조사·평가 : 각 항목에 대한 취득점수의 합계가 43점 이상일 경우에는 적합, 43점 미만이면 부적합으로 판정한다. 다만, 평가 제외 항목이 있을 경우 평가제외 항목을 제외한 총 점수 대비 취득점수를 백분율로 환산하여 85%(소수첫째자리 반올림 처리) 이상일 경우에는 적합, 85% 미만이면 부적합으로 판정한다.

감점기준
• 정기 조사·평가 : 전년도 정기 조사·평가의 개선조치를 이행하지 않은 경우 해당 항목에 대한 감점 점수의 2배를 감점한다.</td></tr>
<tr><td>점(%)</td></tr>
</table>

2) HACCP 관리

<table>
<tr>
<td>종합
평가</td>
<td>점수
합계</td>
<td>
판정기준
① 평가항목의 배점에 대한 점수는 아래 평가점수표에 따라 부여한다.

평가점수표
<table>
<tr><td rowspan="2">구분</td><td colspan="2">배점</td></tr>
<tr><td>0~5</td><td>0~10</td></tr>
<tr><td rowspan="6">평가점수</td><td>0</td><td>0</td></tr>
<tr><td>1</td><td>2</td></tr>
<tr><td>2</td><td>4</td></tr>
<tr><td>3</td><td>6</td></tr>
<tr><td>4</td><td>8</td></tr>
<tr><td>5</td><td>10</td></tr>
</table>
② 인증평가 : 총점수 50점 중 43점 이상을 적합, 35점 이상 43점 미만은 보완, 35점 미만이면 부적합으로 판정한다. 다만, 평가항목 1, 2, 4, 6번은 필수항목으로 인증평가 시 미흡한 경우 부적합으로 판정한다.
③ 조사평가 : 총점수 50점 중 43점 이상이면 적합, 43점 미만이면 부적합으로 판정한다.

감점기준
• 정기 조사·평가 : 전년도 정기 조사·평가의 개선조치를 이행하지 않은 경우 해당 항목에 대한 감점 점수의 2배를 감점한다.

가점기준
• 인증평가 : 자동기록관리시스템 적용업소로 등록된 업소(모든 중요관리점CCP에 자동기록관리 시스템을 적용한 업소에 한함)에 대해서는 총점에서 3점을 가산한다.
</td>
</tr>
</table>

Hazard Analysis and
Critical Control Point

APPENDIX

부록

1. HACCP 실시상황평가표 양식
2. 선행요건관리
3. HACCP 관리
4. 식품접객업의 선행요건 및 HACCP 관리

1. HACCP 실시상황평가표 양식

안전관리인증기준(HACCP) 실시상황평가표(제11조, 제15조, 제16조 관련)

-업 종-

평가일자	20 . . .
적용식품(축산물)	
전년도 매출	

평가업소

구분	업소명	소재지	대표자	연락처	
				전화번호	Fax/E-mail
본사					
적용사업장					

평가결과

평가결과			주요안전조항* 위반 여부	교육훈련 이수 여부
판정(적합/부적합)	선행요건관리기준	HACCP 관리기준		

*식품위생법시행규칙[별표20], 축산물위생관리법시행규칙[별표14의2] 관련

검토사항

행정처분 이력	이물검출 이력	수거검사 부적합 이력	위탁생산 여부	학교납품 여부	기타

*전회 조사·평가 이후 행정처분, 이물검출, 수거검사 부적합이력 등 확인

확인자

직위 또는 직급	성명	서명
대표자		
HACCP 팀장(관리책임자)		

평가자

소 속	성명	서명

HACCP 관리

00. 실시상황평가표의 평가항목(점수)

5점 모두 만족 **4점** 만족 **3점** 일부 미흡 **2점** 미흡 **1점 이하** 재검토 필요

세부항목
ㄴ ◎ 기준……

지도관 고려사항
지도관을 위한 평가 가이드이며, 해당 사항을 참고 또는 지도한다.

〔평가항목 배점 및 감점〕

구분	점수 체계		
	0~5점	0~10점	비고
점수 분류	5	10	모두 만족
	4	8	만족
	3	6	일부 미흡
	2	4	미흡
	1	2	재검토 필요
	0	0	
감점	평가기준에 따라 기준 수립, 절차 및 방법, 기록관리, 개선조치 등 미흡사항별 (미흡한 횟수)에 따라 감점		

※ HACCP 관리는 7원칙 12절차 중 제품설명서 작성 절차 미흡 시 이후 위해요소분석 절차로 연계 감점될 수 있다.

2. 선행요건관리

1-2. 인증평가 및 사후관리용(집단급식소, 식품접객업(위탁급식영업), 운반급식(개별 또는 벌크 포장))

1) 현황표

<table>
<tr><td rowspan="6">신청인</td><td colspan="2">(1) 영업허가(신고)번호</td><td colspan="2"></td><td colspan="2">(2) 영업허가(신고)연월일</td><td colspan="2"></td></tr>
<tr><td colspan="2">(3) 회사명</td><td colspan="2"></td><td colspan="2">(4) 전화번호</td><td colspan="2"></td></tr>
<tr><td rowspan="2">(5) 소재지</td><td colspan="2">본사</td><td colspan="5"></td></tr>
<tr><td colspan="2">공장(사업장)</td><td colspan="5">※집단급식소 중 위탁운영의 경우 그 이름과 소재지, 신고번호를 기재</td></tr>
<tr><td colspan="2">(6) 대표자 성명</td><td colspan="3"></td><td>(7) 생년월일</td><td colspan="2"></td></tr>
<tr><td colspan="2">(8) HACCP적용식품·축산물(유형)</td><td colspan="2"></td><td colspan="2">(9) 지하수 사용(○/×)</td><td colspan="2"></td></tr>
<tr><td>HACCP 팀장
(관리책임자)</td><td>(10) 직위</td><td colspan="3"></td><td>(11) 성명</td><td colspan="3"></td></tr>
<tr><td rowspan="3">면적
(m^2)</td><td>(12) 작업장
(조리장)</td><td colspan="3"></td><td>(13) 보관소</td><td colspan="3"></td></tr>
<tr><td>(14) 검사실</td><td colspan="3"></td><td>(15) 기타</td><td colspan="3"></td></tr>
<tr><td>(16) 합계</td><td colspan="7"></td></tr>
<tr><td>작업장(조리장)의
종류</td><td>(17)
원료처리실</td><td>(18)
제조가공실
(조리실)</td><td>(19)
충전실</td><td>(20)
포장실</td><td>(21)
검사실</td><td>(22)
보관소</td><td>(23)
일반·청결
구역 구분</td><td>(24)
기타</td></tr>
<tr><td>평가(○/×)</td><td></td><td></td><td></td><td></td><td></td><td></td><td></td><td></td></tr>
<tr><td rowspan="2">작업인원(명)</td><td colspan="2">(25) 제조(조리) 관리부서</td><td colspan="2"></td><td colspan="2">(26) 검사 관리부서</td><td colspan="2"></td></tr>
<tr><td colspan="2">(27) 기타 작업원</td><td colspan="2"></td><td colspan="2">(28) 합계</td><td colspan="2"></td></tr>
</table>

2) 평가표

평가내용(배점)		평가결과 (0~3점)	비고
영업장 관리			
작업장	1. 영업장은 독립된 건물이거나 해당 영업신고를 한 업종외의 용도로 사용되는 시설과 분리(벽·층 등에 의하여 별도의 방 또는 공간으로 구별되는 경우를 말한다. 이하 같다)되어야 한다. (0~2점)		
	2. 작업장(출입문, 창문, 벽, 천장 등)은 누수, 외부의 오염물질이나 해충·설치류 등의 유입을 차단할 수 있도록 밀폐 가능한 구조이어야 한다. (0~3점)		
	3. 작업장은 청결구역(식품의 특성에 따라 청결구역은 청결구역과 준청결구역으로 구별할 수 있다)과 일반구역으로 분리하고, 제품의 특성과 공정에 따라 분리, 구획 또는 구분할 수 있다. (0~3점)		
건물 바닥, 벽, 천장	4. 원료처리실, 제조·가공·조리실 및 내포장실의 바닥, 벽, 천장, 출입문, 창문 등은 제조·가공·조리하는 식품의 특성에 따라 내수성 또는 내열성 등의 재질을 사용하거나 이러한 처리를 하여야 하고, 바닥은 파여 있거나 갈라진 틈이 없어야 하며, 작업 특성상 필요한 경우를 제외하고는 마른 상태를 유지하여야 한다. 이 경우 바닥, 벽, 천장 등에 타일 등과 같이 홈이 있는 재질을 사용한 때에는 홈에 먼지, 곰팡이, 이물 등이 끼지 아니하도록 청결하게 관리하여야 한다. (0~3점)		
배수 및 배관	5. 작업장은 배수가 잘 되어야 하고 배수로에 퇴적물이 쌓이지 아니 하여야 하며, 배수구, 배수관 등은 역류가 되지 아니 하도록 관리하여야 한다. (0~3점)		
	6. 배관과 배관의 연결부위는 인체에 무해한 재질이어야 하며, 응결수가 발생하지 아니 하도록 단열재 등으로 보온 처리하거나 이에 상응하는 적절한 조치를 취하여야 한다. (0~1점)		
출입구	7. 작업장 외부로 연결되는 출입문에는 먼지나 해충 등의 유입을 방지하기 위한 완충구역이나 방충이중문 등을 설치하여야 한다. (0~1점)		
	8. 작업장의 출입구에는 구역별 복장 착용 방법을 게시하여야 하고, 개인위생관리를 위한 세척, 건조, 소독 설비 등을 구비하여야 하며, 작업자는 세척 또는 소독 등을 통해 오염가능성 물질 등을 제거한 후 작업에 임하여야 한다. (0~2점)		
통로	9. 작업장 내부에는 종업원의 이동경로를 표시하여야 하고 이동경로에는 물건을 적재하거나 다른 용도로 사용하지 아니 하여야 한다. (0~1점)		
창	10. 창의 유리는 파손 시 유리 조각이 작업장내로 흩어지거나 원·부자재 등으로 혼입되지 아니 하도록 하여야 한다. (0~1점)		
채광 및 조명	11. 선별 및 검사구역 작업장 등은 육안확인에 필요한 조도(540룩스 이상)를 유지하여야 한다. (0~1점)		
	12. 채광 및 조명시설은 내부식성 재질을 사용하여야 하며, 식품이 노출되거나 내포장 작업을 하는 작업장에는 파손이나 이물 낙하 등에 의한 오염을 방지하기 위한 보호장치를 하여야 한다. (0~1점)		

(계속)

평가내용(배점)		평가결과 (0~3점)	비고
부대시설	화장실 13. 화장실, 탈의실 등은 내부 공기를 외부로 배출할 수 있는 별도의 환기 시설을 갖추어야 하며, 화장실 등의 벽과 바닥, 천장, 문은 내수성, 내부식성의 재질을 사용하여야 한다. 또한, 화장실의 출입구에는 세척, 건조, 소독 설비 등을 구비하여야 한다. (0~1점)		
	탈의실, 휴게실 등 14. 탈의실은 외출복장(신발 포함)과 위생복장(신발 포함)간의 교차오염이 발생하지 아니 하도록 구분·보관하여야 한다. (0~1점)		
위생관리_작업환경관리			
동선 계획 및 공정 간 오염 방지	15. 식자재의 반입부터 배식 또는 출하에 이르는 전 과정에서의 교차오염 방지를 위하여 물류 및 출입자의 이동 동선을 설정하고 이를 준수하여야 한다. (0~2점)		
	16. 청결구역과 일반구역별로 각각 출입, 복장, 세척·소독 기준 등을 포함하는 위생 수칙을 설정하여 관리하여야 한다. (0~3점)		
온도·습도 관리	17. 작업장은 제조·가공·조리·보관 등 공정별로 온도관리를 하여야 하고, 이를 측정할 수 있는 온도계를 설치하여야 한다. 필요한 경우, 제품의 안전성 및 적합성 확보를 위하여 습도관리를 하여야 한다. (0~1점)		
환기시설 관리	18. 작업장내에서 발생하는 악취나 이취, 유해가스, 매연, 증기 등을 배출할 수 있는 환기시설, 후드 등을 설치하여야 한다. (0~1점)		
	19. 외부로 개방된 흡·배기구, 후드 등에는 여과망이나 방충망, 개폐시설 등을 부착하고 관리계획에 따라 청소 또는 세척하거나 교체하여야 한다. (0~1점)		
방충·방서 관리	20. 작업장의 방충·방서 관리를 위하여 해충이나 설치류 등의 유입이나 번식을 방지할 수 있도록 관리하여야 하고, 유입 여부를 정기적으로 확인하여야 한다. (0~1점)		
	21. 작업장 내에서 해충이나 설치류 등의 구제를 실시할 경우에는 정해진 위생 수칙에 따라 공정이나 식품의 안전성에 영향을 주지 아니 하는 범위 내에서 적절한 보호 조치를 취한 후 실시하며, 작업 종료 후 식품취급시설 또는 식품에 직·간접적으로 접촉한 부분은 세척 등을 통해 오염물질을 제거하여야 한다. (0~1점)		
위생관리_개인위생관리			
22. 작업장내에서 작업중인 종업원 등은 위생복·위생모·위생화 등을 항시 착용하여야 하며, 개인용 장신구 등을 착용하여서는 아니 된다. (0~2점)			
위생관리_작업위생관리			
교차오염의 방지	23. 칼과 도마 등의 조리 기구나 용기, 앞치마, 고무장갑 등은 원료나 조리과정에서의 교차오염을 방지하기 위하여 식재료 특성 또는 구역별로 구분하여 사용하여야 한다. (0~3점)		
	24. 식품 취급 등의 작업은 바닥으로부터 60 cm 이상의 높이에서 실시하여 바닥으로부터의 오염을 방지하여야 한다. (0~1점)		

(계속)

	평가내용(배점)	평가결과 (0~3점)	비고
전처리	25. 해동은 냉장해동(10℃ 이하), 전자레인지 해동, 또는 흐르는 물에서 실시하여야 한다. (0~1점)		
	26. 해동된 식품은 즉시 사용하고 즉시 사용하지 못할 경우 조리시까지 냉장 보관하여야 하며, 사용 후 남은 부분을 재동결하여서는 아니 된다. (0~1점)		
조리	27. 가열 조리 후 냉각이 필요한 식품은 냉각 중 오염이 일어나지 아니 하도록 신속히 냉각하여야 하며, 냉각온도 및 시간기준을 설정·관리하여야 한다. (0~1점)		
	28. 냉장 식품을 절단 소분 등의 처리를 할 때에는 식품의 온도가 가능한 한 15℃를 넘지 아니 하도록 한번에 소량씩 취급하고 처리 후 냉장고에 보관하는 등의 온도 관리를 하여야 한다. (0~1점)		
완제품 관리	29. 조리된 음식은 배식 전까지의 보관온도 및 조리 후 섭취 완료시까지의 소요시간기준을 설정·관리하여야 하며, 유통제품의 경우에는 적정한 유통기한 및 보존 조건을 설정·관리하여야 한다. (0~1점) • 28℃ 이하의 경우 : 조리 후 2~3시간 이내 섭취 완료 • 보온(60℃ 이상) 유지시 : 조리 후 5시간 이내 섭취 완료 • 제품의 품온을 5℃ 이하 유지시 : 조리 후 24시간 이내 섭취 완료		
배식	30. 냉장식품과 온장식품에 대한 배식 온도관리기준을 설정·관리하여야 한다. (0~2점). • 냉장보관 : 냉장식품 10℃ 이하(다만, 신선편의식품, 훈제연어는 5℃이하 보관 등 보관온도 기준이 별도로 정해진 식품의 경우에는 그 기준을 따른다.) • 온장보관 : 온장식품 60℃ 이상		
	31. 위생장갑 및 청결한 도구(집게, 국자 등)를 사용하여야 하며, 배식중인 음식과 조리 완료된 음식을 혼합하여 배식하여서는 아니 된다. (0~1점)		
검식	32. 영양사는 조리된 식품에 대하여 배식하기 직전에 음식의 맛, 온도, 이물, 이취, 조리 상태 등을 확인하기 위한 검식을 실시하여야 한다. 다만, 영양사가 없는 경우 조리사가 검식을 대신할 수 있다. (0~1점)		
보존식	33. 조리한 식품은 소독된 보존식 전용용기 또는 멸균 비닐봉지에 매회 1인분 분량을 -18℃ 이하에서 144시간이상 보관하여야 한다. (0~3점)		
폐기물 관리	34. 폐기물·폐수 처리시설은 작업장과 격리된 일정장소에 설치·운영하여야 하며, 폐기물 등의 처리용기는 밀폐 가능한 구조로 침출수 및 냄새가 누출되지 아니 하여야 하고, 관리계획에 따라 폐기물 등을 처리·반출하고, 그 관리기록을 유지하여야 한다. (0~1점)		
세척 또는 소독	35. 영업장에는 기계·설비, 기구·용기 등을 충분히 세척하거나 소독할 수 있는 시설이나 장비를 갖추어야 한다. (0~1점)		
	36. 세척·소독 시설에는 종업원에게 잘 보이는 곳에 올바른 손 세척 방법 등에 대한 지침이나 기준을 게시하여야 한다. (0~1점)		

(계속)

평가내용(배점)		평가결과 (0~3점)	비고
세척 또는 소독	37. 영업자는 다음 각 호의 사항에 대한 세척 또는 소독 기준을 정하여야 한다. (0~2점) • 종업원 • 위생복, 위생모, 위생화 등 • 작업장 주변 • 작업실별 내부 • 칼, 도마 등 조리도구 • 냉장·냉동 설비 • 용수저장시설 • 보관·운반 시설 • 운송차량, 운반도구 및 용기 • 모니터링 및 검사 장비 • 환기시설(필터, 방충망 등 포함) • 폐기물 처리용기 • 세척, 소독 도구 • 기타 필요사항		
	38. 세척 또는 소독 기준은 다음의 사항을 포함하여야 한다. (0~2점) • 세척·소독 대상별 세척·소독 부위 • 세척·소독 방법 및 주기 • 세척·소독 책임자 • 세척·소독 기구의 올바른 사용 방법 • 세제 및 소독제(일반명칭 및 통용명칭)의 구체적인 사용 방법		
	39. 세제·소독제, 세척 및 소독용 기구나 용기는 정해진 장소에 보관·관리되어야 한다. (0~1점)		
	40. 세척 및 소독의 효과를 확인하고, 정해진 관리계획에 따라 세척 또는 소독을 실시하여야 한다. (0~3점)		
제조·가공·조리 시설·설비 관리			
41. 조리장에는 주방용 식기류를 소독하기 위한 자외선 또는 전기 살균소독기를 설치하거나 열탕세척 소독시설(식중독을 일으키는 병원성미생물 등이 살균될 수 있는 시설이어야 한다)을 갖추어야 한다. (0~2점)			
42. 식품과 직접 접촉하는 부분은 내수성 및 내부식성 재질로 세척이 쉽고 열탕·증기·살균제 등으로 소독·살균이 가능한 것이어야 한다. (0~1점)			
43. 모니터링 기구 등은 사용 전후에 지속적인 세척·소독을 실시하여 교차 오염이 발생하지 아니 하여야 한다. (0~1점)			
44. 식품취급시설·설비는 정기적으로 점검·정비를 하여야 하고 그 결과를 보관하여야 한다. (0~1점)			
냉장·냉동 시설·설비 관리			
45. 냉장·냉동·냉각실은 냉장 식재료 보관, 냉동 식재료의 해동, 가열 조리된 식품의 냉각과 냉장보관에 충분한 용량이 되어야 한다. (0~1점)			
46. 냉장시설은 내부의 온도를 10℃ 이하(다만 신선편의식품, 훈제연어는 5℃이하 보관 등 보관온도 기준이 별도로 정해진 식품의 경우에는 그 기준을 따른다.), 냉동시설은 -18℃로 유지하여야 하고, 외부에서 온도변화를 관찰할 수 있어야 하며, 온도 감응 장치의 센서는 온도가 가장 높게 측정되는 곳에 위치하도록 한다. (0~1점)			

(계속)

<table>
<tr><th colspan="2">평가내용(배점)</th><th>평가결과
(0~3점)</th><th>비고</th></tr>
<tr><td colspan="4">용수관리</td></tr>
<tr><td colspan="2">47. 식품 제조·가공·조리에 사용되거나, 식품에 접촉할 수 있는 시설·설비, 기구·용기, 종업원 등의 세척에 사용되는 용수는 수돗물이나 「먹는물 관리법」 제5조의 규정에 의한 먹는물 수질기준에 적합한 지하수 이어야 하며, 지하수를 사용하는 경우 취수원은 화장실, 폐기물·폐수처리시설, 동물사육장 등 기타 지하수가 오염될 우려가 없도록 관리하여야 하며, 필요한 경우 용수 살균 또는 소독장치를 갖추어야 한다. (0~3점)</td><td></td><td></td></tr>
<tr><td colspan="2">48. 가공·조리에 사용되거나, 식품에 접촉할 수 있는 시설·설비, 기구·용기, 종업원 등의 세척에 사용되는 용수는 다음 각호에 따른 검사를 실시하여야 한다.
가. 지하수를 사용하는 경우에는 먹는물 수질기준 전 항목에 대하여 연1회 이상(음료류 등 직접 마시는 용도의 경우는 반기 1회 이상)검사를 실시하여야 한다.
나. 먹는물 수질기준에 정해진 미생물학적 항목에 대한 검사를 월1회 이상 실시하여야 하며, 미생물학적 항목에 대한 검사는 간이검사키트를 이용하여 자체적으로 실시할 수 있다. (0~3점)</td><td></td><td></td></tr>
<tr><td colspan="2">49. 저수조, 배관 등은 인체에 유해하지 아니한 재질을 사용하여야 하며, 외부로부터의 오염물질 유입을 방지하는 잠금장치를 설치하여야 하고, 누수 및 오염 여부를 정기적으로 점검하여야 한다. (0~1점)</td><td></td><td></td></tr>
<tr><td colspan="2">50. 저수조는 반기별 1회 이상 「수도법」에 따라 청소와 소독을 자체적으로 실시하거나, 저수조청소업자에게 대행하여 실시하여야 하며 그 결과를 기록·유지하여야 한다. (0~1점)</td><td></td><td></td></tr>
<tr><td colspan="2">51. 비음용수 배관은 음용수 배관과 구별되도록 표시하고, 교차되거나 합류되지 아니하여야 한다. (0~1점)</td><td></td><td></td></tr>
<tr><td colspan="4">보관·운송 관리</td></tr>
<tr><td rowspan="4">구입 및 입고</td><td>52. 검사성적서로 확인하거나 자체적으로 정한 입고기준 및 규격에 적합한 원·부자재만을 구입하여야 한다. (0~2점)</td><td></td><td></td></tr>
<tr><td>53. 부적합한 원·부자재는 적절한 절차를 정하여 반품 또는 폐기처분 하여야 한다. (0~1점)</td><td></td><td></td></tr>
<tr><td>54. 입고검사를 위한 검수공간을 확보하고 검수대에는 온도계 등 필요한 장비를 갖추고 청결을 유지하여야 한다. (0~1점)</td><td></td><td></td></tr>
<tr><td>55. 원·부자재 검수는 납품 시 즉시 실시하여야 하며, 부득이 검수가 늦어질 경우에는 원·부자재별로 정해진 냉장·냉동 온도에서 보관하여야 한다. (0~1점)</td><td></td><td></td></tr>
<tr><td rowspan="2">운송</td><td>56. 운송차량(지게차 등 포함)으로 인하여 제품이 오염되어서는 아니 된다. (0~1점)</td><td></td><td></td></tr>
<tr><td>57. 운송차량은 냉장의 경우 10℃이하, 냉동의 경우 -18℃이하를 유지할 수 있어야 하며, 외부에서 온도 변화를 확인할 수 있도록 임의조작이 방지된 온도 기록 장치를 부착하여야 한다. (0~1점)</td><td></td><td></td></tr>
</table>

(계속)

	평가내용(배점)	평가결과 (0~3점)	비고
운송	58. 운반중인 식품은 비식품 등과 구분하여 취급하여 교차오염을 방지하여야 한다. (0~1점)		
	59. 운송차량, 운반도구 및 용기는 관리계획에 따라 세척·소독을 실시하여야 한다. (0~1점)		
보관	60. 원료 및 완제품은 선입선출 원칙에 따라 입고·출고 상황을 관리·기록하여야 한다. (0~1점)		
	61. 원·부자재 및 완제품은 구분 관리하고 바닥이나 벽에 밀착되지 아니하도록 적재·관리 하여야 한다. (0~1점)		
	62. 원·부자재에는 덮개나 포장을 사용하고 날 음식과 가열조리 음식을 구분 보관하는 등 교차오염이 발생하지 아니 하도록 하여야 한다. (0~1점)		
	63. 검수기준에 부적합한 원·부자재나 보관 중 유통기한이 경과한 제품, 포장이 손상된 제품 등은 별도의 지정된 장소에 명확하게 식별되는 표식을 하여 보관하고 반송, 폐기 등의 조치를 취한 후 그 결과를 기록·유지하여야 한다. (0~1점)		
	64. 유독성 물질, 인화성 물질 비식용 화학물질은 식품취급 구역으로부터 격리된 환기가 잘되는 지정된 장소에서 구분하여 보관·취급 되어야 한다. (0~1점)		
검사관리			
제품검사	65. 제품검사는 자체 실험실에서 검사계획에 따라 실시하거나 검사기관과의 협약에 의하여 실시하여야 한다. (0~1점)		
	66. 검사결과에는 다음 내용이 구체적으로 기록되어야 한다. (0~1점) • 검체명 • 제조연월일 또는 유통기한(품질유지기한) • 검사연월일 • 검사항목, 검사기준 및 검사결과 • 판정결과 및 판정연월일 • 검사자 및 판정자의 서명날인 • 기타 필요한 사항		
시설·설비·기구 등 검사	67. 냉장·냉동 및 가열처리 시설 등의 온도측정 장치는 연 1회 이상, 검사용 장비 및 기구는 정기적으로 교정하여야 한다. 이 경우 자체적으로 교정검사를 하는 때에는 그 결과를 기록·유지하여야 하고, 외부 공인 국가교정기관에 의뢰하여 교정하는 경우에는 그 결과를 보관하여야 한다. (0~1점)		
	68. 작업장의 청정도 유지를 위하여 공중낙하 세균 등을 관리계획에 따라 측정·관리하여야 한다. 다만, 식품이 노출되지 아니 하거나, 식품을 포장된 상태로 취급하는 작업장은 그러하지 아니 할 수 있다. (0~1점)		

(계속)

평가내용(배점)			평가결과 (0~3점)	비고
회수 프로그램 관리(시중에 유통·판매 되는 포장제품에 한함)				
69. 영업자는 당해제품의 유통 경로, 소비 대상과 판매처의 범위를 파악하여 제품 회수에 필요한 업소명과 연락처 등을 기록·보관하여야 한다. (0~1점)				
70. 부적합품이나 반품된 제품의 회수를 위한 구체적인 회수절차나 방법을 기술한 회수프로그램을 수립·운영하여야 한다. (0~1점)				
71. 부적합품의 원인규명이나 확인을 위한 제품별 생산장소, 일시, 제조라인 등 해당시설내의 필요한 정보를 기록·보관하고 제품추적을 위한 코드표시 또는 로트관리 등의 적절한 확인 방법을 강구하여야 한다. (0~1점)				
종합 평가	점수 합계 점(%)	**〈판정기준〉** • 인증평가 : 각 항목에 대한 취득점수의 합계가 85점 이상일 경우에는 적합, 70점 이상에서 85점 미만은 보완, 70점 미만이면 부적합으로 판정한다. 다만, 평가 제외 항목이 있을 경우 평가제외 항목을 제외한 총 점수 대비 취득점수를 백분율로 환산하여 85%(소수 첫째자리 반올림 처리) 이상일 경우에는 적합, 70%에서 85% 미만은 보완, 70% 미만이면 부적합으로 판정한다. 다만, 평가항목 42, 52번은 필수항목으로 인증평가 시 미흡한 경우 부적합으로 판정한다. • 정기 조사·평가 : 각 항목에 대한 취득점수의 합계가 85점 이상일 경우에는 수정·보완하도록 조치하되, 85점 미만이면 부적합으로 판정한다. 다만, 평가 제외 항목이 있을 경우 평가제외 항목을 제외한 총 점수 대비 취득점수를 백분율로 환산하여 85%(소수 첫째자리 반올림 처리) 이상일 경우에는 적합, 85% 미만이면 부적합으로 판정한다. **〈감점기준〉** 정기 조사·평가 : 전년도 정기 조사·평가의 개선조치를 이행하지 않은 경우 해당 항목에 대한 감점 점수의 2배를 감점한다.		

3. HACCP 관리

2-7. 사후관리용(집단급식소, 식품접객업(위탁급식영업), 운반급식(개별 또는 벌크 포장))

평가항목	평가내용 (배점)	평가 결과 (0~10점)	비고
1. HACCP 팀	1. 팀 구성원이 HACCP의 개념과 원칙, 절차 등과 각자의 역할에 대하여 충분히 이해하고 있는가? (0~5) 2. 팀장은 HACCP팀에 주도적으로 참여하고 있으며, 각 팀원은 적극적으로 참여하여 활동하고 있는가? (0~5) 3. 팀 구성원 교체 또는 변동 시 인수인계가 철저히 이루어지고 있는가? (0~5)		
	소계(0~15)		
2. 제품설명서 및 제조 공정 설비도면	1. 제품설명서 및 공정흐름도를 기준서에 반영하고 있는가? (0~10) 2. 공정흐름도 및 제조공정 설비 도면이 현장과 일치하는가? (0~5)		
	소계(0~15)		
3. 위해요소분석	1. 위해요소분석과 관련된 새로운 정보의 지속적인 수집 및 보완이 이루어지고 있는가? (0~5) 2. 발생가능한 위해요소에 변경사항이 있는 경우 잠재적인 위해요소를 충분히 도출하여 위해요소분석을 실시하고 있는가? (0~5) 3. 위해요소분석을 위한 과학적인 근거자료를 제시하고 있는가? (0~5) 4. 위해요소분석에 대한 개념과 절차를 잘 이해하고 있는가? (0~5)		
	소계(0~20)		
4. 중요관리점의 결정 및 한계기준	1. 팀원은 제시된 CCP결정도의 개념을 잘 숙지하고 있는가? (0~5) 2. 한계기준이 도출된 위해요소를 관리하기에 충분한가? (0~10) 3. 한계기준 설정을 위해 활용한 유효성 평가자료는 현장 특성의 반영하고 있는가? (0~5)		
	소계(0~20)		
5. CCP의 모니터링 및 개선조치	1. 모니터링 방법은 한계기준을 충분히 관리할 수 있도록 설정되어 있는가? (0~10) 2. 모니터링 담당자는 절차에 따라 지정위치에서 모니터링 하여 기록·유지하고 있는가? (0~10) 3. 모니터링 담당자는 훈련을 통하여 자신의 역할을 잘 숙지하고 있는가? (0~5) 4. 모니터링에 사용되는 장비는 적절히 교정하여 관리하고 있는가? (0~10) 5. 개선조치 절차 및 방법은 수립되어 있으며 책임과 권한에 따라 자신의 역할을 잘 숙지하고 있는가? (0~5) 6. 개선조치를 실시하고 있으며 그 결과를 적절히 기록유지하고 있는가? (0~10)		
	소계(0~50)		
6. HACCP 시스템 검증	1. 검증대상에 따른 검증계획, 방법, 주기는 적절하게 확립되어 있는가? (0~10) 2. 검증요원은 검증절차, 방법 및 역할을 잘 숙지하고 있는가? (0~10) 3. 검증계획 및 절차에 따라 검증을 실시하고 있는가?(0~10) 4. 검증결과, 부적합 사항에 대한 개선조치 등 사후관리가 수행되고 있는가? (0~10) 5. 검증결과를 주기적으로 검토, 분석하여 HACCP 시스템 운영에 반영하고 있는가? (0~10)		
	소계(0~50)		

<table>
<tr><th>평가항목</th><th>평가내용
(배점)</th><th>평가 결과
(0~10점)</th><th>비고</th></tr>
<tr><td rowspan="2">7. 교육·훈련</td><td>1. HACCP 시스템의 효율적 운영을 위한 교육·훈련 절차 및 계획이 확립되어 있는가? (0~10)
2. 교육·훈련은 교육·훈련 계획 및 절차에 따라 실시되고 그 기록이 유지되고 있는가? (0~10)
3. HACCP 팀원은 교육·훈련 결과를 주기적으로 검토, 분석하여 HACCP 시스템 운영에 반영하고 있는가? (0~10)</td><td></td><td></td></tr>
<tr><td>소계(0~30)</td><td></td><td></td></tr>
<tr><td colspan="2">종합평가(0~200)</td><td></td><td></td></tr>
</table>

※판정기준

① 평가항목의 배점에 대한 점수는 아래 평가점수표에 따라 부여한다.

〈평가점수표〉

구분	배점	
	0~5	0~10
평가점수	0	0
	1	2
	2	4
	3	6
	4	8
	5	10

② 총점수 200점 중 170점 이상이면 적합, 170점 미만이면 부적합으로 판정한다.

〈감점기준〉

정기 조사·평가 : 전년도 정기 조사·평가의 개선조치를 이행하지 않은 경우 해당 항목에 대한 감점 점수의 2배를 감점한다.

4. 식품접객업(일반음식점·휴게음식점·제과점) 선행요건 및 HACCP 관리

1) 선행요건관리(인증평가용/사후관리용)

내용	평가결과	비고
1. 작업장은 외부의 오염물질이나, 해충·설치류 등의 유입을 차단할 수 있도록 밀폐 또는 위생적으로 관리하여야 한다.	0~3점	
2. 작업장은 청결구역(식품의 특성에 따라 청결구역은 청결구역과 준청결구역으로 구별할 수 있다)과 일반구역으로 분리하고, 제품의 특성과 공정에 따라 분리, 구획 또는 구분할 수 있다. 이 경우 화장실 등 부대시설은 작업장에 영향을 주지 않도록 분리되어야 한다.	0~3점	
3. 종업원은 작업장 출입시 이물제거 도구 등을 이용하여 이물을 제거하여야 하고, 개인장신구 등 휴대품을 소지하여서는 아니된다.	0~3점	
4. 종업원은 작업장 출입시 손·위생화 등을 세척·소독하여야 하며, 청결한 위생복장을 착용하고 입실하여야 한다. (0~3점)	0~3점	
5. 포충등, 쥐덫, 바퀴벌레 포획도구 등에 포획된 개체수를 정해진 주기에 따라 확인하여야 한다.	0~3점	
6. 작업장 내부는 정해진 주기에 따라 청소를 하여야 한다.	0~3점	
7. 배수로, 제조설비의 식품(축산물을 포함한다. 이하 같다)과 직접 닿는 부분, 식품과 직접 접촉되는 작업도구 등은 정해진 주기에 따라 청소·소독을 실시하여야 한다.	0~3점	
8. 식품안전과 관련된 소비자 불만, 이물 혼입 등 발생시 개선조치를 실시하고, 그 결과를 기록·유지하는 등 식품위생법에서 정하는 준수사항을 지켜야 한다.	0~3점	
9. 식품과 직접 접촉되는 모니터링 도구(온도계 등)는 사용 전·후 세척·소독을 실시하여야 한다.	0~3점	
10. 파손되거나 정상적으로 작동하지 아니하는 제조설비를 사용하여서는 아니되며 식품위생법에서 정한 시설기준에 적합하게 관리하여야 한다. 이 경우 제조가공에 사용하는 압축공기, 윤활제 등은 제품에 직접 영향을 주거나 영향을 줄 우려가 있는 경우 관리대책을 마련하여 청결하게 관리하여 위해요인에 의한 오염이 발생하지 아니하여야 한다.	0~3점	
11. 가열기 및 냉장·냉동 창고의 온도계는 정해진 주기에 따라 검·교정을 실시하여야 한다.	0~3점	
12. 냉장·냉동 창고의 온도를 적절히 관리하여야 한다.	0~3점	
13. 식품의 제조·가공·조리·선별·처리에 사용되거나, 식품에 접촉할 수 있는 시설·설비, 기구·용기, 종업원 등의 세척에 사용되는 용수는 수돗물이나 「먹는물관리법」제5조의 규정에 의한 먹는물 수질기준에 적합한 지하수이어야 하며, 필요한 경우 살균 또는 소독장치를 갖추어야 한다. 또한, 저수조를 설치하여 사용하는 경우 정해진 주기에 따라 청소·소독을 하여야 한다.	0~3점	
14. 원·부재료 입고 시 시험성적서를 수령하거나, 육안검사를 실시하여야 한다.	0~3점	
15. 원·부자재, 반제품 및 완제품 등은 지정된 장소에 바닥이나 벽에 밀착되지 않도록 적재·보관하고, 교차오염 예방 및 청결하게 관리하여야 한다.	0~3점	
16. 운반 중인 식품·축산물은 비식품·축산물 등과 구분하여 교차오염을 방지하여야 하며, 냉장의 경우 10℃이하(단, 가금육 -2~5℃ 운반과 같이 별도로 정해진 경우에는 그 기준을 따른다), 냉동의 경우 -18℃ 이하로 유지·관리하여야 한다.	0~3점	
17. 완제품에 대한 검사를 정해진 주기에 따라 실시하여야 하며, 기준 및 규격에 적합한 제품을 제조·판매하고 부적합 제품에 대한 회수관리를 하여야 한다.	0~3점	
소계	50	

(계속)

평가항목 배점 및 감점

<table>
<tr><th rowspan="2">구분</th><th colspan="3">평가항목별 점수 체계</th></tr>
<tr><th>3점</th><th>2점</th><th>1점</th></tr>
<tr><td>기준</td><td>1점</td><td>1점</td><td rowspan="3">1점</td></tr>
<tr><td>관리</td><td>1점</td><td rowspan="2">1점</td></tr>
<tr><td>현장</td><td>1점</td></tr>
<tr><td>감점</td><td>각 항목 중 미흡한 경우 1점씩 감점</td><td>기준 또는 관리현장 중 미흡한 경우 1점씩 감점</td><td>하나라도 미흡한 경우 감점</td></tr>
</table>

※ 선행요건관리는 평가항목별 배점에 따라 기준, 관리 및 현장에 대해 감점하며, 기준에 대한 관리·현장 준수가 미흡한 경우 기준까지 개선을 요구할 수 있다.

2) HACCP 관리(인증평가용/사후관리용)

내용	평가결과	비고
1. 중요관리점(CCP) 결정도(Decision tree)에 따라 CCP가 적절하게 결정되었는가?	0~5점	
2. 중요관리점(CCP)에 대한 한계기준을 수립하여 관리하여야 하며, 변경 등 발생 시 기준을 적절하게 설정 및 관리하고 있는가?	0~5점	
3. 한계기준 설정을 위해 활용한 유효성 평가자료는 현장 특성을 반영하고 있는가?	0~5점	
4. 모니터링 담당자는 절차에 따라 지정위치에서 모니터링하여 기록·유지하고 있는가?	0~5점	
5. 모니터링 기구·장비 등은 매년 유지·보수하거나 검·교정을 실시하고 있는가	0~5점	
6. 한계기준 이탈시 개선조치를 실시하고, 그 결과를 기록·유지하고 있는가?	0~5점	
7. 중요관리점(CCP)에 대한 관리상황을 정해진 주기에 따라 검증하고, 그 결과를 기록·유지하고 있는가?	0~5점	
8. 종업원을 대상으로 정해진 주기에 따라 위생 및 HACCP관리 교육을 실시하고 있는가?	0~5점	
소계	50점	

평가항목 배점 및 감점

<table>
<tr><th rowspan="2">구분</th><th colspan="3">점수 체계</th></tr>
<tr><th>0-5점</th><th>0-10점</th><th>비고</th></tr>
<tr><td rowspan="6">점수 분류</td><td>5</td><td>10</td><td>모두 만족</td></tr>
<tr><td>4</td><td>8</td><td>만족</td></tr>
<tr><td>3</td><td>6</td><td>일부 미흡</td></tr>
<tr><td>2</td><td>4</td><td>미흡</td></tr>
<tr><td>1</td><td>2</td><td rowspan="2">재검토 필요</td></tr>
<tr><td>0</td><td>0</td></tr>
<tr><td>감점</td><td colspan="3">평가기준에 따라 기준 수립, 절차 및 방법, 기록관리, 개선조치 등 미흡 사항별(미흡한 횟수)에 따라 감점</td></tr>
</table>

※ HACCP관리는 7원칙 12절차 중 제품설명서 작성 절차 미흡 시 이후 위해요소분석 절차로 연계 감점될 수 있다.

참고문헌

국내문헌

강동현. 생각이 필요한 HACCP. 수학사, 2016.

강영재, 곽동경. HACCP 일반위생관리기준관련 적용단체급식소 시설모델개발 최종보고서. 식품의약품안전청, 2001.

곽동경, 강영재, 류경, 문혜경, 장혜자, 이경은, 최정화. 식품위생 원리와 실제. 교문사, 2015.

교육부. 학교급식위생관리지침서 5차 개정판, 2021.

교육부. 학교급식위생관리지침서 4차 개정판, 2016.

교육부. 학교급식위생관리지침서 3차 개정판, 2010.

교육부. 학교급식위생관리지침서 2차 개정판, 2004.

구난숙, 김완수, 이경애, 김미정, 고은미. 공중보건학. 파워북, 2018.

광주지방식품의약품안전청 식품안전관리과. 소규모업체 HACCP 안전관리 표준 매뉴얼, 2016.

금종화, 김성영, 김정목, 곽준수, 박신인, 소명환, 손규목, 오승희, 유영균, 이극로, 이미옥, 이상일, 조석금, 채용곤. 알기쉬운 식품위생학. 효일출판사, 2014.

김덕웅, 왕순남, 김정목. 그려본 식품위생 해썹 제도와 실무·평가. 도서출판 효일, 2015.

김종신, 어금희, 송현주, 김맹진. 외식경영관리사. 파워북, 2013.

김지응, 정세훈, 어금희. 꼭 알아야 할 식품위생 및 HACCP 실무. 백산출판사, 2017.

배현주, 백재은, 주나미, 윤지영, 이혜연. 급식·외식관리자를 위한 HACCP 이론 및 실무. 교문사, 2017.

서울특별시교육청. 학교급식업무가이드, 2018.

식품의약품안전처, 식품공전, 2022. 12월 기준.

식품의약품안전처, 식품이물관리 업무메뉴얼, 2017.

식품의약품안전처, 식품첨가물공전, 2022. 12월 기준.

식품의약품안전처, 한국식품안전관리인증원. HACCP 평가(심사) 매뉴얼, 2017.

식품의약품안전처. 미생물 위해기술서 I, 2015.

식품의약품안전처. 미생물 위해기술서 II, 2016.

식품의약품안전처. 식품안전관리인증(HACCP) 지도사 도입 필요성 연구, 2016.

식품의약품안전처. 식품의약품안전백서, 2022.

식품의약품안전처. 알기 쉬운 HACCP 관리, 2018.

식품의약품안전처. 집단급식소 HACCP 관리(예시본), 2014.

식품의약품안전처, 한국식품안전관리인증원. 스마트 HACCP 등록 준비 가이드, 2020.

식품의약품안전처. HACCP 관리 표준기준서 1권(총괄, 업종별, 식품종별 HACCP 관리기준), 2016.

식품의약품안전처. HACCP 관리 표준기준서 2권(식품종별 HACCP 관리기준), 2016.

식품의약품안전처. HACCP 관리기준서 3권(축산물종별, HACCP 관리기준서, 선행요건관리기준), 2016.

식품의약품안전처. HACCP 실시상황평가표, 2019.

식품의약품안전처. HACCP 평가(심사) 매뉴얼, 2022.

식품의약품안전청. HACCP 바로알기, 2010.

식품의약품안전청. HACCP 적용 가이드라인, 2005.

식품의약품안전청. HACCP 적용업소 지정·관리체계 개선방안에 관한 연구, 2006.

식품의약품안전청. HACCP 의무적용 품목 평가에 관한 연구.

식품의약품안전청. 식품 및 축산물 HACCP 인증체제 개선방안 연구, 2013.

식품의약품안전청. 집단급식소 위생관리 매뉴얼, 2009

양일선, 이보숙, 차진아, 한경수, 채인숙, 이진미. 단체급식. 교문사, 2017.

윤기선, 엄애선, 정윤경, 김경임, 이종경, 구옥경. 식품위생학. 파워북, 2018.

이병철, 양철영, 김영성, 박헌국, 김성호, 범봉수, 최향숙, 장재선. HACCP의 이해와 적용. 광문각, 2014.

이상미, 최상철. 제조물 책임법(Product Liability)에 대한 외식업체의 대응방안. 한국콘텐츠학회논문지 5(5): 220-227, 2005.

이주연. HACCP의 국제적 동향과 발전방향. *Safe Food* 12(2): 15-22, 2017.

이혜연, 부고운, 배현주. 학교 급식 식단 중 잠재적으로 위험한 식품의 활용도 분석. 한국식품조리과학회지 31(3): 360-369, 2015.

임태현, 최정화, 강영재, 곽동경. 소규모 외식업체용 IP-USN을 활용한 HACCP 시스템 적용 및 유효성 검증. 한국식품영양과학회지 42(3): 464-477, 2013.

주난영, 이경미, 정현아, 나혜진, 송태희, 이상호. 식품위생과 HACCP 실무. 파워북, 2016.

하상도. 식품원료 유래 위해요소 분석 및 식품안전성 확보 대책. *Safe Food* 12(2): 23-32, 2017.

한국보건산업진흥원. HACCP, vol.1, 2013, 6.

한국소비자원. 사례로 살펴보는 제조물책임법, 2010.

한국식품안전관리인증원. HACCP Annual report, 2019.

한인경, 한명애, 차원, 조선영. 단체급식관리 & 다량조리실습. 미림원, 2018.

홍완수, 윤지영, 최은희, 이경은, 배현주. 알기쉬운 외식위생관리와 HACCP. 백산출판사, 2016.

국외문헌

Loken, Joan K., *The HACCP food safety manual*, John Wiley & Sons, Inc., 1995.

US FDA. Retail and Food Service HACCP. Managing Food Safety: A Manual for the Voluntary Use of HACCP Principles for Operators of Food Service and Retail Establishments. https://www.fda.gov/Food/GuidanceRegulation/HACCP/ucm2006811.htm. 2006. (검색일 2022. 12. 30)

US FDA. Retail and Food Service HACCP. Managing Food Safety: A Regulator's Manual For Applying HACCP Principles to Risk-based Retail and Food Service Inspections and Evaluating Voluntary Food Safety Management Systems. https://www.fda.gov/Food/GuidanceRegulation/HACCP/ucm2006812.htm. 2006. (검색일 2022. 12. 30)

법령 외

먹는물관리법

수도법

식품위생법

식품위생법 시행규칙

식품위생법 시행령

식품 및 축산물 안전관리인증기준, 식품의약품안전처 고시 제2021-71호

식품의 기준 및 규격, 식품의약품안전처 고시 제2022-48호

참고 웹사이트

국립수목원 국가생물종지식정보시스템 http://www.nature.go.kr/main/Main.do

문화일보(2016. 4. 27.). HACCP 의무적용비율 2024년 70%까지 끌어올려 http://www.munhwa.com/news/view.html?no=2016042701032821080002

한국생산성본부인증원 http://www.kpcqa.or.kr/manage/iso22000.asp

한국식품안전관리인증원 https://www.haccp.or.kr (검색일 2022. 12. 30)

자료 제공

(주)마이크로진 www.miocrogiene.com

(주)비엔에스

한국쓰리엠(주) 식품안전사업팀 www.3M.com/foodsafety

찾아보기

ㅇ

ㅈ

저자 소개

어금희
한양여자대학교 식품영양학과 겸임교수

한명애
세종대학교 호텔외식비지니스학과 겸임교수

김영태
유한대학교 식품영양학과 교수

송현주
케이앤에이 책임연구원

민경진
전 장안대학교 식품영양학과 교수

김귀란
계명문화대학교 식품영양조리학부 겸임교수

이해하기 쉬운 개정판
HACCP
이론과 실제

2019년 3월 5일 초 판 발행
2023년 3월 3일 개정판 발행

지은이 | 어금희·한명애·김영태·송현주·민경진·김귀란
발행인 | 유제구
발행처 | 파워북
주 소 | 경기도 고양시 일산동구 호수로 358-25
동문타워 2차 529호
전 화 | (02) 730-1412
팩 스 | (031) 908-1410
등 록 | 1997년 1월 31일 제2014-000067호

정 가 24,000원
ISBN 978-89-8160-504-9 (93590)

잘못된 책은 바꿔드립니다.